水质工程实验技术

主　编　尹儿琴　李晓晨　高　雁

黄河水利出版社
·郑州·

内 容 提 要

本书是作者在多年水质工程技术研究和对实验教学经验总结的基础上，参照国内外有关资料编写而成的。通过本书的学习及专业的实验操作，可使学生掌握水质工程实验方案的设计，提高实验数据分析和处理的能力，掌握基本的实验技能和仪器、设备的使用，加深对水质工程实验基本理论的理解，培养学生分析问题和解决问题的能力。

本书可用于给排水科学与工程、环境工程和环境科学等专业的实验教学，也可供有关工程技术人员参考。

图书在版编目(CIP)数据

水质工程实验技术/尹儿琴，李晓晨，高雁主编. —郑州：黄河水利出版社，2017. 11

ISBN 978 - 7 - 5509 - 1911 - 2

Ⅰ. ①水… Ⅱ. ①尹… ②李… ③高… Ⅲ. ①水质 - 水处理 - 实验 Ⅳ. ①TU991. 21

中国版本图书馆 CIP 数据核字(2017)第 297583 号

组稿编辑：李洪良 电话：0371 - 66026352 E-mail：hongliang0013@163. com

出 版 社：黄河水利出版社

地址：河南省郑州市顺河路黄委会综合楼 14 层 邮政编码：450003

发行单位：黄河水利出版社

发行部电话：0371 - 66026940、66020550、66028024、66022620(传真)

E-mail：hhslcbs@126. com

承印单位：河南承创印务有限公司

开本：787 mm×1 092 mm 1/16

印张：14

字数：323 千字 印数：1—1 000

版次：2017 年 11 月第 1 版 印次：2017 年 11 月第 1 次印刷

定价：28. 00 元

前　言

水质工程学是一门实践性很强的学科,离不开实验。水质工程实验是给排水科学与工程、环境工程和环境科学专业的实践性必修课。水质工程实验技术旨在巩固基础性实验的基础上突出综合性实验的重要性,将水质工程技术研究的最新成果开发为综合性研究型实验,培养学生的创新能力和研究能力。

本书是作者在多年水质工程技术研究和实验教学经验总结的基础上完成的,力求突出实用性、科学性和系统性。全书内容包括绪论、实验设计、实验数据处理、基础性实验、综合性实验和附录。随着计算机技术的发展和进步,出现了各种针对实验设计和数据处理的软件,本书以目前应用最广泛的 Excel 为基础,介绍了 Excel 在数据处理中的应用,为实验设计和数据处理提供了方便。

本书在实验内容的编排与组织上,注重实验项目的可操作性、可设计性和开发创新性,共编排基础性实验 14 个,综合性实验 6 个,在实验后附其中所涉及指标的监测方法和相关图表,以便实验的开展。

参加本书编写的人员及编写分工如下:尹儿琴编写绪论、第 2 章、第 3 章的 3.1、3.4、3.7、3.10 节、第 4 章的 4.3、4.4 节,李晓晨编写第 1 章、第 3 章的 3.5、3.8、3.13 节、第 4 章的 4.1、4.6 节,高雁编写第 3 章的 3.6、3.9、3.12、3.14 节、第 4 章的 4.2、4.5 节,齐磊编写第 3 章的 3.2、3.3、3.11 节。全书由尹儿琴统稿。

在本书的编写过程中,参阅了大量专家学者的相关文献资料,在此一并表示感谢!

因编者水平有限,书中不足之处敬请读者批评指正。

编　者
2017 年 10 月

目录

绪　论

0.1　水质工程实验的作用

自然科学除数学外，几乎都可以说是实验科学，都离不开实验技术。实验不仅用来检验理论正确与否，而且大量的客观规律、科学理论的发现与确立又都是从科学实验中总结出来的，因此实验技术是科学研究的重要手段之一。

水质工程本身就不是一个纯理论学科，因而实验技术更为重要，不仅一些现象、规律、理论，而且工程设计和运行管理中的很多问题，都离不开实验。例如，给水处理工程中的混凝沉淀，其药剂种类的选择及生产运行适宜条件的确定；又如，废水处理工程中活性污泥系统中沉淀池的设计，其污泥沉速与极限固体通量等重要设计参数都要通过实验测定。同时，水质工程实验可应用于水处理规律的研究，现有工艺、设备的改进以及新工艺、新设备的开发。因此，在学习给排水科学与工程、环境类学科有关专业课程的同时，必须有意识地加强水质工程实验技术的学习。

水质工程实验技术突出基础性、综合性和创新性。通过基础性实验使学生掌握基本的实验技能和简单仪器、设备的使用方法。同时，通过对实验现象的观察和分析，使学生对专业知识的基本概念和规律能更准确地理解并加以巩固。在此基础上，再通过综合研究型实验使学生掌握开展科学研究的基础方法和步骤，培养学生分析问题和解决问题的能力。

0.2　水质工程实验过程

水质工程实验过程一般分为实验准备工作、实验、实验数据分析处理与实验报告三个步骤。

0.2.1　实验准备工作

实验前的准备工作，不仅关系到实验的进度，而且直接影响实验的质量和成果。其准备工作大致如下：

(1)理论准备工作。

①搞清实验原理和实验目的。实验前搞清实验目的及实验原理，才能更好地指导实验、进行实验并得到满意的结果。

②进行实验方案的优化设计。如何以最小的代价迅速、圆满地得到正确的实验结论，关键在于实验方案的设计。所以，在掌握实验原理和实验目的的基础上，要利用所学实验设计的知识和专业知识进行实验方案设计，从而正确地编排实验内容，指导实验。

③查阅有关文献资料。了解当前技术发展情况,掌握研究现状。

(2)实验设备和仪器的准备。

设备和仪器是实验必不可少的工具,水质工程问题的复杂性以及当前设备、仪器测试的不完备,给水质工程实验带来了一定的困难。

①一般设备、仪器的准备。为了保证实验顺利进行并有足够的精度,对所使用的设备、仪器要求做到事先熟悉其性能、使用条件,并正确地选择仪器的精度;检查设备、仪器的完好度;记录各种必要的数据;某些易损易耗的设备、仪表要有备用品。

②专用实验设备的准备。为了进行某项水质工程实验而选用专用实验设备时,必须注意这些设备的可靠性、使用条件和性能。在实验前要调试至正常状态。

(3)测试步骤与记录表格的准备。

①测试步骤。整个实验分几步或几个工况完成,每一步或每一个工况操作的内容、解决的问题、使用的设备与仪表、取样与化验的项目、观察与记录内容、人员分工、注意事项、要求等,都要做到测试人员人人心中有数。

②记录表格。设计合理的记录表格是一项重要的工作,实验前应认真地设计出各种测试所需的记录表格。对于某些新开实验则应根据实验过程中发现的问题,随时进行修正、调整。要求记录表格规范化,便于记录和后续整理。

(4)人员分工。

水质工程实验一般均需多人同时配合进行,因此要事先共同制订出实验方案,使每一个参加测试的人员对实验原理、目的、测试步骤,从整体上做到心中有数,同时明确每人具体负责的工作,如操作、取样、化验、观察、记录等,以便使实验有条不紊、准确无误地进行。

0.2.2　实验

在完成实验前的所有准备工作后,即可进入实验阶段。

(1)取样与分析。取样一定要注意要求,如时间、地点、高度等,以便能正确地取出所需的样品,提供分析。样品分析一般可参照水质分析要求进行。

(2)观察。实验中某些现象只能通过肉眼观察并加以描述,因此要求观察时一定要集中精力,排除外界干扰,边观察、边记录,用图与文字加以描述。

(3)记录。记录是实验中一项经常而十分重要的工作。记录的数据是整个实验计算和分析的依据,是整个实验的宝贵资料。一般要求有:

记录就是如实地记下测试中所需要的各种数据,要求清楚、工整。

记录要记在记录纸或记录本上,不得随便乱记,更不得记后再整理抄写而丢掉原始记录。记错改动不得乱涂,而应打叉后重写,以便今后分析时参考。

记录的内容要尽可能地详尽。一般分为:①一般性内容,如实验日期、时间、地点、气温等;②与实验相关的内容,如实验组号、参加人员、实验条件、测试仪表名称、型号、精度等;③实验原始数据,即由仪表或其他测试方法所得,未经任何运算的数值,读出后马上记录,不要过后追记,尽可能减少差错;④实验中所发现的问题及观测到的一些现象或某些特殊现象等,也应随时详细记录。

记录不要怕多,怕麻烦,避免由于实验前对其规律认识还不透彻、记录表格内容考虑不周,导致实验后进行分析、计算时,发现缺项内容,后悔莫及,造成不可弥补的损失。

0.2.3　实验数据分析处理与实验报告

(1)实验数据的分析处理。

这是整个实验过程中的一个重要部分。实验过程中应随时进行数据整理分析,一方面可以看出实验效果是否能达到预期目的,另一方面又可以随时发现问题,修改实验方案,指导下一步实验的进行。整个实验结束后,要对数据进行分析处理,从而确定主次因素、最佳生产运行条件、建立经验式、给出事物内在规律等。其内容大致分为实验数据误差分析、实验数据的分析整理和实验数据的处理。

(2)实验报告。

实验报告是对整个实验的全面总结,要求全篇报告文字通顺、字迹端正、图表整齐、结果正确、讨论认真。一般实验报告由以下几部分组成:①实验名称;②实验目的;③实验原理;④实验设备和装置;⑤实验步骤及记录;⑥实验数据及分析处理;⑦结论;⑧问题讨论。

第1章 实验设计

实验是一种科学手段,我们经常需要通过实验来寻找所研究对象的变化规律,并通过对规律的研究实现各种目标,如找出影响实验结果的主要因素及各因素的主次顺序,选择出好的工艺条件;或是寻找各因素的最佳量,以使水处理方法在最佳条件下实施,实现高效、节能;也可以是确定某些数学公式中的参数,建立起经验式,以解决实际工程中的问题等。

在实验安排中,如果实验设计得好,次数不多,就能获得有用信息,通过实验数据的分析,可以掌握内在规律,得到满意的结论;如果实验设计得不好,次数较多,摸索不到其中的变化规律,就得不到满意的结论。因此,如何合理地设计实验,实验后又如何对实验数据进行分析,以较少的实验次数达到我们预期的目的,是很值得我们研究的一个问题。

实验设计,就是一种在实验进行之前,根据实验中的不同问题,利用数学原理,科学地安排实验,以求迅速找到最佳方案的科学实验方法。一个科学、正确的实验设计既可以最大限度地节约实验成本、缩短实验周期,又能迅速获得确切的科学结论。因此,实验设计越来越被工程专业技术人员重视,并得到了广泛的应用。

随着计算机技术的发展和进步,出现了各种针对实验设计和数据处理的软件,如Excel、SPSS(Statistical Product and Service Solutions)、SAS(Statistical Analysis System)和Matlab Origin等软件,为实验设计和数据处理提供了方便。

在本章中,我们研究的主要内容是单因素实验设计(对分法与均分法、0.618法、斐波那契数列法)、双因素实验设计(好点推进法、平行线法)及多因素正交实验设计(单指标正交实验设计及直观分析、多指标正交实验设计及直观分析)。这些内容是工程技术人员应了解的基本理论知识,可以帮助他们设计实验和分析实验结果。

1.1 实验设计的几个基本概念

在实验设计前我们首先应对一些基本概念有所了解,这些基本概念对我们的实验设计非常重要。

1.1.1 实验方法

在做实验前,应考虑如何安排整个实验过程,设计实验方案,提出实验数据处理方法,并以此为基础分析实验因素与实验指标间的客观规律。安排整个实验过程的方法称为实验方法。

1.1.2 实验设计

实验设计即根据实验中的不同问题,在实验前利用数学原理科学合理地安排实验过程，以求迅速找到最佳实验条件，揭示事物内在规律，达到节省人力、财力的目的。

1.1.3　指标

在实验设计中用来衡量实验效果好坏所采用的标准称为实验指标（也可简称为指标）。例如，天然水中存在大量胶体颗粒，使水浑浊，为了降低浑浊度，需往水中投放混凝剂，当实验目的是求最佳投药量时，水样中剩余浊度即作为实验指标。

实验指标有定量指标和定性指标，定量指标是直接用数量表示的指标，如COD、浊度、氧总转移系数K_{La}等；定性指标是不能直接用数量表示的指标，如味道、气味、颜色等，用等级评分等来表示。

1.1.4　因素

对实验指标有影响的条件称为因素。例如，在水中投入适量的混凝剂可降低水的浊度，因此水中投加的混凝剂即作为分析的实验因素（简称因素）。

有一类因素，在实验中可以人为地加以调节和控制，如水质处理中的投药量，叫作可控因素。另一类因素，由于自然条件和设备等条件的限制，暂时还不能人为地调节，如水质处理中的气温，叫作不可控因素。在实验设计中，一般只考虑可控因素。

1.1.5　水平

在实验中，为了考察实验因素对实验指标的影响，通常使实验因素处于不同的状态，我们把实验因素变化的各种状态称为实验水平，又称因素水平。某个因素在实验中需要考察它的几种状态，就叫它是几水平的因素。

因素的各个水平有的能用数量来表示，有的不能用数量来表示。例如，有几种混凝剂可以降低水的浑浊度，现要研究哪种混凝剂较好，各种单独的混凝剂就表示混凝剂这个因素的各个水平，不能用数量来表示。凡是不能用数量来表示水平的因素，叫作定性因素。在多因素实验中，经常会遇到定性因素。对定性因素，只要对每个水平规定具体含义，就可与通常的定量因素一样对待。

1.1.6　交互作用

在实验中，有时不仅考虑各个因素对实验指标单独起的作用，还考虑因素之间联合起来对实验指标起的作用，这种联合作用叫作交互作用，并记为A（因素）×B（因素）。

事实上，因素之间总是存在着或大或小的交互作用，它反映了因素之间互相促进或抑制的作用，但当因素间的交互作用对实验指标产生的影响较小时，有的实验设计可省略交互作用。

1.2　单因素实验设计

对于只有一个影响因素的实验，或影响因素虽多但在安排实验时，只考虑一个对指标影响最大的因素，其他因素尽量保持不变的实验，即为单因素实验。我们的任务是如何选择实验方案来安排实验,找出最优实验点,使实验的结果(指标)最好。

在安排单因素实验时,一般要考虑以下三方面的内容。

1.2.1　确定实验范围

确定包括最优点的实验范围。设下限用 a 表示,上限用 b 表示,实验范围就用由 a 到 b 的线段表示,如图1-1所示,并记作$[a,b]$。若 x 表示实验点,则写成 $a \leqslant x \leqslant b$,如果不考虑端点 a、b,就记成(a,b)或 $a < x < b$。

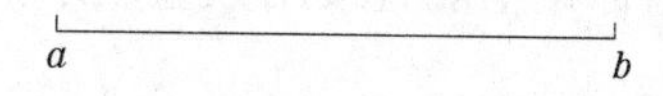

图1-1　单因素实验范围

1.2.2　确定评价指标

如果实验结果(y)和因素取值(x)的关系可写成数学表达式 $y = f(x)$,则称 $f(x)$ 为指标函数(目标函数)。根据实际问题,在因素的最优点上,以指标函数 $f(x)$ 取最大值、最小值或满足某种规定的要求为评定指标。对于不能写成指标函数甚至实验结果不能定量表示的情况,例如比较水库中水的气味,就要确定评定实验结果的标准。

1.2.3　确定优选方法,科学安排实验点

本节主要介绍单因素实验设计方法,包括对分法、均分法、0.618法(黄金分割法)和斐波那契数列法(斐波那契分数法)。

1.2.3.1　对分法与均分法

1. 对分法

对分法的要点是每次实验点取在实验范围的中点。若实验范围为$[a,b]$,则中点公式为

$$x = \frac{a+b}{2} \tag{1-1}$$

用这种方法,每次可去掉实验范围的一半,直到取得满意的实验结果。但是用对分法是有条件的,它只适用于每做一次实验,根据结果就可确定下次实验方向的情况。

【例1-1】　某种酸性污水,要求投加碱量调整pH为7~8,加碱量范围为$[a,b]$,试确定合适投碱量。

【解】　采用对分法,第1次加药量 $x_1 = \dfrac{a+b}{2}$,若投碱后水样pH<7,表示水样仍为酸性,说明第一次实验投碱量不够,则投碱量小于 x_1 点的范围可舍去;若投碱后的水样的pH>8,表示水样显碱性,说明第一次投碱量过大,则投碱量大于 x_1 点的范围可舍去。舍去一半实验范围后,取实验范围的另一半的中点 x_2 做第二次实验,用这样的方法做下去,就能找出合适的投碱量,使pH为7~8。

2. 均分法

均分法的做法如下,如果要做 n 次实验,就把实验范围等分成 $n+1$ 份,在各个点上做

实验,如图 1-2 所示。

$$x_i = a + \frac{b-a}{n+1}i \quad (i = 1,2,\cdots,n) \tag{1-2}$$

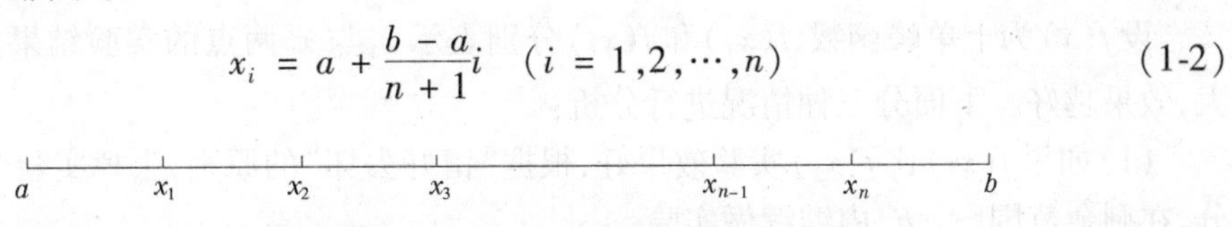

图 1-2　均分法实验点

把 n 次实验结果进行比较,选出所需要的最好结果,相对应的实验点即为 n 次实验中最优点。

均分法是一种传统的实验方法。其优点是只需把实验放在等分点上,实验可以同时安排,也可以一个接一个地安排;其缺点是实验次数较多,代价较大。

1.2.3.2　0.618 法(黄金分割法)

科学实验中,有相当普遍的一类实验,目标函数只有一个峰值,在峰值的两侧实验效果都差,将这样的目标函数称为单峰函数,如图 1-3 所示为上单峰函数。

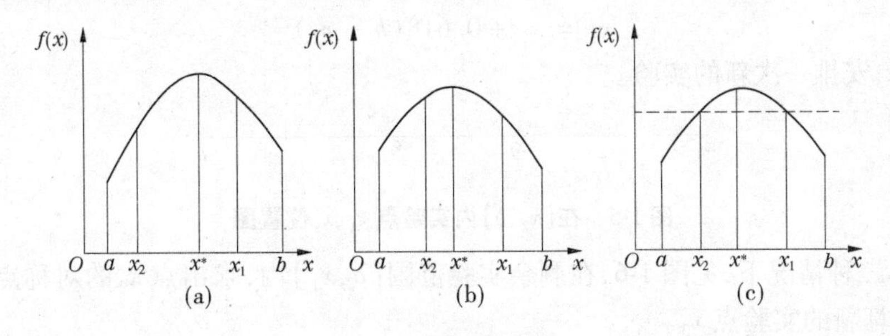

图 1-3　上单峰函数

0.618 法适用于目标函数为单峰函数的情形。我们通常把处在线段 0.618 位置上的那一点称为黄金分割点,所以 0.618 法又称为黄金分割法。黄金分割点在建筑、医学、绘画、音乐、生活等领域都有奇妙的作用。

在实验范围$[a,b]$内,安排两个实验点时,应该使两个实验点 x_1 与 x_2 关于实验范围的中点是相互对称的。在实验范围内,0.618 处的点和 0.382 处的点就是对称点。

0.618 法(黄金分割法)的基本步骤如下。

1. 在实验范围内,安排两个实验点

设实验范围为$[a,b]$,第一次实验点 x_1 选在实验范围的 0.618 位置上,即

$$x_1 = a + 0.618(b-a) \tag{1-3}$$

第二次实验点选在第一点 x_1 的对称点 x_2 上,即实验范围的 0.382 位置上,即

$$x_2 = a + 0.382(b-a) \tag{1-4}$$

实验点 x_1、x_2 如图 1-4 所示。

a　　x_2　　x_1　　b

图 1-4　在$[a,b]$内实验点 x_1、x_2 位置图

2. 在两实验点上，安排两次实验，并确定留下的实验范围

设$f(x)$为上单峰函数，$f(x_1)$和$f(x_2)$分别表示x_1与x_2两点的实验结果，且$f(x)$值越大，效果越好。下面分三种情况进行分析：

(1)如果$f(x_1)$比$f(x_2)$实验效果好，根据“留好去坏”的原则，去掉实验范围$[a,x_2)$部分，在剩余范围$[x_2,b]$内继续做实验。

(2)如果$f(x_1)$比$f(x_2)$实验效果差，同样根据“留好去坏”的原则，去掉实验范围$(x_1,b]$，在剩余范围$[a,x_1]$内继续做实验。

(3)如果$f(x_1)$和$f(x_2)$实验效果一样，去掉两端，在剩余范围$[x_2,x_1]$内继续做实验。

根据单峰函数性质，上述三种做法都可使好点留下、坏点去掉，不会发生最优点丢掉的情况。

3. 在留下的实验范围内，安排新的实验点和实验，继续实验

(1)第一种情况下，见图1-5，在剩余实验范围$[x_2,b]$内，求出点x_1的对称点x_3，可用式(1-3)计算新的实验点x_3。

$$x_3 = x_2 + 0.618(b - x_2)$$

在点x_3安排一次新的实验。

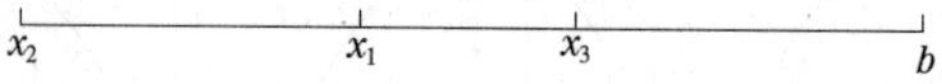

图1-5 在$[x_2,b]$内实验点x_1、x_3位置图

(2)第二种情况下，见图1-6，在剩余实验范围$[a,x_1]$内，求出点x_2的对称点x_3，可用式(1-4)计算新的实验点x_3。

$$x_3 = a + 0.382(x_1 - a)$$

在点x_3安排一次新的实验。

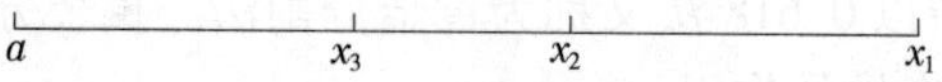

图1-6 在$[a,x_1]$内实验点x_2、x_3位置图

(3)第三种情况下，见图1-7，在剩余实验范围$[x_2,x_1]$内，用式(1-3)和式(1-4)计算两个新的实验点x_3和x_4。

$$x_3 = x_2 + 0.618(x_1 - x_2)$$
$$x_4 = x_2 + 0.382(x_1 - x_2)$$

在点x_3、点x_4安排两次新的实验。

图1-7 在$[x_2,x_1]$内实验点x_3、x_4位置图

无论上述三种情况出现哪一种，在新的实验范围内都有两个点的实验结果可以进行比较。仍然按照“留好去坏”的原则，再去掉实验范围的一段或两段，这样反复做下去，直至找到满意的实验点，得到比较好的实验结果，或实验范围已很小，再做下去，实验结果差别不大，就可停止实验。

【例1-2】　为降低水中的浑浊度，需要加入一种药剂，已知其最佳加入量为1 000～2 000 g，用0.618法安排实验点。

【解】　(1)按照0.618法选点，先在实验范围的0.618处做第1次实验，这一点的加入量可由式(1-3)计算出来。

$$x_1 = 1\,000 + 0.618 \times (2\,000 - 1\,000) = 1\,618(\text{g})$$

再在实验范围的0.382处做第2次实验，这一点的加入量可由式(1-4)计算出，如图1-8所示。

$$x_2 = 1\,000 + 0.382 \times (2\,000 - 1\,000) = 1\,382(\text{g})$$

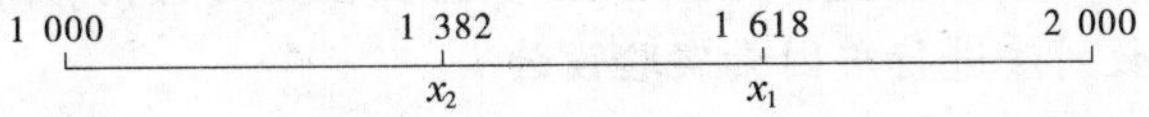

1 000　1 382　1 618　2 000
x_2　x_1

图1-8　在[1 000,2 000]内实验点x_1、x_2位置图

比较两次实验结果，如x_1点较x_2点好，则去掉1 382 g以下的部分。

(2)见图1-9，在留下的[1 382,2 000]范围内，用式(1-3)找出x_1的对称点x_3，在点x_3做第3次实验。

$$x_3 = 1\,382 + 0.618 \times (2\,000 - 1\,382) = 1\,764(\text{g})$$

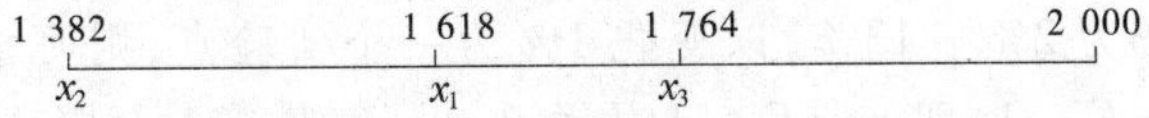

1 382　1 618　1 764　2 000
x_2　x_1　x_3

图1-9　在[1 382,2 000]内实验点x_1、x_3位置图

比较x_1点和x_3点的实验结果，如果仍然是x_1点好，则去掉1 764 g以上的实验范围。

(3)见图1-10，在留下的[1 382,1 764]范围内，按式(1-4)找出点x_1的对称点x_4，在点x_4做第4次实验。

$$x_4 = 1\,382 + 0.382 \times (1\,764 - 1\,382) = 1\,528(\text{g})$$

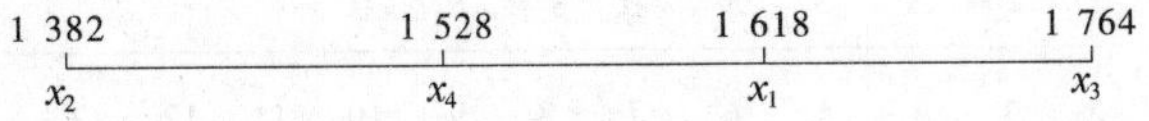

1 382　1 528　1 618　1 764
x_2　x_4　x_1　x_3

图1-10　在[1 382,1 764]内实验点x_1、x_4位置图

比较x_1点和x_4点的实验结果，如果x_4点比x_1点好，则去掉1 618到1 764之间的实验范围，留下部分按同样的方法继续下去，如此重复，最终即能找到最佳点。

总之，0.618法简便易行，对每个实验范围都可计算出两个实验点并进行比较，好点留下，从坏点处把实验范围切开，丢掉短而不包括好点的一段，实验范围就缩小了。在0.618法中，实验过程不论到哪一步，相互比较的两个实验点都在实验范围的黄金分割点处和对称点处，即0.618处和0.382处。

1.2.3.3　斐波那契数列法(斐波那契分数法)

1. 斐波那契数列

斐波那契数列：$F_0, F_1, F_2, \cdots, F_n, \cdots$，满足下列关系：

$$F_0 = 1, F_1 = 1, F_n = F_{n-1} + F_{n-2} \quad (n \geqslant 2)$$

即斐波那契数列从第三项起，每一项都是它的前面两项之和，具体写出来就是：

$$F_0 = 1, F_1 = 1, F_2 = 2, F_3 = 3, F_4 = 5, F_5 = 8,$$

$$F_6 = 13, F_7 = 21, F_8 = 34, F_9 = 55, F_{10} = 89, \cdots$$

斐波那契数列法就是利用斐波那契数列进行单因素实验设计的一种方法。

斐波那契数列法也是适用于目标函数为单峰函数的方法，它和0.618法的不同之处在于，斐波那契数列法要求预先给出实验总次数。在实验点能取整数，或由于某种条件限制只能做几次实验，或由于某些原因实验范围由一些不连续的、间隔不等的点组成，或实验点只能取某些特定值时，利用斐波那契数列法安排实验更为有利、方便。

2. 利用斐波那契数列法进行单因素实验设计

设$f(x)$是单峰函数，现分两种情况研究如何利用斐波那契数列法来安排实验。

（1）所有可能进行的实验总次数m值，正好是某一个F_n-1值时，即可能的实验总次数为m次，正好与斐波那契数列中的某项减1相一致。

此时，前两个实验点分别放在F_{n-1}和F_{n-2}的位置上，比较这两个实验结果，从坏点把实验范围切开，留下包括好点的那一段，重复上述过程，直至找到最优点。

【例1-3】 通过某种污泥的消化实验确定其较佳投配率P，实验范围为2%～13%，以变化1%为一个实验点，试用斐波那契数列法来安排实验点。

【解】 实验范围为2%～13%，以变化1%为一个实验点，则可能实验总次数为12次，符合$12=13-1=F_6-1$，即$m=F_n-1$的关系，$n=6$，故第1个实验点为

$$F_{n-1} = F_5 = 8$$

即放在第8次实验处，如图1-11所示，投配率为9%。

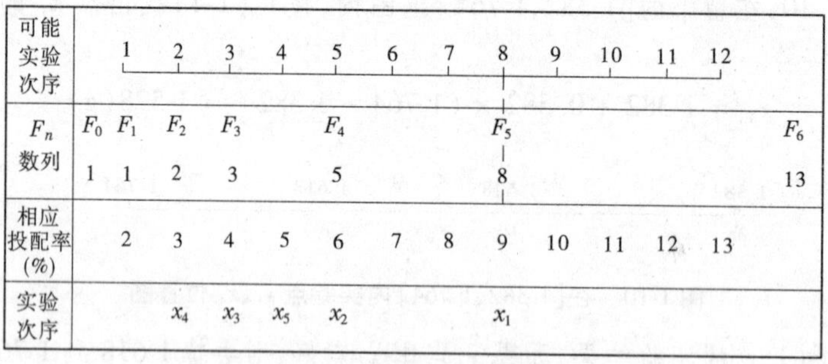

可能实验次序		1	2	3	4	5	6	7	8	9	10	11	12	
F_n数列	F_0 1	F_1 1	F_2 2	F_3 3		F_4 5			F_5 8					F_6 13
相应投配率(%)		2	3	4	5	6	7	8	9	10	11	12	13	
实验次序			x_4	x_3	x_5	x_2			x_1					

图1-11　优选污泥投配率各次实验位置图

同理第2个实验点为：

$$F_{n-2} = F_4 = 5$$

即第5次实验处，投配率为6%。

实验后，比较两个不同投配率的结果，根据产气率、有机物的分解率，若污泥投配率6%优于9%，则根据"留好去坏"的原则，去掉9%以上的部分（同理，若9%优于6%，则去掉6%以下的部分）重新安排实验。

此时实验范围如图1-11中虚线左侧所示，可能实验总次数$m=7$符合$8-1=7$，$m=$

$F_n-1, F_n=8$ 故 $n=5$。第1个实验点为:

$$F_{n-1}=F_4=5, P=6\%$$

该点已实验。

第2个实验点为:

$F_{n-2}=F_3=3, P=4\%$(或利用在该范围内与已有实验点的对称关系找出第2个实验点,如在1~7点内与第5点相对称的点为第3点,相对应的投配率 $P=4\%$)。比较投配率4%和6%两个实验的结果,并按上述步骤重复进行,如此进行下去,则对可能的 $F_6-1=13-1=12$ 次实验,只要 $n-1=6-1=5$ 次实验,就能找出最优点。

(2)可能的实验总次数 m,不符合上述关系,而是符合

$$F_{n-1}-1 < m < F_n-1$$

在此条件下,可在实验范围两端增加虚点,人为地使实验的个数变成 F_n-1,使其符合第一种情况,而后安排实验。当实验被安排在增加的虚点上时,不要真正做实验,而应直接判定虚点的实验结果比其他实验点效果都差,实验继续做下去,即可得到最优点。

【例1-4】 混凝沉淀中,利用斐波那契数列法,从5种投药量(mg/L)0.5、1.0、1.3、2.0、3.0中,选一个最合适的投药量。

【解】 可能的实验总次数 $m=5$,由斐波那契数列可知,$F_n-1=F_5-1=8-1=7$,$F_{n-1}-1=F_4-1=5-1=4$,有 $4<5<7$,符合 $F_{n-1}-1<m<F_n-1$,故属于斐波那契数列法的第二种类型。

首先要增加虚点,使其实验总次数达到7次,如图1-12所示。则第1个实验点为 $F_{n-1}=5$,投药量为2.0 mg/L;第2个实验点为 $F_{n-2}=3$,投药量为1.0 mg/L。经过比较后,投药量为2.0 mg/L效果较理想,根据"留好去坏"的原则,舍掉1.0以下的实验点,由图1-12可知,第3个实验点应安排在实验范围4~7内5的对称点6处,即投药量为3.0 mg/L。比较结果后,投药量3.0 mg/L优于2.0 mg/L,则舍掉5点以下数据,在6~7范围内根据对称点选取第4个实验点为虚点7,投药量为0,因此最佳投药量为3.0 mg/L。

可能实验次序		1	2	3	4	5	6	7	
F_n 数列	F_0 1	F_1 1	F_2 2	F_3 3		F_4 5			F_5 8
相应投药量(mg/L)		0	0.5	1.0	1.3	2.0	3.0	0	
实验顺序				x_2		x_1	x_3		

图1-12 优选投药量各次实验位置图

1.3 双因素实验设计

在实验中,考察两个因素对实验结果的影响,称为双因素实验。对于双因素问题,往往采取把两个因素变成一个因素的办法(即降维法)来解决,也就是先固定第一个因素,做第二个因素的实验,然后固定第二个因素,再做第一个因素的实验。这里介绍两种双因素实验设计。

1.3.1 好点推进法

设双因素 x 与 y 的实验范围为长方形,则

$$a \leqslant x \leqslant b \quad c \leqslant y \leqslant d$$

先将因素 x 固定在 x_1 处(例如,取 $x_1 = a + 0.618(b - a)$),在直线 $x = x_1$ 上,用单因素方法对因素 y 进行优选,找到最佳点为

$$A_1 = (x_1, y_1)$$

然后将因素 y 固定在 y_1 处,在直线 $y = y_1$ 上,用单因素方法对因素 x 进行优选,又找到一个最佳点为

$$A_2 = (x_2, y_1)$$

上述优选过程如图 1-13(a)所示。

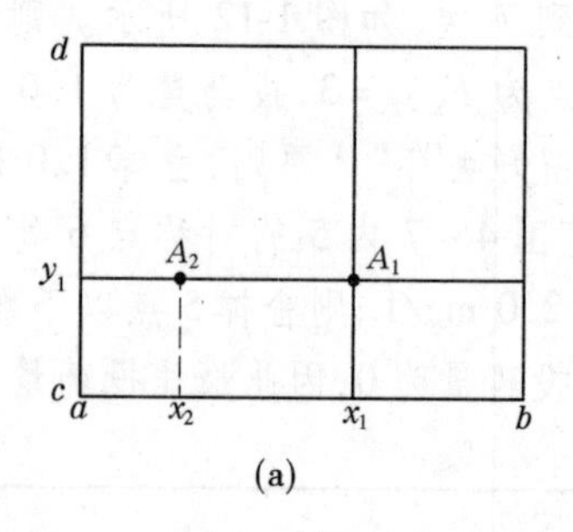

(a)

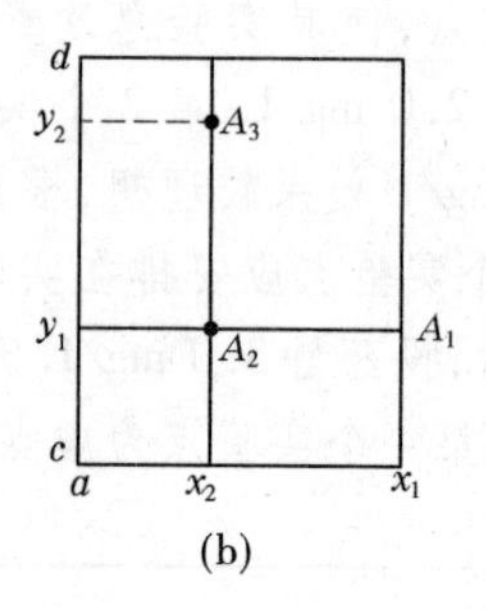

(b)

图 1-13 好点推进法图示

在图 1-13(a)上,沿直线 $x = x_1$ 将实验范围分成两部分,丢掉不包含 A_2 点的那一部分,留下的实验范围为

$$a \leqslant x \leqslant x_1, c \leqslant y \leqslant d$$

如图 1-13(b)所示。

在留下的实验范围内,将 x 固定在 x_2 处。在直线 $x = x_2$ 上,对因素 y 进行优选,又得一个最佳点为

$$A_3 = (x_2, y_2)$$

在图 1-13(b)上,沿直线 $y = y_1$ 将实验范围分成两部分,丢掉不包含 A_3 点的那一部分,而在包含 A_3 点的那一部分中继续优选。这个过程不断进行,实验范围就不断缩小,直到实验结果满意。

在这个方法中,后一次优选是在前一次优选得到最佳点的基础上进行的,故称为好点

推进法。在这个方法中,一般是将重要因素放在前面,往往能较快得到满意的结果。

1.3.2　平行线法

在实际问题中,经常会遇到两个因素中,有一个因素不容易调整,而另一个因素比较容易调整。比如,一个是浓度,一个是流速,调整浓度就比调整流速困难。在这种情况下,则可采用平行线法安排实验。

设双因素 x 与 y 的实验范围为长方形,则

$$a \leqslant x \leqslant b, c \leqslant y \leqslant d$$

又设 y 为较难调整的因素,首先将 y 固定在它的实验范围的 0.618 处,即取:

$$y_1 = c + 0.618(d - c)$$

在直线 $y = y_1$ 上,对因素 x 进行单因素优选,取得最佳点 $A_1 = (x_1, y_1)$。再把 y 固定在 0.618 的对称点 0.382 处,即取

$$y_2 = c + 0.382(d - c)$$

在直线 $y = y_2$ 上,对因素 x 进行单因素优选,取得最佳点 $A_2 = (x_2, y_2)$,比较 A_1 与 A_2 两点上的实验结果。若 A_1 比 A_2 好,则去掉下面部分,即去掉 $y < c + 0.382(d - c)$ 的部分;若 A_2 比 A_1 好,则去掉上面的部分,即去掉 $y > c + 0.618(d - c)$ 的部分。上述优选过程如图 1-14(a)所示。

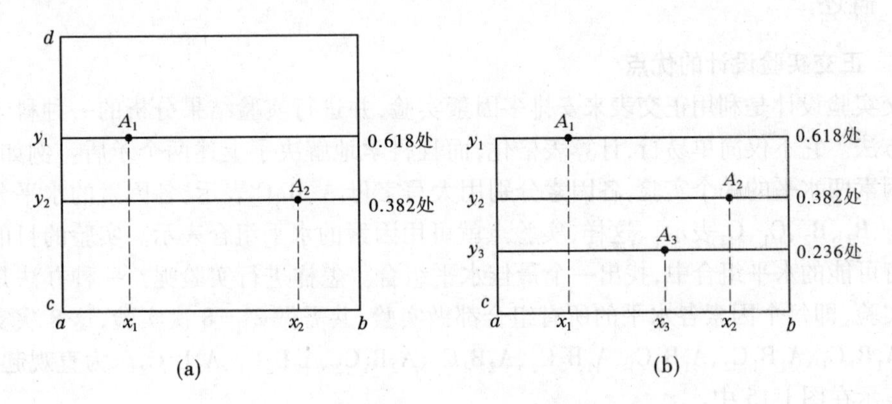

图 1-14　平行线法图示

通过比较,现在是 A_2 比 A_1 好,应去掉原长方形的上面部分,留下的实验范围为

$$a \leqslant x \leqslant b, c \leqslant y \leqslant c + 0.618(d - c)$$

再用同样的方法处理留下的实验范围,把 y 固定在 y_2 的对称点 y_3 处,应用对称原理,可得

$$y_3 = c + (y_1 - y_2) = c + 0.236(d - c)$$

在直线 $y = y_3$ 上,对因素 x 进行单因素优选,如图 1-14(b)所示,如此继续,则实验范围不断缩小,直到实验结果满意。

此方法始终是在一系列相互平行的直线上进行的,故称平行线法。注意,根据实际情况,因素 y 的取点也可以固定在实验范围其他合适的地方。

1.4 多因素正交实验设计

在科学实验中往往需要考虑多个因素,而每个因素又要考虑多个水平,这样的实验称为多因素实验。多因素实验,如果对每个因素的每个水平都互相搭配进行全面实验,实验次数就相当多。如某个实验考察4个因素,每个因素3个水平,全部实验要$3^4=81$次。要做这么多实验,既费时又费力,而且有时甚至是不可能的。由此可见,多因素的实验存在两个突出的问题:第一,全面实验的次数与实际可行的实验次数之间的矛盾;第二,实际所做的少数实验与全面掌握内在规律的要求之间的矛盾。为解决第一个矛盾,就需要我们对实验进行合理的安排,挑选少数几个且有代表性的实验做;为解决第二个矛盾,需要我们对所挑选的几个实验的实验结果进行科学的分析。

如何合理地安排多因素实验?又如何对多因素实验结果进行科学的分析?目前应用的方法较多,而正交实验设计就是处理多因素实验的一种科学方法,它能帮助我们在实验前借助事先已制订好的正交表科学地设计实验方案,从而挑选出少量具有代表性的实验做,实验后经过简单的表格运算,可分析出各因素在实验中的主次作用并找出较好的运行方案,得到正确的分析结果。因此,正交实验在各个领域中得到了广泛的应用。

1.4.1 概述

1.4.1.1 正交实验设计的优点

正交实验设计是利用正交表来安排多因素实验,并进行实验结果分析的一种科学实验设计方法。它不仅简单易行,计算表格化,而且科学地解决了上述两个矛盾。例如,要进行三因素两水平的一个实验,各因素分别用大写字母A、B、C表示,各因素的水平分别用A_1、A_2、B_1、B_2、C_1、C_2表示。这样,实验点就可用因素的水平组合表示。实验的目的是要从所有可能的水平组合中,找出一个最佳水平组合。怎样进行实验呢?一种办法是进行全面实验,即每个因素各水平的所有组合都做实验,共需做$2^3=8$次实验,这8次实验分别是$A_1B_1C_1$、$A_1B_1C_2$、$A_1B_2C_1$、$A_1B_2C_2$、$A_2B_1C_1$、$A_2B_1C_2$、$A_2B_2C_1$、$A_2B_2C_2$。为直观起见,将它们表示在图1-15中。

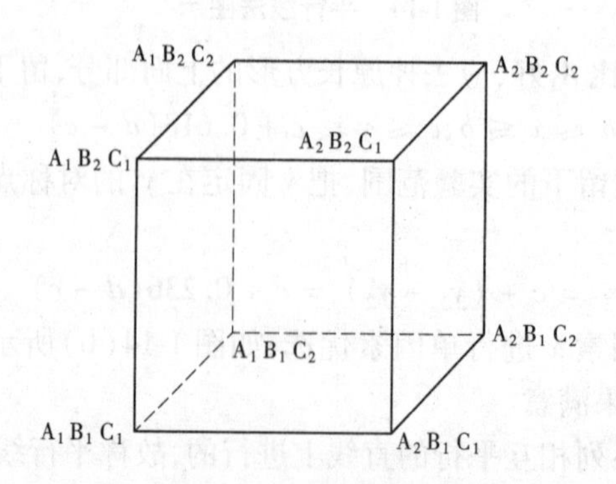

图1-15 三因素两水平全面实验点分布直观图

如图 1-15 所示的正六面体的任意两个平行平面代表同一个因素的两个不同水平，比较这 8 次实验的结果，就可找出最佳实验条件。

进行全面实验对实验项目的内在规律揭示得比较清楚，但实验次数多，特别是当因素及因素的水平数较多时，实验量很大，例如，6 个因素，每个因素 5 个水平的全面实验的次数为 $5^6=15\,625$ 次，实际上如此大量的实验是无法进行的。因此，在因素较多时，如何做到既要减少实验次数，又能较全面地揭示内在规律，这就需要用科学的方法进行合理地安排。

为了减少实验次数，一个简便的办法是采用简单对比法，即每次变化一个因素而固定其他因素进行实验。对三因素两水平的一个实验，如图 1-16 所示，较好的结果用 * 表示。

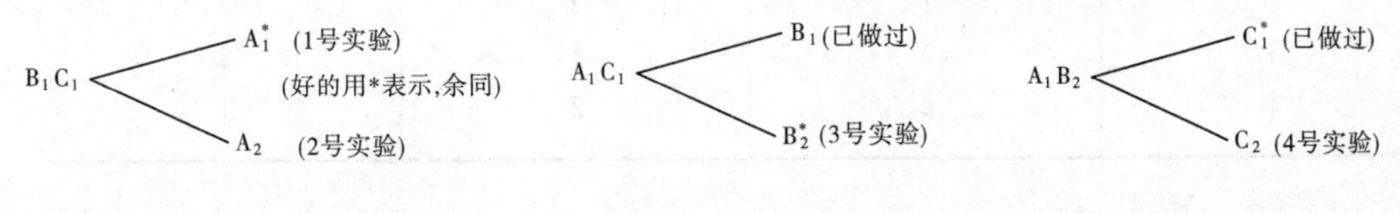

图 1-16　三因素两水平简单对比法示意

于是经过 4 次实验即可得出最佳生产条件为 $A_1B_2C_1$，这种方法叫简单对比法，一般也能获得一定效果。

但是刚才我们所取的四个实验点 $A_1B_1C_1$、$A_2B_1C_1$、$A_1B_2C_1$、$A_1B_2C_2$，它们在图中的位置如图 1-17 所示，从此图可以看出，4 个实验点在正六面体上分布得不均匀，有的平面上有 3 个实验点，有的平面上仅有 1 个实验点，因而代表性较差。

如果我们利用 $L_4(2^3)$ 正交表安排四个实验点 $A_1B_1C_1$、$A_1B_2C_2$、$A_2B_1C_2$、$A_2B_2C_1$，如图 1-18所示正六面体的任何一面上都取了 2 个实验点，这样分布就很均匀，因而代表性较好。它能较全面地反映各种信息。由此可见，最后一种安排实验的方法是比较好的方法。这就是我们大量应用正交实验设计法进行多因素实验设计的原因。

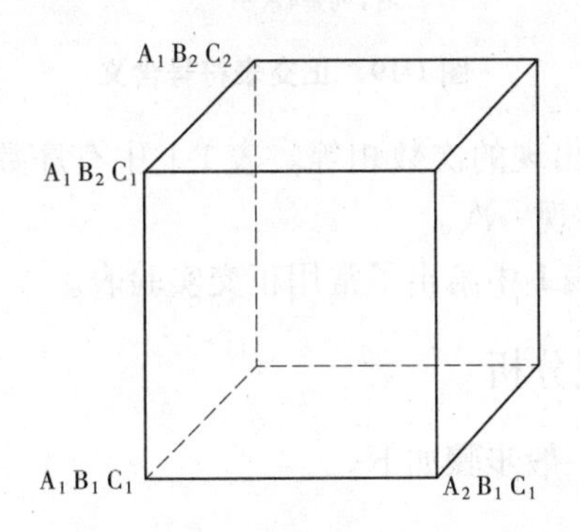

图 1-17　三因素两水平简单对比法实验点分布

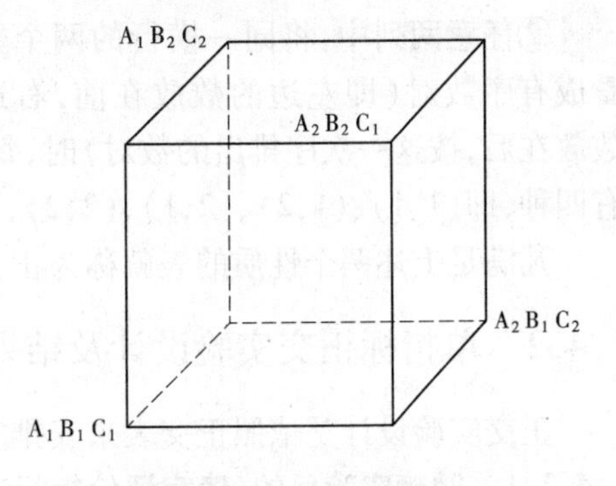

图 1-18　三因素两水平正交实验法实验点分布

1.4.1.2 正交表

正交表是正交实验设计法中合理安排实验，并对数据进行统计分析的一种特殊表格，常用正交表有 $L_4(2^3)$、$L_8(2^7)$、$L_9(3^4)$、$L_8(4\times2^4)$、$L_{18}(2\times3^7)$ 等。如表 1-1 所示为 $L_4(2^3)$ 正交表。

表 1-1 $L_4(2^3)$ 正交表

实验号	列号		
	1	2	3
1	1	1	1
2	1	2	2
3	2	1	2
4	2	2	1

(1)正交表符号的含义。如图 1-19 所示，L 代表正交表，L 下角的数字表示横行数(简称行)，即要做的实验次数；括号内的指数，表示表中直列数(简称列)，即最多允许安排的因素个数；括号内的底数，表示表中每列出现不同数字的个数，即因素的水平数。

$L_4(2^3)$ 正交表告诉我们，用它安排实验，需做 4 次实验，最多可以考察三个两水平的因素，而 $L_8(4\times2^4)$ 正交表则要做 8 次实验，最多可考察 1 个 4 水平和 4 个 2 水平的因素。

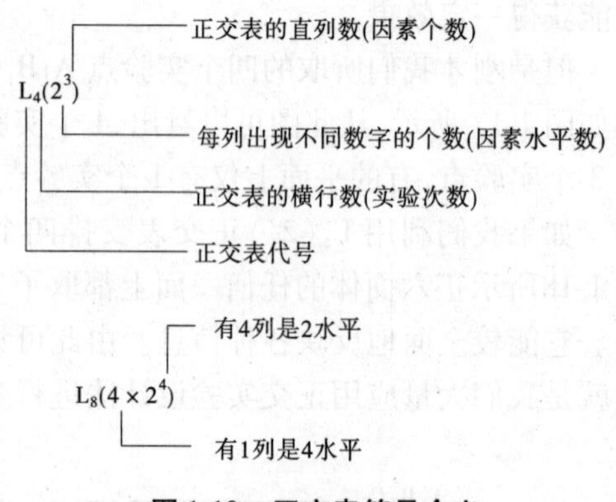

图 1-19 正交表符号含义

(2)正交表的两个特点。

①每一列中，不同的数字出现的次数相等。如表 1-1 中不同的数字只有两个，即 1 和 2，它们各出现 2 次。

②任意两列中，将同一横行的两个数字看成有序数对(即左边的数放在前，右边的数放在后，按这一次序排出的数对)时，每种数对出现的次数相等。表 1-1 中有序数对共有四种，即(1,1)、(1,2)、(2,1)、(2,2)，它们各出现一次。

凡满足上述两个性质的表就称为正交表，附表 1 中给出了常用正交实验表。

1.4.2 单指标正交实验设计及结果的直观分析

正交实验设计是依照正交表来安排实验的，一般步骤如下。

1.4.2.1 明确实验目的，确定评价指标

明确实验目的就是明确所做实验要解决的问题，如确定最佳混凝剂投加量，或寻找最适宜的工艺条件等。评价指标是正交实验中用来衡量实验效果所采用的标准，指标可能有一个，也可能有几个。

1.4.2.2　挑选因素，确定因素水平

影响实验结果的因素很多，由于条件限制，不可能逐一或全面地加以研究，因此要根据已有专业知识及有关文献资料和实际情况，固定一些因素于最佳条件下，排除一些次要因素，而挑选一些主要因素。但是，对于不可控因素，由于测不出因素的数值，因而无法看出不同水平的差别，也就无法判断该因素的作用，所以不能被列为研究对象。对于可控因素，考虑到若是丢掉了重要因素，可能会影响实验结果，不能正确、全面地反映事物的客观规律，而正交实验设计法正是安排多因素实验的有利工具，因素多几个，实验次数增加并不多，有时甚至不增加，因此一般倾向于多挑选些因素进行考察，除非事先根据专业知识或经验等，能肯定某因素作用很小，而不选入外，对于凡是可能起作用或情况不明或看法不一的因素，都应当选入进行考察。

因素的水平分为定性与定量两种，水平的确定包括两个含义，即水平个数的确定和各水平的取值。

1.4.2.3　选择合适的正交表，进行表头设计并建立水平对应关系

根据因素数和水平数来选择合适的正交表。一般要求因素数≤正交表列数；因素水平数与正交表对应的水平数一致，在满足上述条件的前提下，可选择较小的表。如果要求精度高，并且实验条件允许，可选择较大的表，实验次数就要增加。若各实验因素的水平数不相等，一般应选用相应的混合水平正交表；若考虑实验因素间的交互作用，应根据实验因素的多少和要考察因素间交互作用的多少来选用合适的正交表。

选好正交表后，将因素分别排在正交表的列中，称为表头设计。哪个因素排在哪一列上，有时是可以任意设计的。

以选择正交表 $L_4(2^3)$ 和因素 A、B、C 为例，进行表头设计。具体做法是在正交表 $L_4(2^3)$ 的表头第 1、2、3 列上分别写上因素 A、B、C，见表 1-2。

建立水平对应关系。排好表头后，对排好因素的各列中数字，依次与因素的实际水平建立对应关系，即表中数字“1”和“2”位置分别填上各因素的 1 水平和 2 水平，见表 1-2。

1.4.2.4　明确实验方案进行实验，得到实验结果

根据表头设计和建立的水平对应关系，确定每号实验的方案（见表 1-2）。表中每一号实验对应的每一行就表示一个实验的方案，即各因素的水平组合。按规定的方案进行实验，得到以评价指标形式表示的实验结果。将实验结果（评价指标）y_i 填入表 1-2 的实验结果栏内。

在表 1-2 中，可以清楚地看到每号实验的方案及实验结果。例如，第 1 号实验的方案为 $A_1B_1C_1$，实验结果为 y_1。

1.4.2.5　对实验结果进行直观分析，得出结论

正交实验设计结果的直观分析，就是分析出因素主次顺序和找出各因素好的水平组合。下面通过表 1-2 来说明如何对单指标正交实验结果进行直观分析。

表 1-2　单指标正交实验方案及实验结果直观分析计算

实验号	因素			实验结果
	A	B	C	评价指标
	1	2	3	y_i
	实验方案			
1	1(A_1)	1(B_1)	1(C_1)	y_1
2	1	2(B_2)	2(C_2)	y_2
3	2(A_2)	1	2	y_3
4	2	2	1	y_4
K_1	y_1+y_2	y_1+y_3	y_1+y_4	总和 = $\sum_{i=1}^{4} y_i$
K_2	y_3+y_4	y_2+y_4	y_2+y_3	
$\overline{K}_1$	$(y_1+y_2)/2$	$(y_1+y_3)/2$	$(y_1+y_4)/2$	
$\overline{K}_2$	$(y_3+y_4)/2$	$(y_2+y_4)/2$	$(y_2+y_3)/2$	
极差 $R=\lvert\overline{K}_1-\overline{K}_2\rvert$	$\dfrac{\lvert y_1+y_2-y_3-y_4\rvert}{2}$	$\dfrac{\lvert y_1+y_3-y_2-y_4\rvert}{2}$	$\dfrac{\lvert y_1+y_4-y_2-y_3\rvert}{2}$	

1. 计算表 1-2 各因素列中的各水平效应值 K_i、各水平效应均值 $\overline{K}_i$ 和极差 R

K_i称为水平效应值，它表示某一列上水平号为 i 时，所对应的实验结果之和。例如，在表 1-2 中，在因素 B 所在的第 2 列上，第 1、3 号实验中 B 取 B_1水平，所以 K_1为第 1、3 号实验结果之和，即 $K_1=y_1+y_3$；第 2、4 号实验中 B 取 B_2水平，所以 K_1 为第 2、4 号实验结果之和，即 $K_2=y_2+y_4$。同理可以计算出其他列中的 K_i，计算结果见表 1-2。

$\overline{K}_i$ 称为水平效应均值，它表示水平效应值 K_i除以水平号为 i 的重复次数所得的商。例如，在表 1-2 中，因素 B 所在的第 2 列中，有：$\overline{K}_1=(y_1+y_3)/2$，$\overline{K}_2=(y_2+y_4)/2$。同理可以计算出其他列中的 $\overline{K}_i$，计算结果见表 1-2。

R 称为极差，它表示某一列上的水平效应均值的最大值与最小值之差，即：

$$R=\max\{\overline{K}_i\}-\min\{\overline{K}_i\} \tag{1-5}$$

对于两水平的因素，又有一个简单的极差计算公式：

$$R=\lvert\overline{K}_1-\overline{K}_2\rvert \tag{1-6}$$

例如，计算表 1-2 中因素 B 所在的第 2 列中的极差 R，应用式(1-6)计算，则有：

$$R=\frac{\lvert y_1+y_3-y_2-y_4\rvert}{2}$$

同理可以计算出其他列中的极差 R，见表 1-2。

2. 排出因素的主次顺序

比较各因素的极差 R 值，根据其大小顺序，即可排出因素的主次关系。极差越大的列，当其对应因素的水平改变时，对实验指标的影响越大，这个因素就是主要因素；相反，则是次要因素。

3. 选取各因素好的水平组合

选取各因素好的水平组合，就是找出各因素各取什么水平时，实验指标最好。各因素好的水平的确定与各水平对应的效应均值 $\overline{K}_i$ 有关：若指标值越大越好，则应选取效应均值中最大的对应的那个水平；反之，若指标值越小越好，则应选取效应均值中最小的对应的那个水平。

4. 画因素与指标的关系图——趋势图

以各因素的水平为横坐标、各因素水平对应的水平效应均值 $\overline{K}_i$ 为纵坐标，就可绘出因素与指标的关系图——趋势图，它可以更直观地反映出诸因素及水平对实验结果的影响。

【例 1-5】 在自吸式射流曝气实验中，为了考察自吸式射流曝气设备的结构尺寸、运行条件与曝气设备的充氧性能之间的关系，试运用正交实验设计方法，选出各因素好的水平组合。

【解】 (1) 明确实验目的，确定评价指标。

实验目的：实验是为了确定较理想的自吸式射流曝气设备的结构尺寸和运行条件。

评价指标：本实验以充氧动力效率 E_p 为评价指标，用它来反映自吸式射流曝气设备的充氧性能，指标值越大越好。

(2) 挑选因素，确定因素水平。

挑选因素，考察四个因素：射流器运行条件考察两个因素，即曝气水深 H 和喷嘴工作压力 P；射流器的结构考察两个因素，即射流器的面积比 $S_1/S_2 = d_1^2/d_2^2$ 和长径比 L/d_1。每个因素选用 3 个水平。

列出因素水平表，如表 1-3 所示。

表 1-3 自吸式射流曝气实验的因素水平表

水平	因素			
	A	B	C	D
	水深 H(m)	压力 P(MPa)	面积比 d_1^2/d_2^2	长径比 L/d_1
1	4.5	0.10	9.0	60
2	5.5	0.20	4.0	90
3	6.5	0.25	6.3	120

(3) 选择合适的正交表，进行表头设计并建立水平对应关系。

选择正交表：根据以上所选择的因素与水平，所考虑的因素是 4 个，而每个因素又有 3 个水平，确定选用正交表 $L_9(3^4)$，见附表 1 中的(5)。

根据因素水平表，进行表头设计并建立水平对应关系，即在正交表 $L_9(3^4)$ 的表头第 1、2、3、4 列上分别写上因素 A、B、C、D；然后把正交表中各列中的数字 1、2、3，分别填上各因素的实际水平，见表 1-4。

(4) 明确实验方案，进行实验，得到实验结果。

实验方案：根据表头设计和建立的水平对应关系，确定每号实验的方案，见表 1-4，表中每一号实验对应的每一行就表示一个实验的方案，即各因素的水平组合。

根据表1-4，共需做9个实验，每一号实验的具体实验条件见表中各行。例如，第1号实验是在水深 $H=4.5$ m、压力 $P=0.10$ MPa、面积比 $d_1^2/d_2^2=9.0$、长径比 $L/d_1=60$ 的条件下进行的。

表1-4　自吸式射流曝气实验方案及实验结果直观分析计算

实验号	因素				实验结果
	A	B	C	D	
	水深 H (m)	压力 P (MPa)	面积比 d_1^2/d_2^2	长径比 L/d_1	充氧动力效率 E_p (kg/kWh)
	实验方案				
1	1(4.5)	1(0.10)	1(9.0)	1(60)	1.03
2	1	2(0.20)	2(4.0)	2(90)	0.89
3	1	3(0.25)	3(6.3)	3(120)	0.88
4	2(5.5)	1	2	3	1.30
5	2	2	3	1	1.07
6	2	3	1	2	0.77
7	3(6.5)	1	3	2	0.83
8	3	2	1	3	1.11
9	3	3	2	1	1.01
K_1	2.80	3.16	2.91	3.11	充氧动力效率总和
K_2	3.14	3.07	3.20	2.49	
K_3	2.95	2.66	2.78	3.29	$\sum E_p=8.89$
$\overline{K_1}$	0.93	1.05	0.98	1.04	
$\overline{K_2}$	1.05	1.02	1.07	0.83	
$\overline{K_3}$	0.98	0.89	0.93	1.10	
极差 R	0.12	0.16	0.14	0.27	

按规定的方案做实验，得到实验结果。将实验结果的原始数据，通过数据处理后求出充氧动力效率 E_p，以充氧动力效率 E_p 为评价指标，填写在表1-4中相应的“实验结果”栏内。

(5)实验结果的直观分析。

①计算表1-4各因素列中的各水平效应值 K_i、各水平效应均值 $\overline{K_i}$ 和极差 R。

第1列因素A(水深 H)的各水平效应值 K_i 分别为：

第1个水平效应值：$K_1=1.03+0.89+0.88=2.80$

第2个水平效应值：$K_2=1.30+1.07+0.77=3.14$

第3个水平效应值：$K_3=0.83+1.11+1.01=2.95$

第1列因素A(水深 H)的各水平效应均值 $\overline{K_i}$ 分别为：

第 1 个水平效应均值：$\overline{K}_1 = \dfrac{2.80}{3} = 0.93$

第 2 个水平效应均值：$\overline{K}_2 = \dfrac{3.14}{3} = 1.05$

第 3 个水平效应均值：$\overline{K}_3 = \dfrac{2.95}{3} = 0.98$

第 1 列因素 A(水深 H)的极差 R 为：$R = |0.93 - 1.05| = 0.12$

同理分别计算第 2、3、4 列中的各水平效应值 K_i、各水平效应均值 $\overline{K}_i$ 和极差 R，计算结果见表 1-4。

②排出因素的主次顺序。

按表 1-4 中极差大小分析，极差越大的那一列所对应的因素越重要，故影响充氧动力效率 E_p 的因素主次顺序依次为：

$$D(长径比\ L/d_1) \rightarrow B(压力\ P) \rightarrow C(面积比\ d_1^2/d_2^2) \rightarrow A(水深\ H)$$

③选出各因素好的水平组合。

评价指标 E_p 越大越好，按表 1-4 各因素列中的各水平效应均值分析，应挑选每个因素中效应均值最大的那个值所对应的水平，故选出各因素好的水平组合为：

$A_2B_1C_2D_3$ 即：水深 $H = 5.5$ m、压力 $P = 0.10$ MPa、面积比 $d_1^2/d_2^2 = 4.0$、长径比 $L/d_1 = 120$。

本例中，通过直观分析得到的好的水平组合为 $A_2B_1C_2D_3$，恰好与表 1-4 中最好的第 4 号实验相一致，这正体现了正交实验设计的科学性与优越性。

(6)画因素与指标的关系图——趋势图。

以各因素的水平为横坐标、各因素水平对应的水平效应均值 $\overline{K}_i$ 为纵坐标，画出因素与指标的关系图——趋势图，如图 1-20 所示。在画趋势图时要注意，对于有的数量因素(如本例中的因素 C，即面积比)，横坐标上的点不能按水平号顺序排列，而应按水平的实际大小顺序排列。

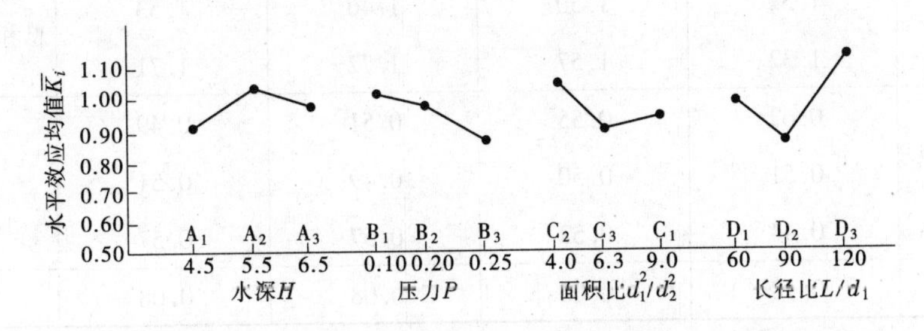

图 1-20　四个因素与动力效率的关系图——趋势图

由趋势图 1-20 可以看出，各因素好的水平组合为 $A_2B_1C_2D_3$。从趋势图还可以看出各因素对实验指标(动力效率)的影响，因素 A(水深 H)不是越深越好，因素 B(压力 P)不是越大越好。重要因素 D(长径比)适当加大一些，对实验指标可能起好的作用。因此，根据趋势图可以对重要因素的水平做适当调整，选取更好的水平，再安排几个新的实验，选出各因素更好的水平组合。

【例 1-6】 在水处理实验中，为了考察混凝剂投量、助滤剂投量、助滤剂投加点及滤速对出水浊度的影响，试进行正交实验设计及实验结果的直观分析。

【解】 进行正交实验，每个因素选用 3 个水平，混凝剂投量分别为 10 mg/L、12 mg/L 及 14 mg/L，助滤剂投量分别为 0.008 mg/L、0.015 mg/L 及 0.030 mg/L，助滤剂投加点分别为 a、b、c 点，滤速分别为 8 m/h、10 m/h 及 12 m/h。用正交表 $L_9(3^4)$ 安排实验。实验方案、实验结果及其计算出的水平效应值 K_i、水平效应均值 $\overline{K_i}$、极差 R 见表 1-5。

表 1-5　直接过滤实验方案及实验结果直观分析计算

实验号	因素				实验结果
	A	B	C	D	
	混凝剂投量（mg/L）	助滤剂投量（mg/L）	助滤剂投加点	滤速（m/h）	出水浊度（度）
	实验方案				
1	1(10)	1(0.008)	1(a)	1(8)	0.60
2	1	2(0.015)	2(b)	2(10)	0.55
3	1	3(0.030)	3(c)	3(12)	0.72
4	2(12)	1	2	3	0.54
5	2	2	3	1	0.50
6	2	3	1	2	0.48
7	3(14)	1	3	2	0.50
8	3	2	1	3	0.45
9	3	3	2	1	0.37
K_1	1.87	1.64	1.53	1.47	出水浊度总和 =4.71 度
K_2	1.52	1.50	1.46	1.53	
K_3	1.32	1.57	1.72	1.71	
$\overline{K_1}$	0.62	0.55	0.51	0.49	
$\overline{K_2}$	0.51	0.50	0.49	0.51	
$\overline{K_3}$	0.44	0.52	0.57	0.57	
极差 R	0.18	0.05	0.08	0.08	

由表 1-5 各因素列中的各水平效应均值 $\overline{K_i}$ 和极差 R 可直接分析出：

（1）按极差 R 大小分析，极差越大的那一列所对应的因素越重要，故排出影响出水浊度的因素主次顺序为：A→C→D→B，即：混凝剂投量→助滤剂投加点→滤速→助滤剂投量。

（2）根据出水浊度越小越好，依据各因素列中的各水平效应均值 $\overline{K_1}$、$\overline{K_2}$、$\overline{K_3}$ 进行分析，应选取每个因素中效应均值最小的那个值所对应的水平，故选出各因素好的水平组合为 $A_3B_2C_2D_1$，即混凝剂投量为 14 mg/L、助滤剂投量为 0.015 mg/L、助滤剂投加点为 b、滤速为 8 m/h。

本例中,通过直观分析得到的好的水平组合为 $A_3B_2C_2D_1$,并不包含在正交表中已做过的 9 个实验中,需要通过验证实验来确定。

以各因素的水平为横坐标、各因素水平对应的水平效应均值 $\overline{K_i}$ 为纵坐标,画因素与指标的关系图——趋势图,如图 1-21 所示。

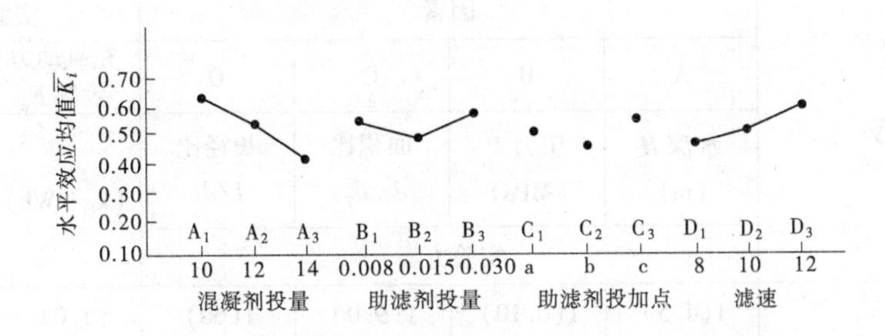

图 1-21　四个因素与出水浊度的关系图——趋势图

画趋势图 1-21 时,本例中的因素 C(助滤剂投加点)由于不是连续变化的数值,可以不考虑横坐标顺序,也不用将坐标点连成折线。

由趋势图 1-21 可以看出,各因素好的水平组合为 $A_3B_2C_2D_1$。由趋势图 1-21 中还可以看出,随因素 A(混凝剂投量)的数值增加,出水浊度越来越小,可考虑适当再增加一些混凝剂投量,安排几个新的实验,选出各因素更好的水平组合。

1.4.3　多指标正交实验设计及结果的直观分析

在科研生产中,需要考察的评价指标往往不止一个,有时是两个、三个,甚至更多,这就是多指标的实验问题。多指标的实验结果分析比单指标要复杂一些。分析多指标的实验结果时必须统筹兼顾,寻找使各项指标都尽可能好的因素水平组合或工艺条件。

下面介绍两种解决多指标正交实验的分析方法,即综合平衡法和综合评分法。

1.4.3.1　综合平衡法

综合平衡法是先对每个单项指标分别进行直观分析,得到每个单项指标的影响因素主次顺序和好的水平组合,然后根据理论知识和实践经验,把各单项指标的分析结果进行综合平衡,就可排出兼顾多项指标的因素主次顺序,并选出兼顾多项指标的各因素较好的水平组合,得出较好的实验方案。

综合平衡法的一般原则是:当各单项指标的重要性不一样时,实验的因素主次顺序和选取水平,应先保证重要的指标;当各单项指标的重要性相仿时,实验的因素主次顺序和选取水平,则优先照顾主要因素或看多数的倾向。

【例 1-7】　在自吸式射流曝气实验中,选择四个有关因素,设置两个单项评价指标。正交实验方案及实验结果见表 1-6。试使用综合平衡法,排出兼顾两项指标的因素主次顺序,并选出兼顾两项指标的各因素较好的水平组合。

【解】　本例中选用两个单项指标:充氧动力效率 E_p(kg/kWh)及氧总转移系数 K_{La}(1/h),两单项指标均是越大越好。对两单项指标分别计算表 1-6 各因素列中的各水平效

应值 K_i、各水平效应均值 $\overline{K}_i$ 和极差 R。根据表1-6的计算结果，先对两单项指标分别进行直观分析，然后进行综合平衡。

(1)排出兼顾两项指标的因素主次顺序。

根据表1-6计算结果，按极差的大小，对两单项指标分别排出因素的主次顺序，见表1-7。

表1-6　两单项指标结果分别进行直观分析计算

实验号		因素 A	因素 B	因素 C	因素 D	实验结果	
		水深 H (m)	压力 P (MPa)	面积比 d_1^2/d_2^2	长径比 L/d_1	充氧动力效率 E_p (kg/kWh)	氧总转移系数 K_{La} (1/h)
		实验方案					
1		1(4.5)	1(0.10)	1(9.0)	1(60)	1.03	3.42
2		1	2(0.20)	2(4.0)	2(90)	0.89	8.82
3		1	3(0.25)	3(6.3)	3(120)	0.88	14.88
4		2(5.5)	1	2	3	1.30	4.74
5		2	2	3	1	1.07	7.86
6		2	3	1	2	0.77	9.78
7		3(6.5)	1	3	2	0.83	2.34
8		3	2	1	3	1.11	8.10
9		3	3	2	1	1.01	11.28
充氧动力效率 E_p	K_1	2.80	3.16	2.91	3.11	$\sum E_p = 8.89$	
	K_2	3.14	3.07	3.20	2.49		
	K_3	2.95	2.66	2.78	3.29		
	$\overline{K}_1$	0.93	1.05	0.97	1.04		
	$\overline{K}_2$	1.05	1.02	1.07	0.83		
	$\overline{K}_3$	0.98	0.89	0.93	1.10		
	极差 R	0.12	0.16	0.14	0.27		
氧总转移系数 K_{La}	K_1	27.12	10.50	21.30	22.56	$\sum K_{La} = 71.22$	
	K_2	22.38	24.78	24.84	20.94		
	K_3	21.72	35.94	25.08	27.72		
	$\overline{K}_1$	9.04	3.50	7.10	7.52		
	$\overline{K}_2$	7.46	8.26	8.28	6.98		
	$\overline{K}_3$	7.24	11.98	8.36	9.24		
	极差 R	1.80	8.48	1.26	2.26		

表1-7 两单项指标的因素主次顺序

指标	因素的主次顺序
充氧动力效率 E_p	D→B→C→A 即长径比 L/d_1→压力 P→面积比 d_1^2/d_2^2→水深 H
氧总转移系数 K_{La}	B→D→A→C 即压力 P→长径比 L/d_1→水深 H→面积比 d_1^2/d_2^2

根据表1-7及两单项指标重要程度不同作如下分析：

排出兼顾两项指标的因素主次顺序，首先应保证重要指标，指标充氧动力效率 E_p 不仅反映了充氧能力，而且也反映了电耗，是一个比氧总转移系数 K_{La} 更有价值的指标；然后看两单项指标分别排出的因素主次关系：长径比 L/d_1、压力 P 均是主要的因素；面积比 d_1^2/d_2^2、水深 H 是相对次要的因素。经综合考虑，兼顾两项指标的因素主次顺序可以定为：

$$D \to B \to C \to A\text{，即长径比 } L/d_1 \to \text{压力 } P \to \text{面积比 } d_1^2/d_2^2 \to \text{水深 } H$$

(2)选出兼顾两项指标的各因素较好的水平组合。

根据表1-6计算结果，可分析出针对单项指标充氧动力效率 E_p 好的水平组合为 $A_2B_1C_2D_3$；针对单项指标氧总转移系数 K_{La} 好的水平组合为 $A_1B_3C_3D_3$。不同指标所对应的好的水平组合是不相同的，但是通过综合平衡法可以选出兼顾两项指标的各因素较好的水平组合。具体平衡过程如下：

两单项评价指标均是越大越好，依据表1-6各因素列中的各水平效应均值 $\overline{K}_i$ 进行分析。

①确定因素A(水深 H)的较好水平。

由指标 E_p，定为水深 $H=5.5$ m；由指标 K_{La}，定为水深 $H=4.5$ m。考虑指标 E_p 重于指标 K_{La}，并考虑实际生产中水深太浅，曝气池占地面积大，故选用水深 $H=5.5$ m 为好，即取 A_2。

②确定因素B(压力 P)的较好水平。

由指标 E_p，定为压力 $P=0.10$；由指标 K_{La}，定为压力 $P=0.25$。考虑指标 E_p 重于指标 K_{La}，再加上还要考虑能量消耗，故选用压力 $P=0.10$ 为好，即取 B_1。

③确定因素C(面积比 d_1^2/d_2^2)的较好水平。

由指标 E_p，定为面积比 $d_1^2/d_2^2=4.0$；由指标 K_{La}，定为面积比 $d_1^2/d_2^2=6.3$。考虑指标 E_p 重于指标 K_{La}，故选用面积比 $d_1^2/d_2^2=4.0$ 为好，即取 C_2。

④确定因素D(长径比 L/d_1)的较好水平。

无论是从指标 E_p 看，还是从指标 K_{La} 看，都是选取长径比 $L/d_1=120$ 为好，即取 D_3。

由此选出兼顾两项指标的各因素较好的水平组合为 $A_2B_1C_2D_3$，即水深 $H=5.5$ m、压力 $P=0.10$ MPa、面积比 $d_1^2/d_2^2=4.0$、长径比 $L/d_1=120$。

由上述分析可见，分析多指标正交实验结果要复杂些，但借助于直观分析提供的一些数据，并紧密地结合专业知识综合考虑后，还是不难分析确定的。由上述分析也可看出，此方法比较麻烦，有时较难得到兼顾多项指标的各因素较好的水平组合。

1.4.3.2 综合评分法

多指标正交实验直观分析除了上述方法，还可根据问题性质采用综合评分法，将多指标化为单指标,而后分析因素主次和各因素的较佳状态,常用的有指标叠加法和排队评分法。

1. 指标叠加法

所谓指标叠加法,就是将多指标按照某种计算公式进行叠加,将多指标化为单指标,而后进行正交实验直观分析,至于指标间如 $y_1,y_2,\cdots,y_i$ 如何叠加,视指标的性质、重要程度而有不同的方式,如:

$$y = y_1 + y_2 + \cdots + y_i$$

$$y = ay_1 + by_2 + \cdots + ny_i$$

式中 y——各单项指标综合后的指标;

$y_1,y_2,\cdots,y_i$——各单项指标;

$a,b,\cdots,n$——系数,其大小、正负要视指标性质和重要程度而定。

【例 1-8】 为了研究某种污水的回收重复使用,采用正交实验设计方法来安排混凝搅拌实验,选择了三个有关因素,即药剂种类、加药量及反应时间;以出水有机物浓度 COD 值、出水悬浮物浓度 SS 值作为评分指标;实验方案和实验结果见表 1-8。试利用综合评分法的指标叠加法,选出兼顾两项指标的各因素较好的水平组合。

【解】 (1)如回用水对 COD、SS 指标具有同等重要的要求,则采用综合指标 $y=y_1+y_2$ 的计算方法。按此方法计算后,所得综合评分见表 1-8。

计算出各列的各水平效应值 K_i 、各水平效应均值 $\overline{K_i}$ 和极差 R,计算结果见表 1-8。

表 1-8　混凝沉淀实验结果及指标叠加法(1)

实验号	因素				实验结果		
	药剂种类	加药量(mg/L)	反应时间(min)	空列	出水有机物浓度 COD(mg/L)	出水悬浮物浓度 SS(mg/L)	综合评分 COD + SS
1	1($FeCl_3$)	1(15)	1(3)	1	37.8	24.3	62.1
2	1	2(5)	2(5)	2	43.1	25.6	68.7
3	1	3(20)	3(1)	3	36.4	21.1	57.5
4	2[$Al_2(SO_4)_3$]	1	2	3	17.4	9.7	27.1
5	2	2	3	1	21.6	12.3	33.9
6	2	3	1	2	15.3	8.2	23.5
7	3($FeSO_4$)	1	3	2	31.6	14.2	45.8
8	3	2	1	3	35.7	16.7	52.4
9	3	3	2	1	28.4	12.3	40.7
K_1	188.3	135.0	138.0				综合评分总和 =411.7
K_2	84.5	155.0	136.5				
K_3	138.9	121.7	137.2				
$\overline{K_1}$	62.77	45.00	46.00				
$\overline{K_2}$	28.17	51.67	45.50				
$\overline{K_3}$	46.30	40.57	45.73				
极差 R	34.60	11.10	0.50				

对表1-8的计算结果进行直观分析。

按极差大小,因素主次关系如下:药剂种类→加药量→反应时间,本例中,综合评分越低越好,故应挑选每个因素中效应均值最小的那个值所对应的水平,故各因素较好的水平组合为:药剂种类:$Al_2(SO_4)_3$,加药量:20 mg/L,反应时间:5 min。

(2)如果回用水对COD指标要求比SS指标要重要得多,则可采用 $y=ay_1+by_2$ 的计算法,此时由于COD、SS值均是越小越好,因此取 $a<1$、$b=1$ 的系数进行指标叠加,本例中采用综合指标 $y=0.5\text{COD}+\text{SS}$,见表1-9。

计算出各列的各水平效应值 K_i 、各水平效应均值 $\overline{K_i}$ 和极差 R,计算结果见表1-9。

表1-9 混凝沉淀实验结果及指标叠加法(2)

实验号	因素				实验结果		
	药剂种类	加药量(mg/L)	反应时间(min)	空列	出水有机物浓度COD(mg/L)	出水悬浮物浓度SS(mg/L)	综合评分0.5COD+SS
1	1($FeCl_3$)	1(15)	1(3)	1	37.8	24.3	43.2
2	1	2(5)	2(5)	2	43.1	25.6	47.2
3	1	3(20)	3(1)	3	36.4	21.1	39.3
4	2[$Al_2(SO_4)_3$]	1	2	3	17.4	9.7	18.4
5	2	2	3	1	21.6	12.3	23.1
6	2	3	1	2	15.3	8.2	15.9
7	3($FeSO_4$)	1	3	2	31.6	14.2	30.0
8	3	2	1	3	35.7	16.7	34.6
9	3	3	2	1	28.4	12.3	26.5
K_1	129.7	91.6	93.7				综合评分总和=278.2
K_2	57.4	104.9	92.1				
K_3	91.1	81.7	92.4				
$\overline{K_1}$	43.23	30.53	31.23				
$\overline{K_2}$	19.13	34.97	30.70				
$\overline{K_3}$	30.37	27.23	30.80				
极差 R	24.10	7.74	0.53				

对表1-9的计算结果进行直观分析。

按极差大小,因素主次关系为:药剂种类 → 加药量 → 反应时间,分析各因素水平效应均值 $\overline{K_i}$,各因素较好的水平组合为:药剂种类:$Al_2(SO_4)_3$,加药量:20 mg/L,反应时间:5 min。

2.排队评分法

所谓排队评分法,是将全部实验结果按照指标从优到劣进行排队,然后评分。最好的给100分,依次逐个减少,减少多少分大体上与它们效果的差距相对应。

【例1-9】 为了研究某种污水的回收重复使用,采用正交实验设计方法来安排混凝搅拌实验,选择了三个有关因素:药剂种类、加药量及反应时间;以出水有机物浓度COD值、出水悬浮物浓度SS值作为评价指标;实验方案和实验结果见表1-10。试利用综合评分法的排队评分法,选出兼顾两项指标的各因素较好的水平组合。

【解】 本实验的两单项指标均是越小越好。在表1-10中9组实验中第6组COD、SS指标均最小,其和为23.5,效果最好,评为100分,而第2组COD、SS指标均最高,其和为68.7,效果最差,评为50分,其他几号实验参考其指标效果,按比例进行评分,其计算公式为:

$$\text{第}\ i\ \text{号实验的综合评分} = 50 + 50 \times \frac{68.7 - \text{第}\ i\ \text{号实验两单项指标值的和}}{68.7 - 23.5}$$

按上式计算每一号实验的综合评分,见表1-10。

计算出各列的各水平效应值 K_i 、各水平效应均值 $\overline{K_i}$ 和极差 R,计算结果见表1-10。

表1-10 混凝沉淀实验结果及排队评分计算法

实验号	因素				实验结果			
	药剂种类	加药量(mg/L)	反应时间(min)	空列	出水有机物浓度COD(mg/L)	出水悬浮物浓度SS(mg/L)	COD+SS	综合评分
1	1($FeCl_3$)	1(15)	1(3)	1	37.8	24.3	62.1	57.3
2	1	2(5)	2(5)	2	43.1	25.6	68.7	50.0
3	1	3(20)	3(1)	3	36.4	21.1	57.5	62.4
4	2[$Al_2(SO_4)_3$]	1	2	3	17.4	9.7	27.1	96.0
5	2	2	3	1	21.6	12.3	33.9	88.5
6	2	3	1	2	15.3	8.2	23.5	100
7	3($FeSO_4$)	1	3	2	31.6	14.2	45.8	75.3
8	3	2	1	3	35.7	16.7	52.4	68.0
9	3	3	2	1	28.4	12.3	40.7	81.0
K_1	169.7	228.6	225.3					综合评分总和=678.5
K_2	284.5	206.5	227.0					
K_3	224.3	243.4	226.2					
$\overline{K_1}$	56.6	76.2	75.1					
$\overline{K_2}$	94.8	68.8	75.7					
$\overline{K_3}$	74.8	81.1	75.4					
极差 R	38.2	12.3	0.6					

对表1-10的计算结果进行直观分析。

按极差大小,因素主次关系如下:药剂种类 → 加药量 → 反应时间,分析各因素水平效应均值 $\overline{K_i}$,各因素较好的水平组合为:药剂种类:$Al_2(SO_4)_3$,加药量:20 mg/L,反应时间:5 min。

习　题

1-1　某污水处理实验,需要对水样的浓度进行优选,根据经验知道兑水的倍数为50~100倍,用0.618法做两次实验就找到了合适的加水倍数,试求第2次实验的加水倍数。

1-2　某污水处理实验,需要对氧气的通入量进行优选。根据经验知道氧气的通入量是20~70 kg,用0.618法经过4次实验找到了合适的通氧量,试求出各次的通氧量,并填入表1-11中。

表1-11　氧气通入量优选实验记录

实验序号	通氧量	比较
①		
②		①比②好
③		①比③好
④		①比④好

1-3　某给水实验投药量分为7个水平,见表1-12。用斐波那契数列法来安排实验,经优选后发现第6水平最好。试写出优选过程,并画图示意。

表1-12　某给水实验投药量

投药量	0.30	0.33	0.35	0.40	0.45	0.48	0.50
编号	1	2	3	4	5	6	7

1-4　为了节约软化水的用盐量,利用斐波那契数列法对盐水浓度进行了优选。盐水浓度的实验范围是3%~11%,以变化1%为一个实验点,做了4次实验,找到了最合适的盐水浓度,如果实验结果:②比①好,③比②和④都好,那么最合适的盐水浓度是多少?

1-5　斐波那契数列法、对分法、0.618法各在什么情况下适用?

1-6　使用双因素实验设计的好点推进法,对某给水实验中双因素三氯化铁和硫酸铝用量进行优选。部分实验过程如下:

实验范围:三氯化铁10~25 mg/L,硫酸铝2~8 mg/L。

实验步骤1:先固定硫酸铝为某一用量,例如近似固定在它的实验范围的0.618处,即取5.7 mg/L。在硫酸铝用量固定在5.7 mg/L的实验点上,对三氯化铁用量用黄金分割法进行4次优选实验。

实验结果:②比①好,③比②好,③比④好,以③对应的实验点作为三氯化铁用量最合适实验点,试确定三氯化铁的最合适用量。

实验步骤2:将三氯化铁用量固定在③对应的实验点上,对硫酸铝用量用黄金分割法进行 4 次优选实验。

实验结果:①比②、③、④均好,以①对应的实验点作为硫酸铝用量最合适实验点,试确定硫酸铝的最合适用量。

综合实验步骤 1 和步骤 2,试确定出双因素三氯化铁和硫酸铝最合适用量。

1-7 为了提高污水中某种物质的转化率,选出了 3 个有关的因素,即反应温度 A、加碱量 B 和加酸量 C,每个因素选 3 个水平,见表 1-13。

表 1-13 提高转化率实验的因素水平

水平	因素		
	A	B	C
	反应温度(℃)	加碱量(kg)	加酸量(kg)
1	80	35	25
2	85	48	30
3	90	55	35

(1)试按 $L_9(3^4)$ 安排实验。

(2)按实验方案进行 9 次实验,转化率(%)依次是 51、71、58、82、69、59、77、85、84。试用直观分析法分析实验结果,选出好的生产条件。

1-8 为了解制革消化污泥化学调节的控制条件,对其影响比阻值 R 的因素进行实验。选择因素、水平见表 1-14。

表 1-14 优选控制条件实验的因素水平

水平	因素		
	A	B	C
	加药体积(mL)	加药量(mg/L)	反应时间(min)
1	1	5	20
2	5	10	40
3	9	15	60

(1)选用哪张正交表安排实验?

(2)如果将 3 个因素依次放在 $L_9(3^4)$ 的第 1、2、3 列上,所得比阻值 $R(10^8 s^2/g)$ 依次为 1.122、1.119、1.154、1.091、0.979、1.206、0.938、0.990、0.702。试用直观分析法分析实验结果,并找出制革消化污泥进行化学调节时其控制条件的较佳值组合。

1-9 某原水进行直接过滤正交实验,投加药剂为碱式氯化铝,考察的因素、水平见表 1-15。如果将四个因素依次放在正交表 $L_9(3^4)$ 的第 1、2、3、4 列上,以出水浊度为评定指标,共进行 9 次实验,所得出水浊度依次为 0.75 度、0.80 度、0.85 度、0.90 度、0.45 度、0.65 度、0.65 度、0.85 度和 0.35 度。试进行正交实验设计结果的直观分析,确定因素的主次顺序及各因素中较佳的水平条件。

表1-15　过滤实验的因素水平

水平	因素			
	混合速度梯度 (s^{-1})	滤速 (m/h)	混合时间 (s)	投药量 (mg/L)
1	400	10	10	9
2	500	8	20	7
3	600	6	30	5

1-10　为了考察实验因素对活性污泥法二沉池的影响，选择因素和水平，见表1-16。考察指标为污泥浓缩倍数 x_R/x 和出水悬浮物浓度SS(mg/L)；选用正交表 $L_4(2^3)$，实验方案及实验结果见表1-16。

表1-16　实验方案及实验结果

实验号	因素			实验结果	
	进水负荷 $(m^3/(m^2 \cdot h))$	池型	空列	x_R/x	出水悬浮物浓度SS (mg/L)
	实验方案				
1	1(0.45)	1(斜)	1	2.06	60
2	1	2(矩)	2	2.20	48
3	2(0.60)	1	2	1.49	77
4	2	2	1	2.04	63

(1)请用指标叠加法，设 $y=0.5x_R/x+0.5SS$，表示出每一号实验的综合评分，最后进行直观分析，选出兼顾两项指标的各因素较好的水平组合。

(2)请用排队评分法，认为两个指标同等重要，给出每一号实验的综合评分，最后进行直观分析，选出兼顾两项指标的各因素较好的水平组合。

第 2 章　实验数据处理

实验数据分析处理是从带有一定客观信息的大量实验数据中,经过数学的方法找出事物的客观规律。因此,一个实验完成之后,往往要经过下述几个过程,即实验误差分析、实验数据整理、实验数据处理。

实验误差分析:目的在于确定实验直接测量值与间接值误差的大小,以及数据的可靠性,从而判断数据准确度是否符合工程实践要求。

实验数据整理:根据误差分析理论对原始数据进行筛选,剔除极个别不合理的数据,保证原始数据的可靠性,以供下一步数据处理之用。

实验数据处理:将上述整理所得数据,利用数理统计知识,分析数据特点及各变量的主次,确立各变量间的关系,并用图形、表格或经验公式表达。这是本章的重点。

2.1　实验误差分析

2.1.1　误差与误差分类

任何一个物理量都是在一定的条件下客观存在的,这个客观存在的大小,即称为该物理量的真值。实验中要想获得该值,必须借助于一定的实验理论、方法及测试仪器,在一定条件下由人工去完成。由于种种条件限制,如实验理论的近似性、仪器的灵敏度、环境、测试条件、人的因素等使得测量值与真值有所偏差,这种偏差即称为误差。为了尽可能减少误差,求出在测试条件下的最近真值,并分析测量值的可靠性,就必须研究误差的来源及性质。

2.1.1.1　误差来源及性质

根据误差的性质或产生的原因,可分为系统误差、偶然误差和过失误差三类。

(1)系统误差,是指在同一条件下多次测量同一量时,误差的数值保持不变或按某一规律变化的误差。造成系统误差的原因很多,可能是仪器、环境、装置、测试方法等。系统误差虽然可以采取措施使之降低,但关键是要找到产生该误差的原因,这是实验讨论中的一个重要方面。

(2)偶然误差又称为随机误差,其性质与前者不同,测量值总是有稍许变化且变化不定,误差时大、时小、时正、时负,其来源可能是人的感官分辨能力不同、环境干扰等,这种误差是无法控制的,它服从统计规律,但其规律必须要在大量观测数据中才能显现出来。

(3)过失误差,这是由实验时使用仪器不合理或粗心大意、精力不集中、记错数据而引起的。这种误差只要实验时认真,一般是可以避免的。

2.1.1.2　绝对误差与相对误差

绝对误差 ε 指测量值 x 与其真值 a 的差值,即 $\varepsilon = x - a$,单位同测量值。它反映测量值偏离真值的大小，故称之为绝对误差。它虽然可以表示一个测量结果的可靠程度，但在不同测量结果的对比中，不如相对误差。

相对误差 δ 是指该值的绝对误差 ε 与真值 a 的比值，即

$$\delta = \frac{\varepsilon}{a} \times 100\% \tag{2-1}$$

相对误差 δ 无单位，通常用百分数表示，多用在不同测量结果的可靠性对比中。

2.1.2　误差分析

2.1.2.1　单次测量值误差分析

水质工程实验，不仅影响因素多而且测试量大，有时由于条件限制为在动态实验下进行，不容许对被测量值做重复测量，所以实验中往往对某些测量只进行一次测定。例如，曝气设备清水充氧实验，取样时间、水中溶解氧值测定（仪器测定）、压力计量等，均为一次测定值。这些测定值的误差，应根据具体情况进行具体分析。例如，对于偶然误差较小的测定值，可按仪器上注明的误差范围分析计算；无注明时，可按仪器最小刻度的1/2作为单次测量的误差。如用上海第二分析仪器厂型号为SJ6－203的溶解氧测量仪，记录仪器精度为0.5级。当测得DO＝3.2 mg/L时，其误差值为3.2×0.005＝0.016（mg/L）；若仪器未给出精度，由于仪器最小刻度为0.2 mg/L，故每次测量的误差可按0.1 mg/L考虑。

2.1.2.2　多次测量值误差分析

为了能得到比较准确且可靠的测量值，在条件允许的情况下，尽可能进行多次测量，并以测量结果的算术平均值近似代替该物理量的真值。该值的误差，在工程中除用算术平均误差表示外，多用均方根偏差（标准偏差）来表示。

（1）算术平均误差，是指测量值与算术平均值之差的绝对值的算术平均值。

设各测量值为 x_i，则算术平均值为

$$\bar{x} = \frac{1}{n}\sum_{i=1}^{n} x_i \tag{2-2}$$

偏差为 $d_i = x_i - \bar{x}$，则算术平均误差 Δx 为

$$\Delta x = \frac{\sum_{i=1}^{n} |d_i|}{n} = \frac{\sum_{i=1}^{n} |x_i - \bar{x}|}{n} \tag{2-3}$$

则真值可表示为

$$a = \bar{x} \pm \Delta x \tag{2-4}$$

（2）均方根偏差（标准偏差），是指各测量值与算术平均值差值的平方和的平均值的平方根，故又称为均方偏差。其计算式为

$$\sigma = \sqrt{\frac{1}{n}\sum_{i=1}^{n} (x_i - \bar{x})^2} = \sqrt{\frac{\sum_{i=1}^{n} d_i^2}{n}} \tag{2-5}$$

在有限次测量中，工程上常用式（2-6）计算标准偏差

$$\sigma_{n-1} = \sqrt{\frac{1}{n-1}\sum_{i=1}^{n} (x_i - \bar{x})^2} \tag{2-6}$$

由于式(2-5)是用算术平均值代替了未知的真值,故用偏差这个词代替了误差,将由此式求得的均方根误差也称之为均方根偏差。测量次数越多,算术平均值越接近于真值,则各偏差也越接近于误差。因此,工程中一般不去区分误差与偏差的细微区别,而将均方根偏差也称为均方根误差,简称均方差,则真值可用多次测量值的结果表示为

$$a = \bar{x} \pm \sigma \tag{2-7}$$

2.1.2.3 误差计算举例

【例 2-1】 正交实验设计例 1-5 中,自吸式射流曝气器在水深 $H = 5.5$ m、工作压力 $P = 0.10$ MPa、面积比 $m = 4.0$、长径比 $L/d = 120$ 的情况下,12 组清水充氧实验结果如表 2-1 所示。

表 2-1 自吸式射流曝气器清水充氧实验结果

实验组号	充氧动力效率 E_p (kg/kWh)	实验组号	充氧动力效率 E_p (kg/kWh)	实验组号	充氧动力效率 E_p (kg/kWh)
60	1.00	64	1.35	68	1.45
61	1.08	65	1.21	69	1.14
62	1.20	66	1.33	70	1.63
63	1.32	67	1.62	71	1.31

(1)求其均值并计算第 64 组实验结果的绝对误差与相对误差;

(2)求其算术平均误差和标准偏差。

【解】 (1)求其均值并计算第 64 组实验结果的绝对误差与相对误差。

$$均值\ \overline{E}_p = \frac{1}{n}\sum_{i=1}^{n} E_{pi} = 1.30(\text{kg/kWh})$$

$$绝对误差 = E_{p64} - \overline{E}_p = 1.35 - 1.30 = 0.05(\text{kg/kWh})$$

$$相对误差 = \frac{0.05}{1.30} \times 100\% = 3.8\%$$

(2)求其算术平均误差和标准偏差。

①充氧动力效率的算术平均误差计算。

$$\Delta x = \frac{\sum_{i=1}^{n} |x_i - \bar{x}|}{n}$$

$$= \frac{|(1.00 - 1.30) + (1.08 - 1.30) + \cdots + (1.31 - 1.30)|}{12} = 0.15$$

所以,$E_p = (1.30 \pm 0.15)$ kg/kWh。

②标准偏差计算。

$$\sigma_{n-1} = \sqrt{\frac{1}{n-1}\sum_{i=1}^{n}(x_i - \bar{x})^2}$$

$$= \sqrt{\frac{(1.00 - 1.30)^2 + (1.08 - 1.30)^2 + \cdots + (1.31 - 1.30)^2}{12 - 1}}$$

$$= \sqrt{\frac{0.420}{11}} = 0.195$$

所以,$E_p = (1.30 \pm 0.195)$ kg/kWh。

2.2 实验数据整理

实验数据整理的目的:分析实验数据的一些基本特点;计算实验数据的基本统计特征;利用计算得到的一些参数,分析实验数据中可能存在的异常点,为实验数据取舍提供一定的统计依据。

2.2.1 有效数字及其运算

每一个实验都要记录大量原始数据,并对它们进行分析运算。但是这些直接测量数据都是近似数,存在一定的误差,因此这就存在一个实验时记录应取几位数、运算后又应保留几位数的问题。

2.2.1.1 有效数字

准确测定的数字加上最后一位估读数字(又称存疑数字)所得的数字称为有效数字。如用容量为20 mL、刻度为0.1 mL的滴管测定水中溶解氧含量,共消耗硫代硫酸钠为3.63 mL时,有效数字为3位,其中3.6为确切读数,而0.03为估读数字。因此,实验中直接测量值的有效数字与仪表刻度有关,根据实际一般都应尽可能估计到最小分度的1/10或是1/5、1/2。

2.2.1.2 有效数字的运算规则

由于间接测量值是由直接测量值计算出来的,因而也存在有效数字的问题,通常的运算规则有:

(1)有效数字的加减。运算后和差小数点后有效数字的位数与参加运算各数中小数点后位数最少的相同。

(2)有效数字的乘除。运算后积商的有效数字的位数与各参加运算有效数中位数最少的相同。

(3)乘方、开方的有效数字。乘方、开方运算后的有效数字的位数与其底的有效数字位数相同。

有效数字运算时,应注意到,公式中某些系数不是由实验测得的,计算中不考虑其位数。对数运算中,首数不算有效数字;乘除运算中,首位数是8或9的有效数字多计一位。

2.2.2 实验数据的数字特征

2.2.2.1 实验数据的基本特点

对实验数据进行简单分析后,可以看出实验数据一般具有以下一些特点:

(1)实验数据总是以有限次数给出的,并具有一定的波动性。

(2)实验数据总是存在实验误差,且是综合性的,即随机误差、系统误差和过失误差同时存在于实验数据中。今后我们所研究的实验数据,认为是没有系统误差的数据。

(3)实验数据大都具有一定的统计规律性。

2.2.2.2　几个重要的数字特征

用几个有代表性的数,来描述随机变量 x 的基本统计特征,一般把这几个数称为随机变量 x 的数字特征。

实验数据的数字特征计算,就是由实验数据计算一些有代表性的特征量,用以浓缩、简化实验数据中的信息,使问题变得更加清晰、简单、易于理解和处理,下面给出分别用来描述实验数据取值的大致位置、分散程度和相关特征等的几个数字特征参数。

1. 位置特征参数及其计算

实验数据的位置特征参数,是用来描述实验数据取值的平均位置和特定位置的。常用的有均值、极大值、极小值、中值、众值等。

(1)均值 $\bar{x}$。如由实验得到一组数据 $x_1, x_2, \cdots, x_n$,n 为测试次数,则算术平均值为

$$\bar{x} = \frac{1}{n}\sum_{i=1}^{n} x_i$$

算术平均值 $\bar{x}$ 具有计算简便、对于符合正态分布的数据与真值接近的优点,它是指示实验数据取值平均位置的特征参数。

(2)极大值 $a = \max\{x_1, x_2, \cdots, x_n\}$,极小值 $b = \min\{x_1, x_2, \cdots, x_n\}$,是一组测试数据中的极大值与极小值。

(3)中值 M_d(也称中位数)。中值 M_d 是一组实验数据的中项测量值,其中一半实验数据小于此值,另一半实验数据大于此值。若测得数为偶数,则中值为正中两个值的平均值。该值可以反映全部实验数据的平均水平。

(4)众值 N 是实验数据中出现最频繁的量,故也是最可能的值,其值即为所求频率的极大值出现时的量,因此众值不像上述几个位置特征参数那样可以迅速直接求得,而是应先求得频率分布再从中确定。

2. 分散特征参数及其计算

分散特征参数被用来描述实验数据的分散程度,常有极差、方差、标准差(标准偏差)、变异系数等。

(1)极差 R。

$$R = \max\{x_1, x_2, \cdots, x_n\} - \min\{x_1, x_2, \cdots, x_n\} \tag{2-8}$$

极差 R 是一最简单的分散特征参数,为一组实验数据极大值与极小值之差,可以度量数据波动的大小,它具有计算简便的优点,但由于它没有充分利用全部数据提供的信息,而是过于依赖个别的实验数据,故代表性较差,反映实际情况的精度较差。实际应用中,多用以均值 $\bar{x}$ 为中心的分散特征参数,如方差、标准差、变异系数等。

(2)方差和标准差。

方差
$$\sigma^2 = \frac{1}{n-1}\sum_{i=1}^{n}(x_i - \bar{x})^2 \tag{2-9}$$

标准差
$$\sigma = \sqrt{\frac{1}{n-1}\sum_{i=1}^{n}(x_i - \bar{x})^2}$$

两者都是表明实验数据分散程度的特征数。标准差(标准偏差)也叫均方差,与实验

数据单位一致,可以反映实验数据与均值之间的平均差距,这个差距愈大,表明实验所得数据愈分散,反之表明实验所得数值愈集中。方差这一特征数所取单位与实验数据单位不一致,但是标准差大,则方差大,标准差小则方差小,所以方差同样可以表明实验数据取值的分散程度。

(3)变异系数 C_v。

$$C_v = \frac{\sigma}{x} \tag{2-10}$$

变异系数用来衡量实验数据的分散程度,是个相对的数字特征。变异系数越大,表示实验数据分散程度越大;变异系数越小,表示实验数据分散程度越小。

极差 R、标准差 σ 只反映数据绝对波动大小,而变异系数是反映数据相对波动的大小。

3.相关特征参数

为表示变量间可能存在的关系,常常采用相关特征参数,如线性相关系数等。其计算将在回归分析中介绍,它反映变量间存在的线性关系的强弱。

2.2.3　实验数据中可疑数据的取舍

2.2.3.1　可疑数据

整理实验数据进行计算分析时,常会发现有个别测量值与其他值偏差很大,这些值有可能是由于偶然误差造成的,也可能是由于过失误差或条件的改变而造成的。所以在实验数据整理的整个过程中,控制实验数据的质量,消除不应有的实验误差,是非常重要的,对于一些特殊值的取舍一定要慎重,不能轻易舍弃,因为任何一个测量值都是测试结果的一个信息,通常我们将个别偏差大的,不是来自同一分布总体的、对实验结果有明显影响的测量数据称为离群数据;而将可能影响实验结果,但尚未证明确定是离群数据的测量数据称为可疑数据。

2.2.3.2　可疑数据的取舍

舍掉可疑数据虽然会使实验结果精密度提高,但是可疑数据并非全都是离群数据,因为正常测定的实验数据总有一定的分散性,因此不加分析人为地全部删掉,虽然删去了离群数据,但也删去了一些误差较大的并非错误的数据,则由此得到的实验结果并不一定就符合客观实际,因此可疑数据的取舍,必须遵循一定的原则。一般这项工作由一些具有丰富经验的专业人员根据下述原则进行。

(1)实验中由于条件改变、操作不当或其他人为的原因产生离群数值,并有当时记录可供参考。

(2)没有肯定的理由证明它是离群数值,而从理论上分析,此点又明显反常时,可以根据偶然误差分布的规律,决定它的取舍。

一般应根据不同的检验目的,选择不同的检验方法,常用的方法有以下三种。

1.用于一组测量值的离群数据的检验

常用的方法有如下2个。

1)3σ 法则

实验数据的总体是正态分布(一般实验数据多为此分布)时,先计算出数列标准偏差，求其极限误差 $K_\sigma = 3\sigma$，此时测量数据落于 $(\bar{x} \pm 3\sigma)$ 范围内的可能性为 99.7%，也就是说，落于此区间外的数据只有 0.3% 的可能性，这在一般测量次数不多的实验中是不易出现的，若出现了这种情况则可认为是由于某种错误造成的，可以舍弃。一般把依此进行可疑数据取舍的方法称为 3σ 法则。

2）肖维涅准则

实际工程中常根据肖维涅准则利用表 2-2 决定可疑数据的取舍。表中 n 为测量次数，K 为系数，$K_\sigma = K\sigma$ 为极限误差，当可疑数据的误差大于 K_σ 时，即可舍弃。

表 2-2　肖维涅准则系数 K

n	K	n	K	n	K
4	1.53	10	1.96	16	2.16
5	1.65	11	2.00	17	2.18
6	1.73	12	2.04	18	2.20
7	1.79	13	2.07	19	2.22
8	1.86	14	2.10	20	2.24
9	1.92	15	2.13		

2. 用于多组测量值的均值的离群数据的检验法——Grubbs 检验法（格拉布斯法）

常用的格拉布斯检验法的步骤如下。

1）计算统计量 T

将 m 组的测定的均值按大小顺序排列成 $\bar{x}_1, \bar{x}_2, \cdots, \bar{x}_{m-1}, \bar{x}_m$，其中最大、最小均值分别记为 $\bar{x}_{\max}$、$\bar{x}_{\min}$，此数列的均值记为总均值 $\bar{\bar{x}}$，数列的标准偏差为 $\sigma_{\bar{x}}$。

$$\bar{\bar{x}} = \frac{1}{m}\sum_{i=1}^{m}\bar{x}_i$$

$$\sigma_{\bar{x}} = \sqrt{\frac{1}{m-1}\sum_{i=1}^{m}(\bar{x}_1 - \bar{\bar{x}})^2}$$

并按式(2-11)、式(2-12)进行可疑数据为最大及最小均值时的统计量 T 的计算：

$$T_{\max} = \frac{\bar{x}_{\max} - \bar{\bar{x}}}{\sigma_{\bar{x}}} \tag{2-11}$$

$$T_{\min} = \frac{\bar{\bar{x}} - \bar{x}_{\min}}{\sigma_{\bar{x}}} \tag{2-12}$$

2）查临界值 T_α

根据给定的显著性水平 α 和测定的组数 m，由附表 2(1) 查得格拉布斯检验临界值 T_α。

3）判断

若计算统计量 $T_{\max}$、$T_{\min} > T_{0.01}$，则可疑均值为离群数值，可舍掉，即舍去了与均值相应的一组数据。

若 $T_{0.05} < T_{\max}, T_{\min} \leqslant T_{0.01}$，则可疑均值为偏离数值。

若 T_{max}、$T_{min} \leqslant T_{0.05}$，则可疑均值为正常数值。

3. 用于多组测量值方差的离群数据检验法——Cochran(柯赫伦)最大方差检验法

此法既可用于剔除多组测定中精密度较差的一组数据，也可用于多组测定值的方差一致性检验。

1) 计算统计量 C

将 m 组测定的每组标准差按大小顺序排列 $\sigma_1, \sigma_2, \cdots, \sigma_m$，最大记为 σ_{max}，按式(2-13)计算统计量 C，即

$$C = \frac{\sigma_{max}^2}{\sum_{i=1}^{m} \sigma_i^2} \tag{2-13}$$

当每组仅测定两次时，统计量用极差计算：

$$C = \frac{R_{max}^2}{\sum_{i=1}^{m} R_i^2} \tag{2-14}$$

式中　R_{max}——m 组极差中的最大值；

R_i——每组的极差值。

2) 查临界值 C_α

根据给定的显著性水平 α 及测定组数 m、每组测定次数 n，由附表 2(2) 查得 Cochran 最大方差检验临界值 C_α 值。

3) 给出判断

若 $C > C_{0.01}$，则可疑方差为离群方差，说明该组数据精密度过低，应予剔除。

当 $C_{0.05} < C \leqslant C_{0.01}$，则可疑方差为偏离方差。

若 $C \leqslant C_{0.05}$，则可疑方差为正常方差。

2.2.4　实验数据整理计算举例

【例 2-2】　自吸式射流曝气清水充氧实验中，喷嘴直径 $d = 20$ mm。在水深 $H = 5.5$ m、工作压力 $P = 0.10$ MPa、面积比 $m = 4$、长径比 $L/d = 120$ 的情况下，进行了 12 组实验。每组实验中同时可得 11 个氧总转移系数值，求其均值后，则可得 12 组实验的 $K_{La(20)}$ 的均值，并可求得 12 组标准差 σ_{n-1}。现将第 64 组测定结果的 $K_{La(20)}$ 值及 12 组 $K_{La(20)}$ 的均值和各组标准差 σ_{n-1} 值列于表 2-3 中。

现对这些数据进行整理，判断是否有离群数据。

(1) 判断第 64 组的 $K_{La(20)}$ 值是否有离群数据，是否应予去除。

(2) 利用 Grubbs 检验法(格拉布斯法)检验 12 组测量均值是否有离群数据。

(3) 利用 Cochran(柯赫伦)最大方差检验法检验 12 组测量值的标准方差是否有离群数据。

表 2-3　自吸式射流曝气清水充氧 $K_{La(20)}$

项目					
第 64 组 $K_{La(20)}$ 值		12 组 $K_{La(20)}$ 的均值		12 组标准差 σ_{n-1} 值	
组号	$K_{La(20)}$ (1/min)	组号	$K_{La(20)}$ (1/min)	组号	$K_{La(20)}$ (1/min)
1	0.065	60	0.053	60	0.002 7
2	0.063	61	0.082	61	0.003 5
3	0.070	62	0.090	62	0.002 6
4	0.074	63	0.067	63	0.003 0
5	0.070	64	0.069	64	0.003 0
6	0.068	65	0.060	65	0.002 8
7	0.065	66	0.066	66	0.002 9
8	0.067	67	0.085	67	0.003 1
9	0.071	68	0.077	68	0.003 2
10	0.072	69	0.061	69	0.003 3
11	0.069	70	0.090	70	0.002 8
		71	0.072	71	0.002 9

【解】 (1)判断第 64 组的 $K_{La(20)}$ 值是否有离群数据，是否应予去除。

①按 3σ 法则判断。

计算第 64 组 $K_{La(20)}$ 的标准差 $\sigma = 0.003$，极限误差 $K_\sigma = 3\sigma = 3 \times 0.003 = 0.009$

计算第 64 组 $K_{La(20)}$ 的均值，$\bar{x} = \overline{K}_{La(20)} = 0.069$，则

$$\bar{x} \pm 3\sigma = 0.069 \pm 0.009 = 0.060 \sim 0.078$$

由于第 64 组测得 $K_{La(20)}$ 值为 0.063 ~ 0.074 均落于 0.060 ~ 0.078 范围内，故该组测得数据中无离群数据。

②按肖维涅准则判断。

由于测量次数 $n = 11$，查表 2-2 得 $K = 2.00$，则极限误差为 $K_\sigma = 2.00 \times 0.003 = 0.006$。

计算第 64 组 $K_{La(20)}$ 的均值 $\bar{x} = \overline{K}_{La(20)} = 0.069$，该组数据中，极大值、极小值的误差为 $0.074 - 0.069 = 0.005 < K_\sigma = 0.006$，$0.069 - 0.063 = 0.006 \leqslant K_\sigma = 0.006$，故该数据无离群数据。

(2)利用 Grubbs 检验法(格拉布斯法)检验 12 组测量均值是否有离群数据。

12 组 $K_{La(20)}$ 的均值按大小顺序(由小到大)排列如下：0.053、0.060、0.061、0.066、0.067、0.069、0.072、0.077、0.082、0.085、0.090、0.090。

数列中最大值、最小值分别为 $K_{La(20)_{max}} = 0.090$，$K_{La(20)_{min}} = 0.053$。

计算本数列均值 $\bar{x} = 0.073$，标准偏差 $\sigma_{\bar{x}} = 0.012$。

当可疑数字为最大值时，按下式计算统计量 T_{max}：

$$T_{max} = \frac{K_{La(20)_{max}} - \overline{K}_{La(20)}}{\sigma} = \frac{0.090 - 0.073}{0.012} = 1.42$$

当可疑数字为最小值时，按下式计算统计量 T_{min}：

$$T_{\min} = \frac{\overline{K}_{La(20)} - K_{La(20)_{\min}}}{\sigma} = \frac{0.073 - 0.053}{0.012} = 1.67$$

由附表2(1)查得 $m=12$、显著性水平为 $\alpha=0.05$ 时，$T_{0.05}=2.285$。

由于 $T_{\max}=1.42<2.285$，$T_{\min}=1.67<2.285$，故所得12组的 $K_{La(20)}$ 均值均为正常值。

(3)利用Cochran(柯赫伦)最大方差检验法，检验12组测量值的标准方差是否有离群数据。

12组标准差按大小顺序(由小到大)排列如下：0.002 6、0.002 7、0.002 8、0.002 8、0.002 9、0.002 9、0.003 0、0.003 0、0.003 1、0.003 2、0.003 3、0.003 5，最大标准差 $\sigma_{\max}=0.003\,5$，其统计量为

$$C = \frac{\sigma_{\max}^2}{\sum_{i=1}^{m}\sigma_i^2} = \frac{0.003\,5^2}{0.002\,6^2 + 0.002\,7^2 + \cdots + 0.003\,5^2} = 0.114$$

根据显著性水平 $\alpha=0.05$、组数 $m=12$，假定每组测定次数 $n=6$，查附表2(2)得 $C_{0.05}=0.262$。

由于 $C=0.114<0.262$，故12组标准差值无离群数据。

2.3　实验数据处理

在对实验数据进行整理，剔除了错误数据之后，实验数据处理的目的就是要充分使用实验所提供的这些信息，利用数理统计知识，分析各个因素(即变量)对实验结果的影响及影响的主次，寻找各个变量间的相互影响的规律或用图形、表格或经验式等加以表示。

水质工程实验，不仅影响因素多，而且大多数因素相互间变化规律也不十分清晰，因而学好这一节，对于我们进行水质工程实验的分析整理、正确认识客观规律，是一个关键环节。

2.3.1　实验成果的表格、图形表示法

水质工程实验的目的，不仅要通过实验及对实验数据的分析，找出影响实验成果的因素、主次关系及给出最佳工况，而且还要找出这些变量间的关系。

给排水科学与工程同其他学科一样，反映客观规律的变量间的关系也分为两类，一类是确定性关系，一类是相关关系，但不论是哪一类关系，均可用表格、图形及公式表示。

2.3.1.1　表格表示法

表格表示法，是将实验中的自变量与因变量的各个数据通过分析处理后依一定的形式和顺序一一列出来，借以反映各变量间的关系。

列表法虽然具有简单易做、使用方便的优点，但是也有对客观规律反映不如其他表示法明确、在理论分析中不方便的缺点。

2.3.1.2　图示法

(1)图示法。它是在坐标纸上绘制图线，反映所研究变量之间相互关系的一种表示法。它具有形式简明直观、便于比较，易于显示变化的规律。

(2)图线类型。一般可分为两类,一类是已知变量间的关系,通过实验,利用有限次的实验数据作图,反映变量间的关系,并求出相应的一些参数;另一类是两个变量间的关系不清,在坐标纸上将实验点绘出,一来反映变量间数量的关系,二来分析变量间内在关系、规律。图示法要求图线必须清楚,并能正确反映变量间的关系,且便于读数。

2.3.1.3 图线的绘制

(1)选择合适的坐标纸。坐标纸有直角坐标纸、对数坐标纸、极坐标纸等,作图时要根据研究变量间的关系及欲表达的图线形式,选择适宜的坐标纸。

(2)选轴。横轴为自变量,纵轴为因变量,一般是以被测定量为自变量。轴的末端注明所代表的变量及单位。

(3)坐标分度。即在每个坐标轴上划分刻度,并注明其大小。

①精度的选择应使图线显示其特点,划分得当,并和测量的有效数字位数对应。

②坐标原点不一定和变量零点一致。

③两个变量的变化范围表现在坐标纸上的长度应相差不大,以尽可能使图线在图纸正中,不偏于一角或一边。

(4)描点。将自变量与因变量一一对应地点在坐标纸内,当有几条图线时,应用不同符号加以区别,并在空白处注明符号意义。

(5)连线。根据实验点的分布或连成一条直线或连成一条光滑曲线,但不论是哪一类图线,连线时,必须使图线紧靠所有实验点,并使实验点均匀分布于图线的两侧。

(6)注图名。在图线上方或下方注上图名等。

2.3.2 单因素实验方差分析

2.3.2.1 方差分析

方差分析是在20世纪由英国统计学家费歇尔(Fisher R A)所创,它是分析实验数据的一种方法。它所要解决的基本问题是通过数据分析,搞清与实验研究有关的各个因素(可定量或定性表示的因素)对实验结果的影响及影响的程度、性质。

方差分析的基本思想是通过数据的分析,将因素变化所引起的实验结果间的差异与实验误差的波动所引起的实验结果的差异区分开来,从而弄清因素对实验结果的影响,如果因素变化所引起的实验结果的变动落在误差范围以内,或者与误差相差不大,我们可以判断因素对实验结果无显著影响;相反,如果因素变化所引起的实验结果的变动超过误差范围,我们就可以判断因素变化对实验结果有显著的影响。从以上方差分析基本思想中可以了解,用方差分析法来分析实验结果,关键是寻找误差范围,利用数理统计中F检验法可以帮助我们解决这个问题。下面简要介绍应用F检验法进行方差分析的方法。

2.3.2.2 单因素的方差分析

这是研究一个因素对实验结果是否有影响及影响程度如何的问题。

1. 问题的提出

为研究某因素不同水平对实验结果有无显著的影响,设有 $A_1, A_2, \cdots, A_b$ 个水平,在每一水平下进行 a 次实验,实验结果是 x_{ij}(x_{ij} 表示在 A_i 水平下进行的第 j 个实验)。现在要通过对实验数据的分析,研究水平的变化对实验结果有无显著影响。

2. 几个常用统计名词

1) 水平平均值

该因素下某个水平实验数据的算术平均值,表达式如下:

$$\bar{x}_i = \frac{1}{a}\sum_{i=1}^{a} x_{ij} \tag{2-15}$$

2) 因素总平均值

该因素下各水平实验数据的算术平均值,表达式如下:

$$\bar{x} = \frac{1}{n}\sum_{i=1}^{b}\sum_{j=1}^{a} x_{ij} \tag{2-16}$$

其中,$n=ab$。

3) 总偏差平方和与组内、组间偏差平方和

总偏差平方和是各个实验数据与它们总平均值之差的平方和,表达式如下:

$$S_{\mathrm{T}} = \sum_{i=1}^{b}\sum_{j=1}^{a}(x_{ij}-\bar{x})^2 \tag{2-17}$$

总偏差平方和反映了 n 个数据分散和集中程度,S_{T}值大说明这组数据分散,S_{T}值小说明这组数据集中。

形成总偏差的原因有两个,一个是由于测试中误差的影响所造成的,表现为同一水平内实验数据的差异,以组内偏差平方和 S_{E}表示;另一个是由于实验过程中,同一因素所处的不同水平的影响,表现为不同水平所引起的实验数据均值之间的差异,以因素的组间偏差平方和 S_{A}表示。

工程技术上,为了便于应用和计算,常用式(2-18)~式(2-20)进行计算,将总偏差平方和分解成组间偏差平方和与组内偏差平方和,通过比较,从而判断因素影响的显著性。

组间偏差平方和　$$S_{\mathrm{A}} = Q - P \tag{2-18}$$

组内偏差平方和　$$S_{\mathrm{E}} = R - Q \tag{2-19}$$

总偏差平方和　$$S_{\mathrm{T}} = S_{\mathrm{A}} + S_{\mathrm{E}} \tag{2-20}$$

其中,$P = \frac{1}{ab}\left(\sum_{i=1}^{b}\sum_{j=1}^{a}x_{ij}\right)^2$,$Q = \frac{1}{a}\sum_{i=1}^{b}\left(\sum_{j=1}^{a}x_{ij}\right)^2$,$R = \sum_{i=1}^{b}\sum_{j=1}^{a}x_{ij}^2$。

4) 各偏差平方和的自由度

方差分析中,由于 S_{A}、S_{E}的计算是若干项的平方和,其大小与参加求和项数有关,为了在分析中去掉项数的影响,故引入了自由度的概念。自由度是数理统计中的一个概念,主要反映一组数据中真正独立数据的个数。

S_{A}的自由度为水平数减1,即

$$f_{\mathrm{A}} = b - 1 = n - b \tag{2-21}$$

S_{E}的自由度为水平数与实验次数减1之积,即

$$f_{\mathrm{E}} = b(a-1) \tag{2-22}$$

S_{T}的自由度为实验次数减1,即

$$f_{\mathrm{T}} = ab - 1 = n - 1 \tag{2-23}$$

3. 单因素实验方差分析步骤

对于具有 b 个水平的单因素,每个水平下进行 a 次重复实验得到一组数据,方差分析

的步骤、计算如下：

(1)列出单因素实验方差分析计算表，见表2-4。

表2-4 单因素实验方差分析计算

	A_1	A_2	…	A_i	…	A_b	
1	x_{11}	x_{21}	…	x_{i1}	…	x_{b1}	
2	x_{12}	x_{22}	…	x_{i2}	…	x_{b2}	
⋮	⋮	⋮		⋮	⋮	⋮	
j	x_{1j}	x_{2j}	…	x_{ij}	…	x_{bj}	
⋮	⋮	⋮		⋮	⋮	⋮	
a	x_{1a}	x_{2a}	…	x_{ia}	…	x_{ba}	$\sum$
$\sum$	$\sum_{j=1}^{a} x_{1j}$	$\sum_{j=1}^{a} x_{2j}$	…	$\sum_{j=1}^{a} x_{ij}$		$\sum_{j=1}^{a} x_{bj}$	$\sum_{i=1}^{b}\sum_{j=1}^{a} x_{ij}$
$(\sum)^2$	$(\sum_{j=1}^{a} x_{1j})^2$	$(\sum_{j=1}^{a} x_{2j})^2$	…	$(\sum_{j=1}^{a} x_{ij})^2$	…	$(\sum_{j=1}^{a} x_{bj})^2$	$\sum_{i=1}^{b}(\sum_{j=1}^{a} x_{ij})^2$
$\sum^2$	$\sum_{j=1}^{a} x_{1j}^2$	$\sum_{j=1}^{a} x_{2j}^2$	…	$\sum_{j=1}^{a} x_{ij}^2$	…	$\sum_{j=1}^{a} x_{bj}^2$	$\sum_{i=1}^{b}\sum_{j=1}^{a} x_{ij}^2$

(2)计算各偏差平方和 S_A、S_E、S_T 及相应的自由度。

(3)列成表2-5并计算 F 值。

表2-5 单因素实验方差分析

方差来源	偏差平方和	自由度	均方	F
组间误差(因素A)	S_A	$b-1$	$\bar{S}_A=\frac{S_A}{b-1}$	$F=\frac{\bar{S}_A}{\bar{S}_E}$
组内误差	S_E	$b(a-1)$	$\bar{S}_E=\frac{S_E}{b(a-1)}$	
总和	$S_T=S_A+S_E$	$ab-1$		

F 值是因素不同水平对实验结果所造成的影响和由于误差所造成的影响的比值。F 值越大，说明因素变化对成果影响越显著；F 值越小，说明因素影响越小，判断影响显著与否的界限由F分布表给出。

(4)由附表3的F分布表，根据组间差与组内差自由度 $n_1=f_A=b-1$，$n_2=f_E=b(a-1)=n-b$ 与显著性水平 α，查出临界值 $F_\alpha(n_1,n_2)$。

(5)分析判断。

若 $F \geqslant F_{\alpha}(n_1,n_2)$，则反映因素对实验结果（在显著性水平 α 下）有显著的影响，是一个重要因素；反之，若 $F < F_{\alpha}(n_1,n_2)$，则因素对实验结果无显著影响，是一个次要因素。

在各种显著性检验中，常用 $\alpha = 0.05$、$\alpha = 0.01$ 两个显著水平，选取哪一种水平，取决于问题的要求。通常称在水平 $\alpha = 0.05$ 下，当 $F < F_{0.05}(n_1,n_2)$ 时，认为因素对实验结果影响不显著；当 $F_{0.05}(n_1,n_2) < F < F_{0.01}(n_1,n_2)$ 时，认为因素对实验结果影响显著，记为 *；当 $F > F_{0.01}(n_1,n_2)$ 时，认为因素对实验结果影响特别显著，记为 * *。

对于单因素各水平不等重复实验或虽然是等重复实验，但由于数据整理中剔除了离群数据或其他原因造成各水平的实验数据不等时，此时单因素方差分析只要对公式做适当修改即可，其他步骤不变。如某因素水平为 $A_1, A_2, \cdots, A_i, \cdots, A_b$，相应的实验次数为 $a_1, a_2, \cdots, a_i, \cdots, a_b$，则

$$P = \frac{1}{\sum_{i=1}^{b} a_i}\left(\sum_{i=1}^{b}\sum_{j=1}^{a_i} x_{ij}\right)^2 = \frac{1}{n}\left(\sum_{i=1}^{b}\sum_{j=1}^{a_i} x_{ij}\right)^2 \tag{2-24}$$

$$Q = \frac{1}{a_i}\sum_{i=1}^{b}\left(\sum_{j=1}^{a_i} x_{ij}\right)^2 \tag{2-25}$$

$$R = \sum_{i=1}^{b}\sum_{j=1}^{a_i} x_{ij}^2 \tag{2-26}$$

其中 $n = \sum_{i=1}^{b} a_i$ 是总实验次数，S_A 的自由度是 $b-1$，S_E 的自由度是 $n-b$，S_T 的自由度是 $n-1$。F 的临界值为 $F_{\alpha}(n_1,n_2)$，其中 $n_1 = b-1$，$n_2 = n-b$。

2.3.2.3　单因素方差分析计算举例

【例 2-3】　同一曝气设备在清水与污水中充氧性能不同，为了能根据污水生化需氧量正确地算出曝气设备在清水中所应供出的氧量，引入了曝气设备充氧修正系数 α、β 值。

$$\alpha = \frac{K_{La(20)w}}{K_{La(20)}} \tag{①}$$

$$\beta = \frac{C_{sw}}{C_s} \tag{②}$$

式中　$K_{La(20)w}$、$K_{La(20)}$——20 ℃时同条件下同一曝气设备分别在污水与清水中氧总转移系数，1/min；

C_{sw}、C_s——同温度、同压力下分别在污水、清水中氧饱和溶解浓度，mg/L。

影响充氧修正系数 α 值的因素很多，例如水质、水中有机物含量、风量、搅拌强度、曝气池内混合液污泥浓度等。欲考察混合液污泥浓度对系数 α 值的影响，需进行单因素方差分析，从而判定这一因素的显著性。

实验在其他因素固定，只改变混合液污泥浓度的条件下进行，实验数据如表 2-6 所示，试进行方差分析，判断因素显著性。

表 2-6 不同污泥浓度对 α 值影响

污泥浓度 x (g/L)	$K_{La(20)w}$ (20 ℃)(1/min)			$\overline{K}_{La(20)w}$ (1/min)	α
1.45	0.219 9	0.237 7	0.220 8	0.226 1	0.958
2.52	0.216 5	0.232 5	0.215 3	0.221 4	0.938
3.80	0.225 9	0.209 7	0.216 5	0.217 4	0.921
4.50	0.210 0	0.213 4	0.216 4	0.213 3	0.904

【解】 (1)按照表 2-4 的形式,当清水中 $K_{La(20)}=0.236\ 0$(1/min)时,系数 α 值的统计结果列于表 2-7 中。

表 2-7 充氧修正系数 α 值的计算

n	x				
	1.45	2.52	3.80	4.50	
1	0.932	0.917	0.957	0.890	
2	1.007	0.985	0.889	0.904	
3	0.936	0.912	0.917	0.917	$\sum$
$\sum$	2.875	2.814	2.763	2.711	11.163
$(\sum)^2$	8.266	7.919	7.634	7.350	31.169
$\sum^2$	2.759	2.643	2.547	2.450	10.399

(2)计算统计量与自由度。

$$P=\frac{1}{ab}\left(\sum_{i=1}^{b}\sum_{j=1}^{a}x_{ij}\right)^2$$

$$=\frac{1}{3\times 4}(11.163)^2=10.384$$

$$Q=\frac{1}{a}\sum_{i=1}^{b}\left(\sum_{j=1}^{a}x_{ij}\right)^2$$

$$=\frac{1}{3}\times 31.169=10.390$$

$$R=\sum_{i=1}^{b}\sum_{j=1}^{a}x_{ij}^2=10.399$$

$$S_A=Q-P=10.390-10.384=0.006$$

$$S_E=R-Q=10.399-10.390=0.009$$

$$S_T=S_A+S_E=0.006+0.009=0.015$$

$$f_T=ab-1=3\times 4-1=11$$

$$f_A = b - 1 = 4 - 1 = 3$$

$$f_E = b(a-1) = 4 \times (3-1) = 8$$

(3)列表计算 F 值,见表2-8。

表2-8 单因素实验方差分析表

方差来源	偏差平方和	自由度	均方	F
污泥 S_A	0.006	3	0.002	1.82
误差 S_E	0.009	8	0.001 1	
总和 S_T	0.015	11		

(4)查临界值 $F_\alpha(n_1, n_2)$。

由附表3(1)F分布表,根据给出显著性水平 $\alpha = 0.05$、$n_1 = f_A = 3$、$n_2 = f_E = 8$,查得 $F_{0.05}(3,8) = 4.07$。

由于 $1.82 < 4.07$,故污泥对充氧修正系数 α 值的影响不显著,以95%的置信度说明它不是一个显著影响因素。

2.3.3 正交实验方差分析

2.3.3.1 概述

正交实验成果分析,除了第1章介绍过的直观分析法,还有方差分析法。直观分析法的优点是简单、直观,分析计算量小,容易理解,但因缺乏误差分析,所以不能给出误差大小的估计,有时难以得出确切的结论,也不能提供一个标准用来考察、判断因素影响是否显著。而使用方差分析法,虽然计算量大一些,但却可以克服上述缺点,因而在科研生产中广泛使用正交实验的方差分析法。

1. 正交实验方差分析基本思想

与单因素方差分析一样,正交实验方差分析的关键也是把实验数据总的差异即总偏差平方和,分解成两部分。一部分反映因素水平变化引起的差异,即组间(各因素的)偏差平方和;另一部分反映实验误差引起的差异,即组内(误差)偏差平方和。而后计算它们的平均偏差平方和即均方和,进行各因素组间均方和与组内均方和的比较,应用F检验法判断各因素影响的显著性。

由于正交实验是利用正交表所进行的实验,所以正交实验方差分析与单因素方差分析也有所不同。

2. 正交实验方差分析类型

利用正交实验法进行多因素实验,由于实验因素、正交表的选择、实验条件、精度要求等不同,正交实验结果的方差分析也有所不同,一般常遇到以下几类:

(1)正交表各列未饱和情况下的方差分析;

(2)正交表各列饱和情况下的方差分析;

(3)有重复实验的正交方差分析。

三种正交实验方差分析的基本思想、计算步骤等均一样，所不同之处关键在于误差平方和 S_E 的求解，下面分别通过实例论述多因素正交实验的因素显著性判断。

2.3.3.2　正交表各列未饱和情况下的方差分析

多因素正交实验设计中，当选择正交表的列数大于实验因素数目时，此时正交实验结果的方差分析，即属这类问题。

由于进行正交表的方差分析时，误差平方和 S_E 的处理十分重要，而且又有很大的灵活性，因而在安排实验进行显著性检验时，所进行正交实验的表头设计应尽可能不把正交表的列占满，即要留有空白列，此时各空白列的偏差平方和及自由度就分别代表了误差平方和 S_E 与误差项自由度 f_E。现举例说明正交表各列未饱和情况下方差分析的计算步骤。

【例 2-4】　研究同底坡、同回流比、同水平投影面积下，表面负荷及池型（斜板与矩形沉淀池）对回流污泥浓缩性能的影响。指标以回流污泥浓度 x_R 与曝气池混合液（进入二沉池）的污泥浓度 x 之比表示（x_R/x 值大，说明污泥在二沉池内浓缩性能好，在维持曝气池内污泥浓度 x 不变的前提下，可以减少污泥回流量，从而减少运行费用）。试进行方差分析，从而判断因素的显著性。

【解】　实验是一个两因素两水平的多因素实验，为了进行因素显著性分析，选择了 $L_4(2^3)$ 正交表，留有一空白项，以计算 S_E。

实验及结果如表 2-9 所示。

表 2-9　斜板、矩形池回流污泥性能实验（$R=100\%$）

实验号	因素			指标
	水力负荷 ($m^3/(m^2\cdot h)$)	池型	空白	($y=x_R/x$)
1	1(0.45)	1(斜)	1	2.06
2	1	2(矩)	2	2.20
3	2(0.60)	1	2	1.49
4	2	2	1	2.04
K_1	4.26	3.55	4.10	$\Sigma=7.79$
K_2	3.53	4.24	3.69	

（1）列表计算各因素不同水平的效应值 K 及指标 y 之和，如表 2-9 所示。

（2）根据表 2-10 中计算式，求组间、组内偏差平方和。

由表 2-10 可见，误差平方和有两种计算方法。一种是由总偏差平方和减去各因素的偏差平方和，另一种是将正交表中空列的偏差平方和作为误差平方和，两种计算方法实质上是一样的，因为根据方差分析理论，$S_T=\sum_{i=1}^{m}S_i+S_E$，自由度间 $f_T=\sum_{i=1}^{m}f_i+f_E$ 总是成立的。正交实验中，排有因素列的偏差平方和，就是该因素的偏差平方和，而没有排上因素（或交互作用）列的偏差平方和（空白列的偏差平方和）之和，就是随机误差引起的偏差平方和，即 $S_E=\sum S_0$，而 $f_E=\sum f_0$，故

表 2-10　正交实验统计量与偏差平方和计算式

内容		计算式
统计量	P	$P = \frac{1}{n}(\sum_{i=1}^{n} y_i)^2$
	Q_i	$Q_i = \frac{1}{a}\sum_{j=1}^{b} K_{ji}^2$
	W	$W = \sum_{i=1}^{n} y_i^2$
偏差平方和	组间(某因素的)S_i	$S_i = Q_i - P$
	组内(误差)S_E	$S_E = \sum S_0 = \sum(Q_0 - P)$ 或 $S_E = S_T - \sum_{i=1}^{m} S_i$
	总偏差 S_T	$S_T = W - P$ 或 $S_T = \sum_{i=1}^{m} S_i + S_E$

注:表中 n 为实验总次数,即正交表中排列的总实验次数;b 为某因素下水平数;a 为某因素下同水平的实验次数;m 为因素个数;i 为因素代号,为 1,2,3,…或 A,B,C,…;S_0 为空列项偏差平方和;K_{ji} 为因素 i 的第 j 个水平的评价指标之和,即因素 i 的 K_1、K_2 等。

$$S_E = S_T - \sum_{i=1}^{m} S_i = \sum S_0$$

本例中

$$P = \frac{1}{n}(\sum_{i=1}^{n} y_i)^2 = \frac{1}{4} \times 7.79^2 = 15.17$$

$$Q_A = \frac{1}{a}\sum_{i=1}^{b} K_{iA}^2 = \frac{1}{2} \times (4.26^2 + 3.53^2) = 15.30$$

$$Q_B = \frac{1}{a}\sum_{i=1}^{b} K_{iB}^2 = \frac{1}{2} \times (3.55^2 + 4.24^2) = 15.29$$

$$Q_0 = \frac{1}{a}\sum_{i=1}^{b} K_{i0}^2 = \frac{1}{2} \times (4.10^2 + 3.69^2) = 15.22$$

$$W = \sum_{i=1}^{n} y_i^2 = 2.06^2 + 2.2^2 + 1.49^2 + 2.04^2 = 15.47$$

则

$$S_A = Q_A - P = 15.30 - 15.17 = 0.13$$

$$S_B = Q_B - P = 15.29 - 15.17 = 0.12$$

$$S_E = S_0 = Q_0 - P = 15.22 - 15.17 = 0.05$$

或

$$S_T = W - P = 15.47 - 15.17 = 0.30$$

则
$$S_E = S_T - \sum S_i = 0.3 - 0.13 - 0.12 = 0.05$$

(3)计算自由度及 F 值。

总和自由度为实验总次数减1，$f_T = n - 1$，各因素自由度为水平数减1，$f_j = b - 1 (j = 1, 2, \cdots, m)$，误差自由度 $f_E = f_T - \sum_{j=1}^{m} f_j$。

本例中
$$f_T = 4 - 1 = 3$$
$$f_A = 2 - 1 = 1$$
$$f_B = 2 - 1 = 1$$
$$f_E = f_T - f_A - f_B = 3 - 1 - 1 = 1$$

均方
$$\overline{S}_A = \frac{S_A}{f_A} = \frac{0.13}{1} = 0.13$$
$$\overline{S}_B = \frac{S_B}{f_B} = \frac{0.12}{1} = 0.12$$
$$\overline{S}_E = \frac{S_E}{f_E} = \frac{0.05}{1} = 0.05$$

F 值
$$F_A = \frac{\overline{S}_A}{\overline{S}_E} = \frac{0.13}{0.05} = 2.6$$
$$F_B = \frac{\overline{S}_B}{\overline{S}_E} = \frac{0.12}{0.05} = 2.4$$

(4)列方差分析检验表(见表2-11)。

表2-11　方差分析检验表

方差来源	偏差平方和	自由度	均方	F 值	$F_{0.05}$
因素A(负荷)	0.13	1	0.13	2.6	161.4
因素B(池型)	0.12	1	0.12	2.4	161.4
误差	0.05	1	0.05		
总和	0.30	3			

根据因素与误差的自由度和显著性水平 $\alpha = 0.05$，查附表3的F分布表，得 $F_{0.05}(f_A, f_E) = F_{0.05}(f_B, f_E) = F_{0.05}(1,1) = 161.4$。由于 $F_A < F_{0.05}(1,1)$，$F_B < F_{0.05}(1,1)$，故该二因素均为非显著性因素(这一结论可能是因本实验中负荷选择偏小，变化范围过窄之故)。

2.3.3.3　正交表各列饱和情况下的方差分析

当正交表各列全被实验因素及要考虑的交互作用占满，即没有空白列时，此时方差分析中 $S_E = S_T - \sum S_i$，$f = f_T - \sum f_i$。由于无空白列 $S_T = \sum S_i$、$f_T = \sum f_i$，而出现 $S_E = 0$，$f_E = 0$，若一定要对实验数据进行方差分析，则在已计算的各因素的偏差平方和中选取几个最小的偏差平方和近似代替误差平方和，同时这几个因素不再作进一步的分析。或者是进行重复实验后，按有重复实验的方差分析法进行分析。下面举例说明各列饱和时正交实验的方差分析。

【例2-5】　为探讨制革消化污泥真空过滤脱水性能，确定设备过滤负荷与运行参数，

利用 $L_9(3^4)$ 正交表进行了叶片吸滤实验。实验与结果如表2-12所示，试利用方差分析判断影响因素的显著性。

表2-12　叶片吸滤实验及结果

实验号	因素				实验结果
	吸滤时间 t_i (min)	吸干时间 t_d (min)	滤布种类	真空柱 (Pa)	过滤负荷 (kg/(m²·h)
1	1(0.5)	1(1.0)	1(a)	1(39 990)	15.03
2	1	2(1.5)	2(b)	2(53 320)	12.31
3	1	3(2.0)	3(c)	3(66 650)	10.87
4	2(1.0)	1	2	3	18.13
5	2	2	3	1	12.86
6	2	3	1	2	11.79
7	3(1.5)	1	3	2	17.28
8	3	2	1	3	14.04
9	3	3	2	1	11.34
K_1	38.21	50.44	40.86	39.23	
K_2	42.78	39.21	41.78	41.38	$\sum y = 123.65$
K_3	42.66	34.00	41.01	43.04	

注： 1 mmHg = 133.322 Pa，39 990 Pa = 300 mmHg，53 320 Pa = 400 mmHg，66 650 Pa = 500 mmHg；a为尼龙6501－5226，b为涤纶小帆布，c为尼龙6501－5236。

【解】　(1)列表计算各因素不同水平的水平效应值 K 值及指标 y 之和，见表2-12。

(2)根据表2-10中计算式，计算统计量与各项偏差平方和。

$$P = \frac{1}{n}\left(\sum_{i=1}^{n} y_i\right)^2 = \frac{1}{9} \times 123.65^2 = 1\ 698.81$$

$$Q_A = \frac{1}{a}\sum_{i=1}^{b} K_{iA}^2 = \frac{1}{3} \times (38.21^2 + 42.78^2 + 42.66^2) = 1\ 703.34$$

$$Q_B = \frac{1}{a}\sum_{i=1}^{b} K_{iB}^2 = \frac{1}{3} \times (50.44^2 + 39.21^2 + 34.00^2) = 1\ 745.87$$

$$Q_C = \frac{1}{a}\sum_{i=1}^{b} K_{iC}^2 = \frac{1}{3} \times (40.86^2 + 41.78^2 + 41.01^2) = 1\ 698.98$$

$$Q_D = \frac{1}{a}\sum_{i=1}^{b} K_{iD}^2 = \frac{1}{3} \times (39.23^2 + 41.38^2 + 43.04^2) = 1\ 701.25$$

$$W = \sum_{i=1}^{n} y_i^2 = 15.03^2 + 12.31^2 + 10.87^2 + 18.13^2 + 12.86^2 + 11.79^2 + 17.28^2 + 14.04^2 + 11.34^2 = 1\ 752.99$$

则有

$$S_A = Q_A - P = 1\ 703.34 - 1\ 698.81 = 4.53$$

$$S_B = Q_B - P = 1\,745.87 - 1\,698.81 = 47.06$$

$$S_C = Q_C - P = 1\,698.98 - 1\,698.81 = 0.17$$

$$S_D = Q_D - P = 1\,701.25 - 1\,698.81 = 2.44$$

总偏差

$$S_T = W - P = 1\,752.99 - 1\,698.81 = 54.18$$

而

$$S_T = S_A + S_B + S_C + S_D = 4.53 + 47.06 + 0.17 + 2.44 = 54.2$$

由此可见,正交实验各列均排满因素,其误差平方和不能用式 $S_E = S_T - \sum S_i$ 求得,此时只能将正交表中因素偏差平方和中选取几个小的偏差平方和代替误差平方和。本例中

$$S_E = S_C + S_D = 0.17 + 2.44 = 2.61$$

(3)计算自由度。

$$f_T = 9 - 1 = 8, f_A = f_B = 3 - 1 = 2$$

(4)列方差分析检验表,见表2-13。

$$f_E = f_C + f_D = 2 + 2 = 4$$

表2-13 叶片吸滤实验方差分析检验表

方差来源	差方和	自由度	均方	F 值	$F_{0.05}(2,4)$	显著性
因素(A)吸滤时间	4.53	2	2.27	3.49	6.94	
因素(B)吸干时间	47.06	2	23.53	36.20	6.94	
误差 S_E	2.61	4	0.65			
总和	54.20	8				

根据因素的自由度 n_1 和误差的自由度 n_2,查附表3(1)F分布表,$F_{0.05}(2,4) = 6.94$。由于 $F_A < F_{0.05}(2,4)$,$F_B > F_{0.05}(2,4)$,故只有因素B为显著性因素。

2.3.3.4 有重复实验的正交方差分析

除了上述提到的,在用正交表安排多因素实验时,各列均被各因素和要考察的交互作用所排满,要进行正交实验方差分析,最好进行重复实验。所谓重复实验,是真正地将每号实验内容重复做几次,而不是重复测量,也不是重复取样。此处重复实验的目的是进行正交实验。

重复实验数据的方差分析,有一种简单的方法,是把同一实验的重复实验数据取算术平均值,然后和没有重复实验的正交实验方差分析一同进行。这种方法虽然简单,但是由于没有充分利用重复实验所提供的信息,因此不太常用。下面介绍工程中常用的分析方法。

重复实验方差分析的基本思想、计算步骤与前述方法基本一致,由于它与无重复实验的区别就在于实验结果的数据多少不同,因此二者在方差分析上也有不同,其区别为:

(1)列正交实验成果表与计算各因素不同水平的效应值 K 及指标 y 之和。

①将重复实验的结果(指标值)均列入成果栏内。

②计算各因素不同水平的效应值 K 时,是将相应的实验成果之和代入,个数为该水平重复数 a 与实验重复数 c 之积。

③成果 y 之和为全部实验结果之和,个数为实验次数 n 与重复次数 c 之积。

(2)求统计量与偏差平方和。

①实验总次数 n' 为正交实验次数 n 与重复实验次数 c 之积。

②某因素下同水平实验次数 a' 为正交表中该水平出现次数 a 与重复实验次数 c 之积。

统计量 P、Q、W 按下列公式求解:

$$P = \frac{1}{nc}\left(\sum_{i=1}^{nc} y_i\right)^2 \tag{2-27}$$

$$Q_i = \frac{1}{ac}\sum_{j=1}^{b} K_{ij}^2 \tag{2-28}$$

其中,K_j是第 j 个因素所算出的 $K_1, K_2, \cdots, K_b$。

$$W = \sum_{i=1}^{nc} y_i^2 \tag{2-29}$$

(3)重复实验时,实验误差 S_E 包括两部分,即 S_{E1} 和 S_{E2},$S_E = S_{E1} + S_{E2}$。

S_{E1} 为空列偏差平方和,本身包含有实验误差和模型误差两部分。由于无重复实验中误差项是指此类误差,故又叫第一类误差变动平方和,记为 S_{E1}。

S_{E2} 是反映重复实验造成的整个实验组内的变动平方和,只反映实验误差大小,故又叫第二类误差变动平方和,记为 S_{E2},其计算式为

$$S_{E2} = \text{各成果数据平方和} - \frac{\text{同一实验条件下成果数据和的平方之和}}{\text{重复实验次数}}$$

$$= \sum_{i=1}^{n}\sum_{j=1}^{c} y_{ij}^2 - \frac{\sum_{i=1}^{n}\left(\sum_{j=1}^{c} y_{ij}\right)^2}{c} \tag{2-30}$$

式中　n——正交表所示的实验次数;

c——每次实验重复数;

y_{ij}——在第 i 个实验中第 j 次重复试验的实验结果,且 $f_{E2} = n(c-1)$。

下面列举说明有重复实验的正交实验的方差分析。

【例2-6】　同【例2-3】,由于曝气设备在清水与污水中充氧性能不同,在进行曝气系统设计时,必须引入修正系数 α、β 值。

根据国内外的实验研究,污水种类、有机物数量、混合液污泥浓度、风量(搅拌强度)、水温和曝气设备类型等,均影响 α 值。为了从中找出主要影响因素,从而确定 α 值与主要影响因素间的关系,进行了城市污水的 α 值影响因素实验,每次实验重复进行一次。试进行方差分析,从而判断各因素的显著性。

【解】　(1)正交实验成果见表2-14。

表2-14　正交实验成果表

实验号	因素				试验结果		合计
	有机物 COD (mg/L)	风量 (m^3/h)	温度 (℃)	曝气设备	α_1	α_2	$\alpha_1+\alpha_2$
1	1(293.5)	1(0.1)	1(15)	1(微)	0.712	0.785	1.497
2	1	2(0.3)	2(25)	2(大)	0.617	0.553	1.170
3	1	3(0.2)	3(35)	3(中)	0.576	0.557	1.133
4	2(66)	1	2	3	0.879	0.690	1.569
5	2	2	3	1	1.016	1.028	2.044
6	2	3	1	2	0.769	0.872	1.641
7	3(136.5)	1	3	2	0.870	0.891	1.761
8	3	2	1	3	0.832	0.683	1.515
9	3	3	2	1	0.738	0.964	1.702
K_1	3.800	4.827	4.653	5.243	$\sum(\alpha_1+\alpha_1)=14.032$		
K_2	5.254	4.729	4.441	4.572			
K_3	4.978	4.476	4.938	4.217			

(2)求统计计量与各偏差平方和。

$$P=\frac{1}{nc}(\sum_{i=1}^{nc}y_i)^2=\frac{1}{9\times 2}\times 14.032^2=10.939$$

$$Q_A=\frac{1}{ac}\sum_{i=1}^{b}K_{iA}^2=\frac{1}{3\times 2}\times(3.800^2+5.254^2+4.978^2)=11.138$$

$$Q_B=\frac{1}{ac}\sum_{i=1}^{b}K_{iB}^2=\frac{1}{3\times 2}\times(4.827^2+4.729^2+4.476^2)=10.950$$

$$Q_C=\frac{1}{ac}\sum_{i=1}^{b}K_{iC}^2=\frac{1}{3\times 2}\times(4.653^2+4.441^2+4.938^2)=10.959$$

$$Q_D=\frac{1}{ac}\sum_{i=1}^{b}K_{iD}^2=\frac{1}{3\times 2}\times(5.243^2+4.572^2+4.217^2)=11.029$$

则

$$S_A=Q_A-P=11.138-10.939=0.199$$
$$S_B=Q_B-P=10.950-10.939=0.011$$
$$S_C=Q_C-P=10.959-10.939=0.020$$
$$S_D=Q_D-P=11.029-10.939=0.090$$
$$S_{E1}=S_B=0.011$$

$$S_{E2}=\sum_{i=1}^{n}\sum_{j=1}^{c}y_{ij}^2-\frac{\sum_{i=1}^{n}(\sum_{j=1}^{c}y_{ij})^2}{c}$$

$$= 0.712^2 + 0.785^2 + \cdots + 0.738^2 + 0.964^2 - \frac{1.497^2 + 1.170^2 + \cdots + 1.515^2 + 1.702^2}{2}$$

$$= 11.325 - \frac{22.519}{2} = 11.325 - 11.260 = 0.065$$

则

$$S_E = S_{E1} + S_{E2} = 0.011 + 0.065 = 0.076$$

(3)计算自由度。

重复实验的自由度分别为:

各个因素的自由度为水平数减 1,故 f_A、f_B、f_C 均为

$$f_i = b - 1 = 3 - 1 = 2 \quad (i = A, B, C)$$

总和的自由度　　　　$f_T = nc - 1 = 9 \times 2 - 1 = 17$

误差 S_{E2} 的自由度　　　$f_{E2} = n(c-1) = 9 \times (2-1) = 9$

误差 S_{E1} 的自由度　　$f_{E1} = f_B = f_T - f_A - f_C - f_D - f_{E2} = 17 - 2 - 2 - 2 - 9 = 2$

误差 S_E 的自由度　　　$f_E = f_{E1} + f_{E2} = 2 + 9 = 11$

(4)列方差分析检验表(见表 2-15)。

表 2-15　方差分析检验表

方差来源	差方和	自由度	均方	F 值	$F_{0.05}(2,11)$	$F_{0.01}(2,11)$	显著性
S_A有机物	0.199	2	0.099 5	14.4	3.98	7.21	特别显著
S_C水温	0.020	2	0.010	1.45			
S_D设备	0.090	2	0.045	6.51			显著
S_E	0.076	11	0.006 9				
S_T	0.365	17					

根据因素与误差的自由度,查 F 分布表 $F_{0.05}(2,11) = 3.98$,$F_{0.01}(2,11) = 7.21$,与 F 值相比,有机物数量、曝气设备是显著性的因素。

其实本题在计算 S_E 及列方差分析检验表时,也可按如下计算:因为正交表各列已排满无空列,所以 $S_{E1} = 0$,$S_E = S_{E1} + S_{E2} = 0.065$,$f_E = f_{E2} = 9 \times (2-1) = 9$。

表 2-16　方差分析表

方差来源	差方和	自由度	均方	F 值	$F_{0.05}(2,9)$	$F_{0.01}(2,9)$	显著性
S_A有机物	0.199	2	0.099 5	13.777	4.26	8.02	特别显著
S_B风量	0.011	2	0.005 5	0.761 6			
S_C水温	0.020	2	0.010	1.384 7			
S_D设备	0.090	2	0.045	6.230 96			显著
S_E	0.065	9	0.007 222				
S_T	0.365	17					

由表 2-16 可知,有机物数量是影响 α 值非常显著的因素,曝气设备是影响 α 值的显

著因素,而风量、水温均对 α 值影响不显著。

2.3.4 回归分析

实验结果、变量间关系虽可列表或用图、线表示,但是为理论分析、讨论、计算方便,多用数学表达式反映,而本节所研究的回归分析,正是用来分析、解决两个或多个变量间数量关系的一个有效的工具。

2.3.4.1 概述

1. 变量间的两种关系

水质工程实验中所遇到的变量关系,也和其他学科中所存在的变量关系一样,分为两大类。

一类是确定性关系,即函数关系。它反映着事物间严格的变化规律、依存性。例如,沉淀池表面积 F 与处理水量 Q、水力负荷 q 之间的依存关系,可以用一个不变的公式确定,即 $F=\frac{Q}{q}$。在这些变量关系中,当一个变量值固定时,只要知道一个变量,即可精确地计算出另一个变量值。

另一类是相关关系,对应于一个变量的某个取值,另一个变量以一定的规律分散在它们平均数的周围。例如,前面讲述过的曝气设备池污水充氧修正系数 α 值与有机物 COD 值间的关系,当取某种污水后,水中有机物 COD 值为已定,曝气设备类型固定,此时可以有几个不同的 α 值出现,这是因为除了有机物这一影响 α 值的主要因素,还有水温、风量(搅拌强度)等在起作用。这些变量间虽然存在着密切的关系,但是又不能由一个(或几个)变量的数值精确地求出另一个变量的值,这类变量的关系就是相关关系。

函数关系与相关关系之间并没有一条不可逾越的鸿沟,因为误差的存在,函数关系在实际中往往以相关关系表现出来;反之,当对事物的内部规律了解得更加深刻、更加准确时,相关关系也可转化为函数关系。

2. 回归分析的主要内容

对于相关关系而言,虽然找不出变量间的确定性关系,但经过多次实验与分析,从大量的观测数据中也可以找到内在规律性的东西。回归分析正是应用数学的方法,通过大量数据所提供的信息,经过去伪存真、由表及里加工后,找出事物间的内在联系,给出(近似)定量表达式,从而可以利用该式去推算未知量,因此回归分析的主要内容有:

(1)以观测数据为依据,建立反映变量间相关关系的定量关系式(回归方程),并确定关系式的可信度。

(2)利用建立的回归方程式,对客观过程进行分析、预测和控制。

3. 回归方程建立概述

1)回归方程或经验公式

根据两个变量 x 和 y 的 n 对实验数据 (x_1,y_1)、(x_2,y_2)、…、(x_n,y_n),通过回归分析建立一个确定的函数 $y=f(x)$(近似的定量表达式),来大体描述这两个变量 y、x 间变化的相关规律。这个函数 $f(x)$ 即是 y 对 x 的回归方程,简称回归。因此,y 对 x 的回归方程 $f(x)$ 反映了当 x 固定在 x_0 值时,y 所取值的平均值。

2）回归方程的求解

求解回归方程的过程，也称为曲线拟合，实质上就是采用某一函数的图、线去逼近所有的观测数据，但不是通过所有的点，而是要求拟合误差达到最小，从而建立一个确定的函数关系。因此，回归过程一般分以下两个步骤：

（1）选择函数 $y=f(x)$ 的类型，即 $f(x)$ 属哪一类函数，是正比例函数 $y=kx$、线性函数 $y=a+bx$、指数函数 $y=ae^{bx}$，还是幂函数 $y=ax^b$ 或其他函数等，其中 k、a、b 等为公式中的系数。只有函数形式确定了，才能求出式中的系数，建立回归方程。

选择的函数类型，首先应使其曲线最大程度地与实验点接近，此外，还应力求准确、简单明了、系数少。通常是将经过整理的实验数据，在几种不同的坐标纸上作图（多用直角坐标纸），将形成的两变量变化关系的图形，称为散点图，然后根据散点图提供的变量间的有关信息来确定函数关系。其步骤如下：

①作散点图；

②根据专业知识、经验并利用解析几何知识，判断图、线的类型；

③确定函数形式。

（2）确定函数 $f(x)$ 中的参数。当函数类型确定后，可由实验数据来确定公式中的系数，除作图法求系数外，还有许多其他的方法，但最常见的是最小二乘法。

4. 几种主要回归分析类型

由于变量数目不同，变量间的内在规律的不同，因而由实验数据进行的回归方法也不同，工程中常用的有以下几类：

（1）一元线性回归。当两变量间关系可用线性函数表达时，其回归即为一元线性回归，这是最简单的一类回归问题。

（2）可化为一元线性回归的非线性回归。两变量间关系虽为非线性，但是经过变量替换，函数可化为一线性关系，则可用第一类线性回归加以解决，此为可转化为一元线性回归的非线性回归。

（3）多元线性回归是研究变量大于两个、相互间呈线性关系的一类回归问题。

2.3.4.2　一元线性回归

1. 求一元线性回归方程

一元线性回归就是工程中经常遇到的配直线的问题，也就是说，如果变量 x 和 y 之间存在线性相关关系，那么就可以通过一组观测数据 (x_i, y_i) $(i=1,2,\cdots,n)$ 用最小二乘法求出参数 a、b，并建立起回归直线方程 $y=a+bx$。

所谓最小二乘法，就是要求上述 n 个数据的绝对误差的平方和达到最小，即选择适当的 a、b 值，使 $Q=\sum_{i=1}^{n}(y_i-\hat{y}_i)^2=\sum_{i=1}^{n}[y_i-(a+bx_i)]^2$ 为最小值，以此求出 a、b 值，并建立方程，其中 b 称为回归系数，a 称为截距。

一元线性回归的计算步骤如下：

（1）将变量 x、y 的实验数据一一对应列表，并计算填写在表2-17中。

表 2-17　一元线性回归计算表

序号	x_i	y_i	x_i^2	y_i^2	x_iy_i
1	x_1	y_1	x_1^2	y_1^2	x_1y_1
2	x_2	y_2	x_2^2	y_2^2	x_2y_2
⋮	⋮	⋮	⋮	⋮	⋮
n	x_n	y_n	x_n^2	y_n^2	x_ny_n
Σ	$\sum_{i=1}^{n} x_i$	$\sum_{i=1}^{n} y_i$	$\sum_{i=1}^{n} x_i^2$	$\sum_{i=1}^{n} y_i^2$	$\sum_{i=1}^{n} x_iy_i$
平均值Σ/n	$\bar{x}$	$\bar{y}$			

(2)计算L_{xy}、L_{xx}、L_{yy}值,如下所列:

$$L_{xy} = \sum_{i=1}^{n} x_iy_i - \frac{1}{n}\sum_{i=1}^{n} x_i \sum_{i=1}^{n} y_i \tag{2-31}$$

$$L_{xx} = \sum_{i=1}^{n} x_i^2 - \frac{1}{n}\left(\sum_{i=1}^{n} x_i\right)^2 \tag{2-32}$$

$$L_{yy} = \sum_{i=1}^{n} y_i^2 - \frac{1}{n}\left(\sum_{i=1}^{n} y_i\right)^2 \tag{2-33}$$

(3)根据公式计算a、b值并建立经验式,如下所列:

$$b = \frac{L_{xy}}{L_{xx}} \tag{2-34}$$

$$a = \bar{y} - b\bar{x} \tag{2-35}$$

$$y = a + bx$$

2. 相关系数

用上述方法可以配出回归线,建立线性关系式,但它是否能真正反映出两个变量间的客观规律?尤其是在变量间的变化关系不了解的情况下。相关分析就是用来解决这类问题的一种数学方法,引进相关系数r值,用该值大小判断建立的经验式正确与否。步骤如下:

(1)计算相关系数r值。

$$r = \frac{L_{xy}}{\sqrt{L_{xy}L_{yy}}} \tag{2-36}$$

相关系数r绝对值越接近于1,两变量x、y间线性关系越好,若r接近于零,则认为x与y间没有线性关系,或两者间具有非线性关系。

(2)给定显著性水平α,常取$\alpha=0.05$或$\alpha=0.01$,按$n-2$的值,在附表4相关系数检验表中查出相应的临界值r_α值。

(3)判断。

若$|r| \geqslant r_\alpha$,两变量间存在线性关系,回归方程式显著成立,并称两变量在水平α下线性关系显著,即有$(1-\alpha)$的概率认为y与x之间有线性关系。

若 $|r| < r_{\alpha}$，两变量不存在线性关系，并称两变量在水平 α 下线性关系不显著。

3. 回归线的精度

由于回归方程给出的是 x、y 两个变量间的相关关系，而不是确定性关系，因此对于一个固定的 $x=x_0$ 值，并不能精确地得到相应的 y_0 值，而是由方程得到的估计值 $\hat{y}_0 = \hat{a} + \hat{b}x_0$，或者说当 x 固定在 x_0 值时，y 所取值的平均值 y_0，那么用 $\hat{y}_0$ 是 y_0 的估计值，偏差有多大，这就是回归线的精度问题。

虽然对于一固定的 x_0 值相应的 y_0 值无法确切知道，但相应 x_0 值实测的 y_0 值是按一定的规律分布在 $\hat{y}_0$ 上下的，波动规律一般认为是正态分布，也就是说 y_0 是具有某正态分布的随机变量。因此，能算出波动的标准差，也就可以估计出回归线的精度了。

回归线精度的判断方法如下：

(1) 计算标准差 σ（也叫剩余标准差）。

$$\sigma = \sqrt{\frac{Q}{n-2}} = \sqrt{\frac{(1-r^2)L_{yy}}{n-2}} \tag{2-37}$$

(2) 由正态分布性质可知，y_0 落在 $(y_0 \pm \sigma)$ 范围内的概率为 68.3%；y_0 落在 $(y_0 \pm 2\sigma)$ 范围内的概率为 95.4%；y_0 落在 $(y_0 \pm 3\sigma)$ 范围内的概率为 99.7%。也就是说，对于任何一个固定的 $x=x_0$ 值，我们都有 95.4% 的把握断言其 y_0 值落在 $(y_0 - 2\sigma, y_0 + 2\sigma)$ 范围之中。

显然 σ 值越小，回归方程精度越高，故可用 σ 值作为测量回归方程精密度的值。

【例 2-7】 完全混合式生物处理曝气池，每天产生的剩余污泥量 ΔX 与污泥有机负荷 N_S 间存在如下关系式：

$$\frac{\Delta X}{VX} = bN_S - a$$

式中 ΔX——每天产生剩余污泥量，kg/d；

V——曝气池容积，m^3；

X——曝气池内混合液污泥浓度，kg/m^3；

N_S——污泥有机负荷，kg/(kg·d)；

a——产率系数，降解每千克 BOD_5 转换成污泥的千克数，kg/kg；

b——污泥自身氧化率，kg/(kg·d)。

其中，a、b 均是待定数值。

经过实验，曝气池容积 $V=10\ m^3$，池内污泥浓度 $X=3$ g/L，实验数据如表 2-18 所示，试进行回归分析。

表 2-18　实验结果

N_S(kg/(kg·d))	0.20	0.21	0.25	0.30	0.35	0.40	0.50
ΔX(kg/d)	0.45	0.61	1.50	2.40	3.15	3.90	6.00

【解】 (1) 根据给出的实验数据，求出 $\frac{\Delta X}{VX}$，并以此为纵坐标，以 N_S 为横坐标，作散点图，见图 2-1。

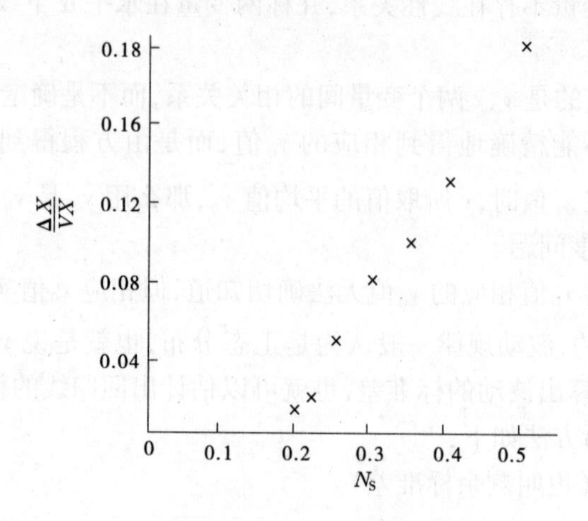

图 2-1　$\frac{\Delta X}{VX}$—N_S的散点图

由图 2-1 可见，$\frac{\Delta X}{VX}$与 N_S基本上呈线性关系。

(2)列表计算各值(见表 2-19)。

(3)计算统计量 L_{xy}、L_{xx}、L_{yy}。

$$L_{xy} = \sum_{i=1}^{n} x_i y_i - \frac{1}{n}\sum_{i=1}^{n} x_i \cdot \sum_{i=1}^{n} y_i = 0.232\,5 - \frac{1}{7} \times 2.21 \times 0.600 = 0.043\,1$$

$$L_{xx} = \sum_{i=1}^{n} x_i^2 - \frac{1}{n}(\sum_{i=1}^{n} x_i)^2 = 0.770 - \frac{1}{7} \times 2.21^2 = 0.072$$

$$L_{yy} = \sum_{i=1}^{n} y_i^2 - \frac{1}{n}(\sum_{i=1}^{n} y_i)^2 = 0.077\,4 - \frac{1}{7} \times 0.600^2 = 0.026$$

表 2-19　一元线性回归计算

序号	项目				
	N_S	$\Delta X/(VX)$	N_S^2	$[\Delta X/(VX)]^2$	$N_S[\Delta X/(VX)]$
1	0.20	0.015	0.040	0.000 2	0.003 0
2	0.21	0.020	0.044	0.000 4	0.004 2
3	0.25	0.050	0.063	0.002 5	0.012 5
4	0.30	0.080	0.090	0.006 4	0.024 0
5	0.35	0.105	0.123	0.011 0	0.036 8
6	0.40	0.130	0.160	0.016 9	0.052 0
7	0.50	0.200	0.250	0.040 0	0.100 0
Σ	2.21	0.600	0.770	0.077 4	0.232 5
Σ/n	0.316	0.086	0.110	0.011 1	0.033 2

(4)求系数 a、b 值。

$$b=\frac{L_{xy}}{L_{xx}}=\frac{0.043\ 1}{0.072}=0.6$$

$$a=b\bar{x}-\bar{y}=0.6\times0.316-0.086=0.104$$

则回归方程为

$$\frac{\Delta X}{VX}=0.6N_S-0.104$$

(5)相关系数及检验。

$$r=\frac{L_{xy}}{\sqrt{L_{xx}L_{yy}}}=\frac{0.043\ 1}{\sqrt{0.072\times0.026}}=0.996$$

根据 $n-2=7-2=5$ 和 $\alpha=0.01$,查附表4相关系数检验表得,$r_{0.01}=0.874$。

因为 $0.996>0.874$,故上述线性关系成立。

(6)公式精度。

$$\sigma=\sqrt{\frac{(1-r^2)L_{yy}}{n-2}}=\sqrt{\frac{(1-0.996^2)\times0.026}{5}}=0.006\ 4$$

计算出 σ 值很小,表明回归方程精度较高。

2.3.4.3　可化为一元线性回归的非线性回归

实际问题中,有时两个变量 x 与 y 间关系并不是线性相关的,而是某种曲线关系,这就需要用曲线作为回归线。对曲线类型的选择,理论上并无依据,只能根据散点图提供的信息,并根据专业知识与经验和解析几何知识,选择既简单且计算结果与实测值又比较相近的曲线,将这些已知曲线的函数近似地作为变量间的回归方程式。而这些已知曲线的关系式,有些只要经过简单的变换,就可以变成线性形式,那么这些非线性问题就可以作线性回归问题处理。

具体做法如下:

(1)根据样本数据,在直角坐标系中画出散点图;

(2)根据散点图,推测出 y 与 x 之间的函数关系;

(3)选择适当的变换,使之变成线性关系;

(4)用线性回归方法求出线性回归方程;

(5)返回到原来的函数关系,得到要求的回归方程。

下面列举一些常用的通过坐标变换可化为直线的函数图形,供选择曲线时参考。

1. 双曲线 $\frac{1}{y}=a+\frac{b}{x}\ (a>0)$

见图2-2,曲线有两条渐近线 $x=-\frac{b}{a}$ 和 $y=\frac{1}{a}$,令 $y'=\frac{1}{y}$,$x'=\frac{1}{x}$,则有 $y'=a+bx'$。

2. 幂函数 $y=dx^b\ (d>0,x>0)$

见图2-3,令 $y'=\lg y$,$x'=\lg x$,$a=\lg d$,则有 $y'=a+bx'$。

3. 指数函数 $y=de^{bx}\ (d>0)$

见图2-4,令 $y'=\ln y$,$a=\ln d$,则有 $y'=a+bx$。

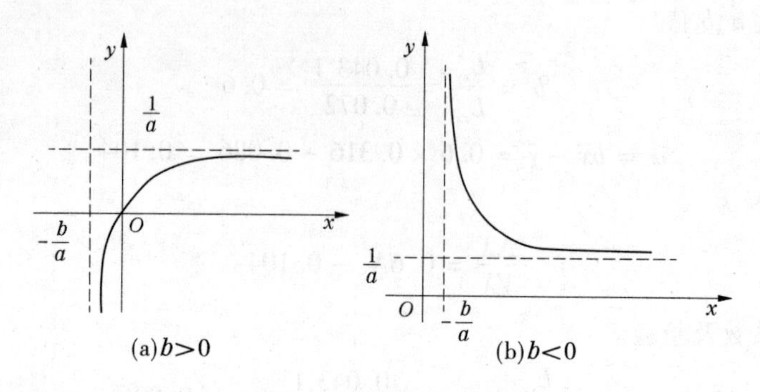

图 2-2　双曲线函数

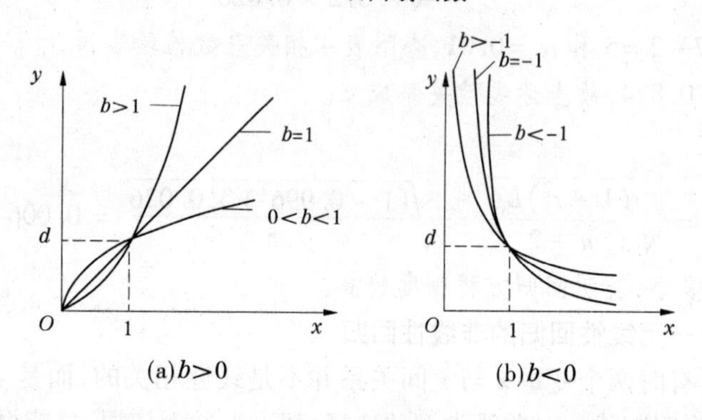

图 2-3　幂函数

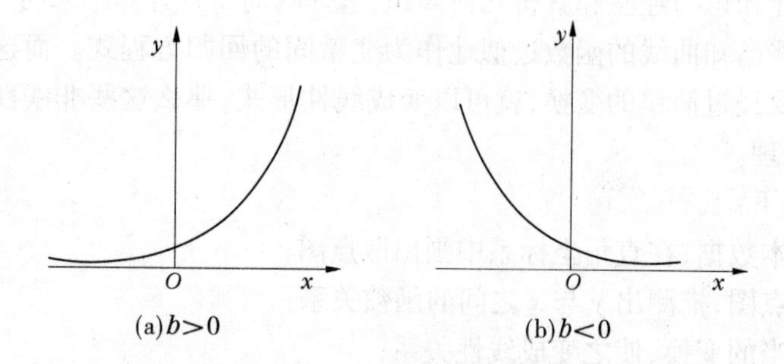

图 2-4　指数函数

4. 倒指数函数 $y = de^{\frac{b}{x}}$ $(d>0, x>0)$

见图 2-5，令 $y' = \ln y$，$a = \ln d$，$x' = \dfrac{1}{x}$，则有 $y' = a + bx'$。

5. 对数函数 $y = a + b\log x$ $(x>0)$

见图 2-6，令 $x' = \log x$，则有 $y' = a + bx'$。

6. S 形曲线 $y = \dfrac{1}{a + be^{-x}}$

见图 2-7，令 $y' = \dfrac{1}{y}$，$x' = e^{-x}$，则有 $y' = a + bx'$。

如果散点图所反映出的变量 x 与 y 之间的关系和两个函数类型都有些相近，即不能

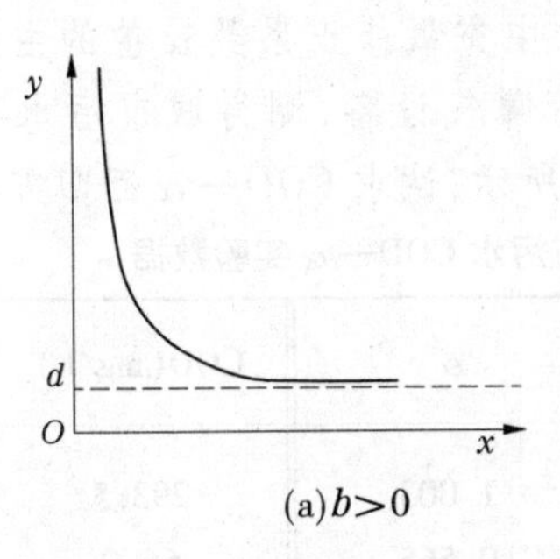

(a) $b>0$

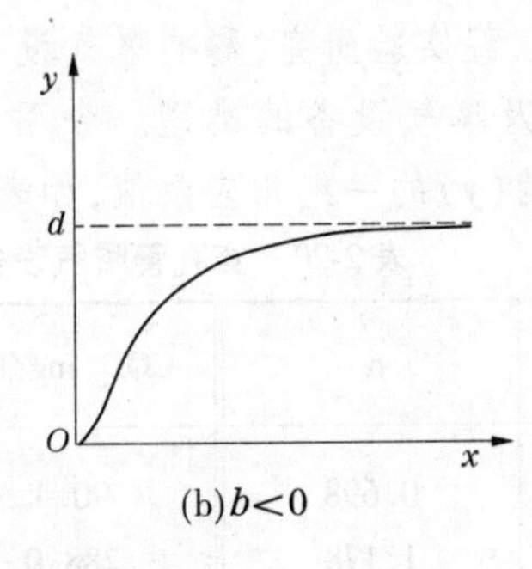

(b) $b<0$

图2-5　倒指数函数

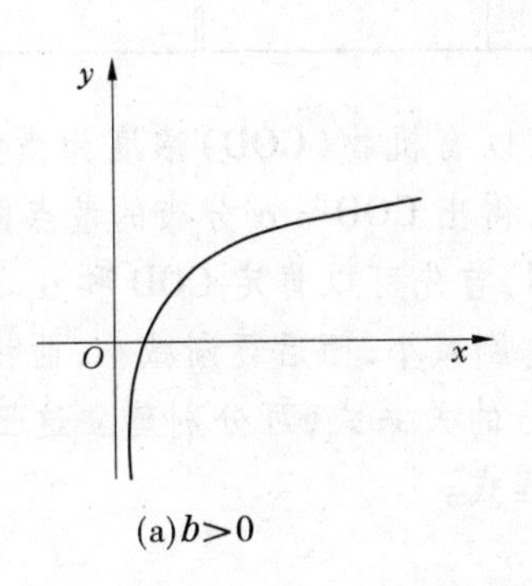

(a) $b>0$

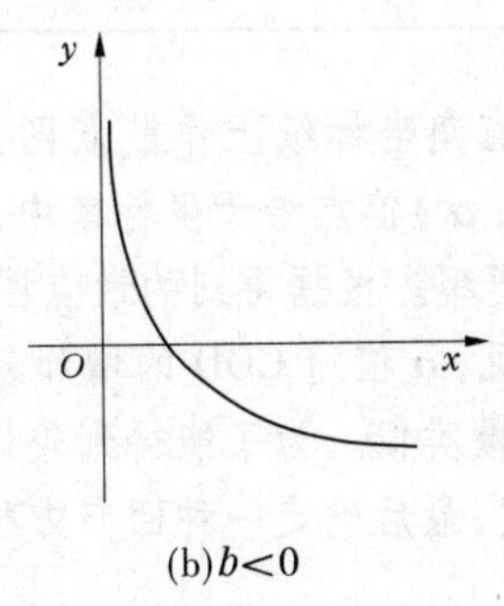

(b) $b<0$

图2-6　对数函数

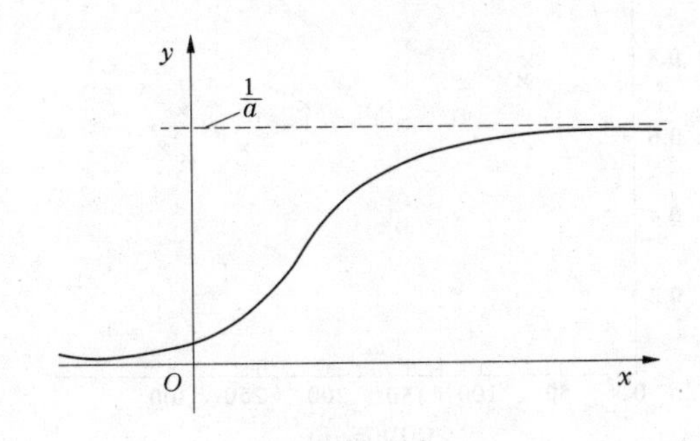

图2-7　S形曲线函数

立即确定哪种曲线形式更好、更能客观地反映出本质规律，则可以都作回归处理，并按式(2-38)、式(2-39)计算剩余平方和 Q 或剩余标准离差 σ 进行比较，选择 Q 值或 σ 值最小的函数类型。

$$Q = \sum_{i=1}^{n} (y_i - \hat{y}_i)^2 \tag{2-38}$$

$$\sigma = \sqrt{\frac{1}{n-2}\sum_{i=1}^{n} (y_i - \hat{y}_i)^2} \tag{2-39}$$

式中　y_i——实测值；

$\hat{y}_i$——计算值，$\hat{y}_i = a + bx_i$。

【例 2-8】 经实验研究,影响曝气设备污水中充氧修正系数 α 值的主要因素为污水中有机物含量及曝气设备的类型。今用穿孔管曝气设备,测得城市污水不同的有机物 COD(x)与 α 值(y)的一组相应数值,如表 2-20 所示,试求 COD—α 回归方程式。

表 2-20　穿孔管曝气设备、城市污水 COD—α 实验数据

COD(mg/L)	α	COD(mg/L)	α	COD(mg/L)	α
208.0	0.698	90.4	1.003	293.5	0.593
58.4	1.178	288.0	0.565	66.0	0.791
288.3	0.667	68.0	0.752	136.5	0.865
249.5	0.593	136.0	0.847		

【解】 (1)在直角坐标纸上作散点图,以有机物(COD)浓度为横坐标,α 值为纵坐标,将相应的(COD,α)值点绘于坐标系中,得出 COD—α 分布的散点图(见图 2-8)。

(2)选择函数类型。根据得到的散点图,首先可以肯定 COD 和 α 之间是一种非线性关系。由图 2-8 可见,α 值随 COD 的增加急剧减小,而后逐渐减小,曲线类型与双曲线函数、幂函数、指数函数类似。为了能得到较好的关系式,可分别建立这三种曲线的回归方程,比较它们的精度,最后确定一种回归方程式。

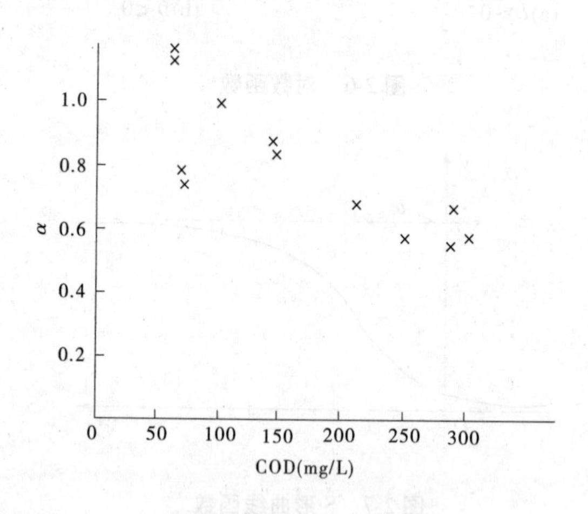

图 2-8　COD—α 散点图

①假定 COD—α 关系符合幂函数 $y = dx^b$,其中 x 表示 COD,y 表示 α 值。

对幂函数 $y = dx^b$ 等式两边取对数,则有 $\lg y = \lg d + b\lg x$

令 $y' = \lg y, x' = \lg x, a = \lg d$,则有

$$y' = a + bx'$$

a. 列表计算(见表 2-21)。

表 2-21　计算表

序号	$x' = \lg x$	$y' = \lg y$	x'^2	y'^2	$x'y'$
1	2.318	-0.156	5.373	0.024	-0.362
2	1.766	0.071	3.119	0.005	0.125
3	2.460	-0.176	6.052	0.031	-0.433
4	2.397	-0.227	5.746	0.052	-0.544
5	1.956	0.001	3.826	0.000	0.002
6	2.459	-0.248	6.047	0.062	-0.610
7	1.833	-0.124	3.360	0.015	-0.227
8	2.134	-0.072	4.554	0.005	-0.154
9	2.468	-0.227	6.091	0.052	-0.560
10	1.820	-0.102	3.312	0.010	-0.186
11	2.135	-0.063	4.558	0.004	-0.135
$\sum$	23.746	-1.323	52.038	0.260	-3.084
$\sum/n$	2.159	-0.120	4.731	0.024	-0.280

b. 计算 $L_{x'y'}$、$L_{x'x'}$、$L_{y'y'}$ 值。

$$L_{x'y'} = \sum_{i=1}^{n} x'_i y'_i - \frac{1}{n}\sum_{i=1}^{n} x'_i \sum_{i=1}^{n} y'_i = -3.084 - \frac{1}{11} \times 23.746 \times (-1.323) = -0.228$$

$$L_{x'x'} = \sum_{i=1}^{n} x'^2_i - \frac{1}{n}\left(\sum_{i=1}^{n} x'_i\right)^2 = 52.038 - \frac{1}{11} \times (23.746)^2 = 0.777$$

$$L_{y'y'} = \sum_{i=1}^{n} y'^2_i - \frac{1}{n}\left(\sum_{i=1}^{n} y'_i\right)^2 = 0.260 - \frac{1}{11} \times (-1.323)^2 = 0.101$$

c. 计算 a、b 值，并建立公式。

$$b = \frac{L_{x'y'}}{L_{x'x'}} = \frac{-0.228}{0.777} = -0.293$$

$$a = \overline{y'} - b\,\overline{x'} = -0.12 - (-0.293 \times 2.159) = 0.513$$

$$\hat{y}' = 0.513 - 0.293x'$$

$$\lg\hat{y} = 0.513 - 0.293\lg x$$

$$\hat{y} = 3.27x^{-0.293}$$

d. 计算剩余偏差 σ 值（见表 2-22）。

表 2-22　剩余偏差计算表

x	y	$\hat{y}$	$\hat{y}-y$	x	y	$\hat{y}$	$\hat{y}-y$
208.0	0.698	0.684	-0.014	68.0	0.752	0.950	0.198
58.4	1.178	0.993	-0.185	136.0	0.847	0.775	-0.072
288.3	0.667	0.622	-0.045	293.5	0.593	0.619	0.026
249.5	0.593	0.649	0.056	66.0	0.791	0.958	0.167
90.4	1.003	0.874	-0.129	136.5	0.865	0.774	-0.091
288.0	0.565	0.622	0.057				

求得 $\sum(\hat{y}-y)^2 = 0.141$，则 $\sigma = \sqrt{\dfrac{\sum(\hat{y}-y)^2}{n-2}} = \sqrt{\dfrac{0.141}{9}} = 0.125$。

②假定 COD—α 的关系符合指数函数 $y = de^{\frac{b}{x}}$，x 表示 COD，y 表示 α 值。

对指数函数 $y = de^{\frac{b}{x}}$ 取对数，则有 $\ln y = \ln d + \dfrac{b}{x}$

令 $y' = \ln y, x' = \dfrac{1}{x}, a = \ln d$，则有 $y' = a + bx'$。

a. 列表计算(见表 2-23)。

表 2-23　指数函数计算表

序号	$x' = \frac{1}{x}$	$y' = \ln y$	x'^2	y'^2	$x'y'$
1	0.004 8	−0.360	0.000 023	0.129 6	−0.001 73
2	0.017 1	0.164	0.000 292	0.026 9	0.002 80
3	0.003 5	−0.405	0.000 012	0.164 0	−0.001 42
4	0.004 0	−0.523	0.000 016	0.273 5	−0.002 09
5	0.011 1	0.003	0.000 123	0.000 0	0.000 03
6	0.003 5	−0.571	0.000 012	0.326 0	−0.002 00
7	0.014 7	−0.285	0.000 216	0.081 2	−0.004 19
8	0.007 4	−0.166	0.000 055	0.027 6	−0.001 23
9	0.003 4	−0.523	0.000 012	0.273 5	−0.001 78
10	0.015 2	−0.234	0.000 231	0.054 8	−0.003 56
11	0.007 3	−0.145	0.000 053	0.021 0	−0.001 06
Σ	0.092 0	−3.045	0.001 045	1.378 1	−0.016 23
Σ/n	0.008 4	−0.277	0.000 095	0.125 3	−0.001 48

b. 计算 $L_{x'y'}$、$L_{x'x'}$、$L_{y'y'}$ 值。

$$L_{x'y'} = \sum_{i=1}^{n} x'_i y'_i - \frac{1}{n}\sum_{i=1}^{n} x'_i \sum_{i=1}^{n} y'_i = -0.016\ 23 - \frac{1}{11} \times 0.092\ 0 \times (-3.045) = 0.009\ 24$$

$$L_{x'x'} = \sum_{i=1}^{n} x'^2_i - \frac{1}{n}\left(\sum_{i=1}^{n} x'_i\right)^2 = 0.001\ 045 - \frac{1}{11} \times 0.092\ 0^2 = 0.000\ 276$$

$$L_{y'y'} = \sum_{i=1}^{n} y'^2_i - \frac{1}{n}\left(\sum_{i=1}^{n} y'_i\right)^2 = 1.378\ 1 - \frac{1}{11} \times (-3.045)^2 = 0.535$$

c. 计算 a、b 值，并建立方程式。

$$b = \frac{L_{x'y'}}{L_{x'x'}} = \frac{0.009\ 24}{0.000\ 276} = 33.5$$

$$a = \overline{y'} - b\,\overline{x'} = -0.277 - 33.5 \times 0.008\ 4 = -0.558$$

$$\hat{y}' = -0.558 + 33.5x'$$

$$\ln\hat{y} = -0.558 + 33.5\frac{1}{x}$$

则

$$\hat{y} = e^{-0.558+\frac{33.5}{x}} = 0.573e^{\frac{33.5}{x}}$$

d. 计算剩余偏差 σ 值(见表2-24)。

表2-24　剩余偏差计算表

x	y	$\hat{y}$	$\hat{y}-y$	x	y	$\hat{y}$	$\hat{y}-y$
208.0	0.698	0.673	−0.025	68.0	0.752	0.938	0.186
58.4	1.178	1.017	−0.161	136.0	0.847	0.733	−0.114
288.3	0.667	0.644	−0.023	293.5	0.593	0.642	0.049
249.5	0.593	0.655	0.062	66.0	0.791	0.952	0.161
90.4	1.003	0.830	−0.173	136.5	0.865	0.732	−0.133
288.0	0.565	0.644	0.079				

求得 $\sum_{i=1}^{n}(\hat{y}-y)^2 = 0.161$，则 $\sigma = \sqrt{\frac{\sum(\hat{y}-y)^2}{n-2}} = \sqrt{\frac{0.161}{11-2}} = 0.134$。

③假定COD—α 的关系，符合双曲线函数 $\frac{1}{y} = a + \frac{b}{x}$，$x$ 表示COD，y 表示 α 值。

令 $y' = \frac{1}{y}$，$x' = \frac{1}{x}$，则有 $y' = a + bx'$。

a. 计算 $L_{x'y'}$、$L_{x'x'}$、$L_{y'y'}$ 值(见表2-25)。

表2-25　双曲线函数计算表

序号	$x' = \frac{1}{x}$	$y' = \frac{1}{y}$	x'^2	y'^2	$x'y'$
1	0.004 8	1.433	0.000 023	2.053	0.006 9
2	0.017 1	0.849	0.000 292	0.721	0.014 5
3	0.003 5	1.499	0.000 012	2.247	0.005 2
4	0.004 0	1.686	0.000 016	2.843	0.006 7
5	0.011 1	0.997	0.000 123	0.994	0.011 1
6	0.003 5	1.770	0.000 012	3.133	0.006 2
7	0.014 7	1.330	0.000 216	1.769	0.019 6
8	0.007 4	1.181	0.000 055	1.395	0.008 7
9	0.003 4	1.686	0.000 012	2.843	0.005 7
10	0.015 2	1.264	0.000 231	1.598	0.019 2
11	0.007 3	1.156	0.000 053	1.336	0.008 4
$\sum$	0.092 0	14.851	0.001 045	20.93	0.112 2
$\sum/n$	0.008 4	1.350	0.000 095	1.903	0.010 2

$$L_{x'y'} = \sum_{i=1}^{n} x'_i y'_i - \frac{1}{n}\sum_{i=1}^{n} x'_i \sum_{i=1}^{n} y'_i = 0.1122 - \frac{1}{11} \times 0.0920 \times 14.851 = -0.012$$

$$L_{x'x'} = \sum_{i=1}^{n} x'^2_i - \frac{1}{n}\left(\sum_{i=1}^{n} x'_i\right)^2 = 0.001045 - \frac{1}{11} \times 0.0920^2 = 0.00028$$

$$L_{y'y'} = \sum_{i=1}^{n} y'^2_i - \frac{1}{n}\left(\sum_{i=1}^{n} y'_i\right)^2 = 20.93 - \frac{1}{11} \times 14.851^2 = 0.8798$$

b. 计算 a、b 值，并建立方程。

$$b = \frac{L_{x'y'}}{L_{x'x'}} = \frac{-0.012}{0.00028} = -42.86$$

$$a = \overline{y'} - b\overline{x'} = 1.350 - (-42.86 \times 0.0084) = 1.71$$

$$\hat{y}' = 1.71 - 42.9x'$$

则

$$\frac{1}{\hat{y}} = 1.71 - 42.9\frac{1}{x}$$

$$\hat{y} = \frac{1}{1.71 - 42.9\frac{1}{x}}$$

c. 计算剩余偏差 σ 值（见表 2-26）。

表 2-26　剩余偏差计算表

x	y	$\hat{y}$	$\hat{y}-y$	x	y	$\hat{y}$	$\hat{y}-y$
208.0	0.698	0.665	−0.033	68.0	0.752	0.927	0.175
58.4	1.178	1.025	−0.153	136.0	0.847	0.717	−0.130
288.3	0.667	0.641	−0.026	293.5	0.593	0.639	0.046
249.5	0.593	0.650	0.057	66.0	0.791	0.943	0.152
90.4	1.003	0.809	−0.194	136.5	0.865	0.716	−0.149
288.0	0.565	0.641	0.076				

求得 $\sum(\hat{y}-y)^2 = 0.167$，则 $\sigma = \sqrt{\dfrac{\sum(\hat{y}-y)^2}{n-2}} = \sqrt{\dfrac{0.167}{11-2}} = 0.136$。

各回归方程的剩余偏差见表 2-27。

表 2-27　剩余偏差比较结果

剩余偏差	函数		
	幂函数	指数函数	双曲线函数
σ	0.125	0.134	0.136
2σ	0.250	0.268	0.272

由于幂函数 $\sigma=0.125$ 最小，故城市污水 COD—α 的关系式 $y = 3.27x^{-0.293}$，即 $\alpha = 3.27(\mathrm{COD})^{-0.293}$，用此估计 α，95% 以上的误差落在 $\pm 2\sigma = \pm 0.250$ 范围内。

2.3.4.4　二元线性回归

前面研究了两个变量间相关关系的回归问题，但客观事物的变化常受多种因素的影响，要考察的独立变量往往不止一个，因此人们把研究某一变量与多个独立变量之间的相关关系的统计方法叫作多元回归分析法。

在多元回归分析法中，多元线性回归是比较简单，也是应用较广泛的一种方法。在工程实践中，为简便起见，往往是变化两个因素，让其他因素处于稳态，也就是只研究变化着的两个因素与指标之间的相关关系，即二元回归问题。以下我们着重讨论二元线性回归问题。

1. 建立二元线性回归方程

二元线性回归的数学表达式为

$$y = a + b_1x_1 + b_2x_2 \tag{2-40}$$

式中　y——因变量；

x_1、x_2——两个独立的自变量；

b_1、b_2——回归系数；

a——常数项。

二元线性回归的计算步骤为：

(1)将变量 x_1、x_2 与 y 的实验数据一一对应列表(见表 2-28)，并计算。

(2)利用表中的结果并根据公式计算 L_{00}、L_{11}、L_{22}、L_{12}、L_{10}、L_{20}。

表 2-28　二元线性回归计算表

序号	x_{1i}	x_{2i}	y_i	x_{1i}^2	x_{2i}^2	${y_i}^2$	$x_{1i}x_{2i}$	$x_{1i}y_i$	$x_{2i}y_i$
1	x_{11}	x_{21}	y_1	x_{11}^2	x_{21}^2	y_1^2	$x_{11}x_{21}$	$x_{11}y_1$	$x_{21}y_1$
2	x_{12}	x_{22}	y_2	x_{12}^2	x_{22}^2	y_2^2	$x_{12}x_{22}$	$x_{12}y_2$	$x_{22}y_2$
⋮	⋮	⋮	⋮	⋮	⋮	⋮	⋮	⋮	⋮
i	x_{1i}	x_{2i}	y_i	x_{1i}^2	x_{2i}^2	y_i^2	$x_{1i}x_{2i}$	$x_{1i}y_i$	$x_{2i}y_i$
⋮	⋮	⋮	⋮	⋮	⋮	⋮	⋮	⋮	⋮
n	x_{1n}	x_{2n}	y_n	x_{1n}^2	x_{2n}^2	y_n^2	$x_{1n}x_{2n}$	$x_{1n}y_n$	$x_{2n}y_n$
Σ	$\sum_{i=1}^{n} x_{1i}$	$\sum_{i=1}^{n} x_{2i}$	$\sum_{i=1}^{n} y_i$	$\sum_{i=1}^{n} x_{1i}^2$	$\sum_{i=1}^{n} x_{2i}^2$	$\sum_{i=1}^{n} y_i^2$	$\sum_{i=1}^{n} x_{1i}x_{2i}$	$\sum_{i=1}^{n} x_{1i}y_i$	$\sum_{i=1}^{n} x_{2i}y_i$
Σ/n	$\bar{x}_1$	$\bar{x}_2$	$\bar{y}$						

$$L_{00} = \sum_{i=1}^{n} y_i^2 - \frac{1}{n}\left(\sum_{i=1}^{n} y_i\right)^2 \tag{2-41}$$

$$L_{11} = \sum_{i=1}^{n} x_{1i}^2 - \frac{1}{n}\left(\sum_{i=1}^{n} x_{1i}\right)^2 \tag{2-42}$$

$$L_{22} = \sum_{i=1}^{n} x_{2i}^2 - \frac{1}{n}\left(\sum_{i=1}^{n} x_{2i}\right)^2 \tag{2-43}$$

$$L_{12} = \sum_{i=1}^{n} x_{1i}x_{2i} - \frac{1}{n}\sum_{i=1}^{n} x_{1i}\sum_{i=1}^{n} x_{2i} \tag{2-44}$$

$$L_{10} = \sum_{i=1}^{n} x_{1i}y_i - \frac{1}{n}\sum_{i=1}^{n} x_{1i}\sum_{i=1}^{n} y_i \tag{2-45}$$

$$L_{20} = \sum_{i=1}^{n} x_{2i}y_i - \frac{1}{n}\sum_{i=1}^{n} x_{2i}\sum_{i=1}^{n} y_i \tag{2-46}$$

(3)建立方程组并求解回归常数 b_1、b_2 值。

$$\begin{cases} L_{11}b_1 + L_{12}b_2 = L_{10} \\ L_{21}b_1 + L_{22}b_2 = L_{20} \end{cases} \tag{2-47}$$

(4)求解常数项 a。

$$a = \bar{y} - b_1\bar{x}_1 - b_2\bar{x}_2 \tag{2-48}$$

其中,$\bar{y} = \frac{\sum_{i=1}^{n} y_i}{n}$,$\bar{x}_1 = \frac{\sum_{i=1}^{n} x_{1i}}{n}$,$\bar{x}_2 = \frac{\sum_{i=1}^{n} x_{2i}}{n}$。

由 a、b_1、b_2 可以建立方程式 $y = a + b_1x_1 + b_2x_2$。

2. 二元线性回归的复相关系数 R 值

按上述方法建立的二元线性回归方程,是否反映客观规律,除了靠实验检验,和一元线性回归一样,也可从数学角度来衡量,即引入复相关系数 R,$0 \leqslant R \leqslant 1$,$R$ 越接近于 1,方程越理想,R 的计算公式为

$$R = \sqrt{\frac{S_R}{L_{yy}}} \tag{2-49}$$

式中 S_R——回归平方和,由于自变量 x_1 和 x_2 的变化而引起的因变量 y 的变化,$S_R = \sum_{i=1}^{n}(\hat{y}_i - \bar{y})^2 = b_1L_{1y} + b_2L_{2y}$。 (2-50)

3. 二元线性回归方程式的精度

同一元线性回归方程一样,精度也由剩余标准差 σ 来衡量。

$$\sigma = \sqrt{\frac{L_{yy} - S_R}{n - m - 1}} \tag{2-51}$$

式中 n——实验次数;

m——自变量的个数;

其余符号意义同前。

4. 因素对实验结果影响的判断

二元线性回归是研究两个因素的变化对实验成果的影响,但在两个影响因素(变量)间,总有主次之分,如何判断谁是主要因素,谁是次要因素,哪个因素对实验成果的影响可以忽略不计?除了利用双因素方差分析方法,还可以用以下方法。

1)标准回归系数绝对值比较法

标准回归系数的计算公式为

$$b_1' = b_1\sqrt{\frac{L_{11}}{L_{yy}}} \tag{2-52}$$

$$b'_2 = b_1\sqrt{\frac{L_{22}}{L_{yy}}} \tag{2-53}$$

比较 $|b'_1|$、$|b'_2|$ 哪个值大,哪个即为主要影响因素。

2)偏回归平方和比较

偏回归平方和的计算公式为

$$P_1 = b_1^2\left(L_{11} - \frac{L_{12}^2}{L_{22}}\right) \tag{2-54}$$

$$P_2 = b_2^2\left(L_{22} - \frac{L_{12}^2}{L_{11}}\right) \tag{2-55}$$

比较 P_1、P_2 值的大小,大者为主要因素,小者为次要因素。次要因素对 y 值的影响有时可以忽略,如果可以忽略,则在回归计算中可以不再计入此变量,建立更为简单的回归方程。

3)T 值判断法

$$T_i = \frac{\sqrt{P_i}}{\sigma} \tag{2-56}$$

式中　T_i——自变量 x_i 的 T 值($i=1,2$);

P_i——当 $i=1$、2 时,由式(2-54)、式(2-55)求得;

σ——二元回归剩余标准差,由式(2-51)求得。

T_i 值越大,该因素 x_i 越重要。由实践经验可得下列结论:

(1)$T_i<1$ 时,则认为因素 x_i 对结果影响不大,可忽略;

(2)$T_i>1$ 时,则认为因素 x_i 对结果有一定的影响;

(3)$T_i>2$ 时,则认为因素 x_i 为重要因素。

2.4　Excel 在实验数据处理中的应用

随着计算机技术的普及,计算机在实验数据处理中的作用越发重要,目前有许多现成的统计分析软件使实验数据处理变得更加简单和准确。常用的统计软件有 SAS、SPSS 和 Excel 等。其中,前两种软件的统计功能非常强大,但不够普及,而 Excel 却具有方便性和普遍性,很容易掌握和使用。所以本节以目前应用较为广泛的 Excel 2010 中文版为界面,介绍 Excel 在实验数据处理中的应用。

2.4.1　概述

Microsoft Excel 是微软公司开发的 Windows 环境下的电子表格系统,它是目前应用最广泛的表格处理软件之一,具有强大的数据库管理功能、丰富的宏命令和函数以及强有力的图标功能。随着版本的不断提高,Excel 的强大数据处理功能、操作的简易性和智能化程度不断提高。Excel 在实验数据处理中的应用主要体现在以下几个方面。

2.4.1.1 图表功能

Excel 具有强大的图表功能，提供了众多的图表类型，如柱形图、折线图、散点图、饼图、环形图、曲面图等。此外，Excel 还提供了约 20 种自定义图表类型，我们可根据不同的需要，选择适当的图表类型。通过对各种实验数据进行图表处理，可以更直观地进行实验数据分析，找到在数据表格中不容易发现的问题，得到规律性的结论。

2.4.1.2 公式和函数

公式就是以等号（=）开头，由单元格名称、运算符和数据组成的字符串。可以根据需要，利用 Excel 提供的运算符自行创建公式。Excel 除了可以进行一些简单的计算，还有 400 多个函数（这些函数实质上是内置公式），可用于统计、财务、数学以及各种工程上的分析计算。表 2-29 列出了在数据处理中常用的一些函数，如果需要了解这些函数的应用，可以使用 Excel 的“帮助”功能。

表 2-29 数据处理中常用的 Excel 函数

函数	函数说明
SUM	求和
AVERAGE	计算算术平均值
STDEV	估算样本的标准偏差，即 $\sigma_{n-1} = \sqrt{\sum_{i=1}^{n}(x_i - \bar{x})^2/(n-1)}$
STDEVP	估算样本总体的标准偏差，即 $\sigma = \sqrt{\sum_{i=1}^{n}(x_i - \bar{x})^2/n}$
AVEDEV	计算算术平均误差，即 $\Delta x = \frac{1}{n}\sum_{i=1}^{n}\lvert x_i - \bar{x}\rvert$
COVAR	计算协方差，即 $\mathrm{Cov}(x,y) = \frac{1}{n}\sum_{i=1}^{n}(x_i - \bar{x})(y_i - \bar{y})$
DEVSQ	计算数据点与各自样本均值偏差的平方和，即 $\sum_{i=1}^{n}(x_i - \bar{x})^2$
FDIST	计算 F 概论分布
FINV	返回 F 分布的临界值
FTEST	计算 F 检验的结果
MAX	计算数据集中的最大数值
MIN	计算数据集中的最小数值
MODE	计算在某一数组或数据区域中出现频率最多的数值
PEARSON	计算相关系数 r
SLOPE	计算线性回归直线的斜率
STEYX	计算通过线性回归法计算 y 预测值时所产生的残差标准误差

2.4.1.3　数据分析工具

Microsoft Excel 提供了多种非常实用的数据分析工具,如统计分析工具、财务分析工具、工程分析工具、规划求解工具等。使用这些工具时,只需为每一个分析工具提供必要的数据和参数,该工具就会使用适宜的统计或工程函数,在输出表格中显示相应的结果。其中,有些工具在生成输出表格时,还能同时生成图表。下面介绍在数据处理中使用较多的“分析工具库”和“规划求解”。

1. 分析工具库

1)“分析工具库”的安装

如要使用“分析数据库”中的分析工具,首先必须安装“分析工具库”,安装方法如下。

(1)在 Excel【文件】菜单中,单击【选项】按钮,弹出“Excel 选项”窗口。

(2)在“Excel 选项”窗口中,单击【加载项】,在页面右下方【管理】中选择“Excel 加载项”选项卡,单击【转到】按钮,如图 2-9 所示。

(3)在弹出的【加载宏】对话框中单击勾选【分析工具库】,然后单击【确定】按钮,即可完成安装,如图 2-10 所示。

图 2-9　Excel【加载项】窗口

(4)安装完成后,在 Excel【数据】菜单下就会出现新增加的数据分析命令,如图 2-11 所示。

2)“分析工具库”提供的分析工具

点击【数据】菜单下的【数据分析】(见图 2-11),即可显示“分析工具”列表(见图 2-12),该列表中共有 19 种不同的分析工具可供选择。

2. “规划求解”工具

在实验数据的处理中,常常需要求解方程组或解决回归方程的最优化问题,这时就可以使用 Excel 的【规划求解】工具,它可以对有多个变量的线性和非线性规划问题进行求解，省去了人工编制程序和手工计算的麻烦。

如果在 Excel【数据】菜单下找不到“规划求解”，就应先安装“规划求解”，步骤与安装“分析数据库”一样。单击【文件】菜单下的【选项】，在“Excel 选项”中点击【加载项】，在【管理】中选择“Excel 加载项”选项卡，单击【转到】按钮，在弹出的“加载宏”窗口中，勾选【规划求解加载项】（见图 2-10），单击【确定】按钮后，在 Excel【数据】菜单下就会出现新增加的“规划求解”，如图 2-11 所示。

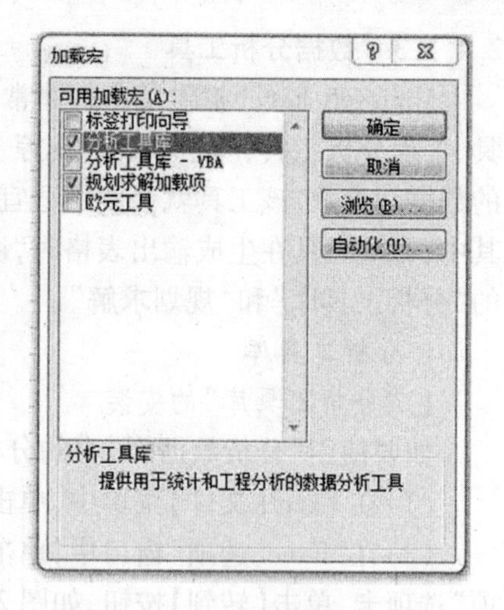

图 2-10　Excel【加载宏】菜单

2.4.2　Excel 图表功能在实验数据处理中的应用

图表主要用于实验数据的初步整理归纳，在 Excel中，可以方便地将实验数据整理成合理的表格。通过图表可以很直观地观察变量之间的相互关系，还可以为以后进一步整理数据奠定基础。Excel【数据分析】工具如图 2-12 所示。

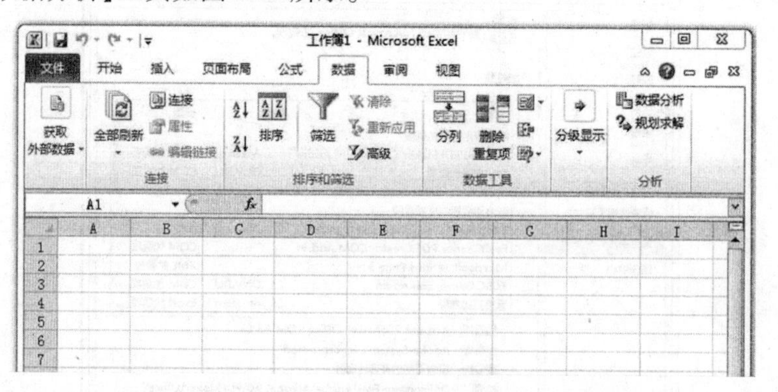

图 2-11　Excel【数据】菜单

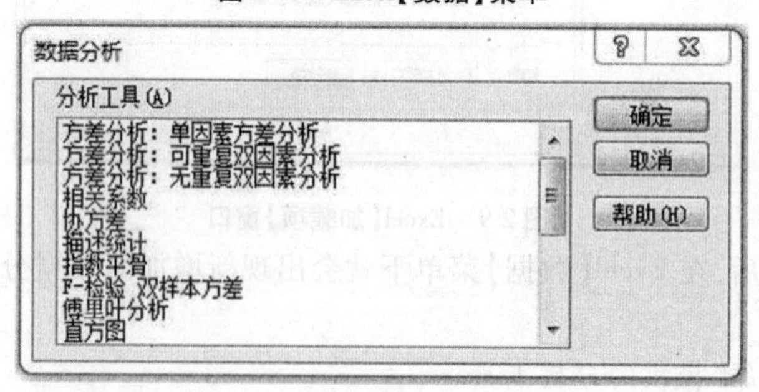

图 2-12　Excel【数据分析】工具

2.4.2.1　图表的生成

Excel 生成图表的过程非常简单，一步一步进行操作，即可完成图表的制作。

【例 2-9】　根据混凝实验得到的不同混凝剂投加量和出水剩余浊度的数据，如图 2-13所示。试用 Excel 的图表功能画出混凝剂投加量和剩余浊度的关系。

	A	B	C	D	E	F	G
1	投药量（mg/L）	0.002	0.005	0.01	0.02	0.03	0.04
2	剩余浊度（度）	10.8	8.6	6.5	3.8	1.5	2.1

图2-13　【例2-9】数据表

【解】　(1)在Excel中建立如图2-13的工作表格。

(2)选中你要绘图的数据,点击【插入】选项卡中的散点图,选择带平滑线和数据标记的散点图,如图2-14所示。

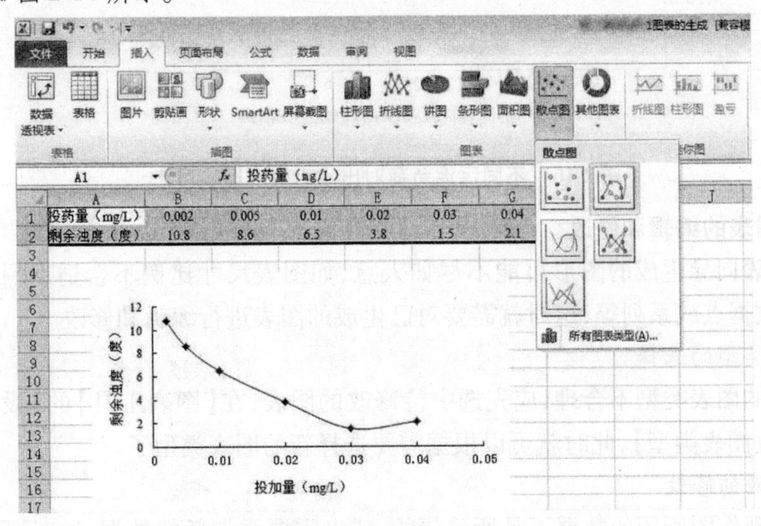

图2-14　【插入】对话框

(3)需要修改和完善图表中的内容,可利用【图表工具】中的【设计】【布局】和【格式】或在图形区域单击鼠标右键出现的菜单中的相应选项进行修改和调整。经过调整后得到图2-14。

Excel除了能方便快捷地画出上述单线图,还能画出复式线图,方便我们对实验结果进行比较。下面我们通过例题进行详细介绍。

【例2-10】　为了研究污泥负荷对出水的影响,分别对三种不同污泥负荷下的出水水质(COD_{Cr})进行了监测,实验数据如图2-15所示。试画出复式线图进行比较。

	A	B	C	D	E	F	G	H
1	污泥负荷	出水水质（COD_{Cr}）						
2	（$kgBOD_5/kgMLSS·d$）	1	2	3	4	5	6	7
3	0.15	11.9	12.0	12.3	12.1	11.8	11.9	12.3
4	0.25	16.3	16.2	15.7	15.8	16.4	16.3	16.0
5	0.35	21.5	21.2	21.7	22.0	21.0	21.9	22.0

图2-15　【例2-10】数据表

【解】　(1)在Excel中建立如图2-15的工作表格。

(2)选中你要绘图的数据,点击【插入】选项卡中的散点图,选择带平滑线和数据标记的散点图,如图2-14所示。

(3)需要修改和完善图表中的内容,可利用【图表工具】中的【设计】【布局】和【格式】或在图形区域单击鼠标右键出现的菜单中的相应选项进行修改和调整。更改系列名称时,在需要更改的数据系列上点击鼠标右键,选择数据,选中要修改名称的系列,点击【编辑】,相应输入0.15、0.25、0.35,即可得到如图2-16所示的复式线图。

从图2-16中可以清楚地看出,随着负荷的提高,出水水质变差。

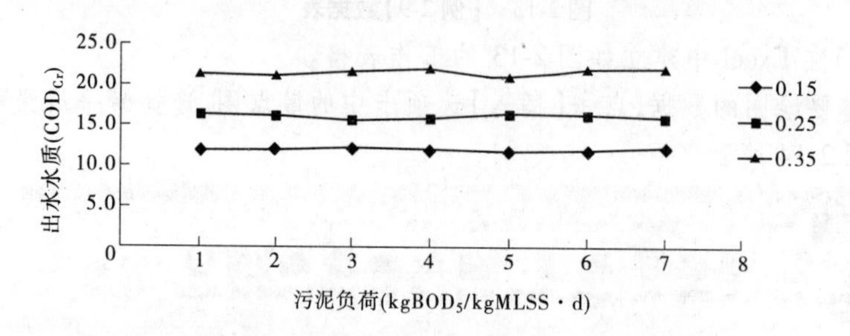

图2-16　不同污泥负荷对出水水质的影响对比

2.4.2.2　图表的编辑和修改

通过图表向导生成的图形可能不尽如人意,如图表尺寸比例不合适、坐标刻度不合理、漏掉了数据点或系列等,这时就需要对已生成的图表进行编辑和修改。

1. 图表类型的选择

若选择的图表类型不合理,应先选中待修改的图表,在【图表工具】的【设计】选项卡中选择【更改图表类型】,此时就可以根据需要选择新的图表类型了。

2. 数据源的修改

如果发现作图所用的数据不是所希望的,或者需要添加新的数据,这时可以在【图表类型】的【设计】选项卡中选择【选择数据】,重新输入数据区域或者添加新的数据系列。如果只需要修改少数几个数据,则可直接在原数据工作表中修改,此时与之对应的图形也会随之变动。

3. 图表格式的修改

对图表的格式进行修改包括各图颜色的设置、字体及其大小的改变、添加边框和模式等。如果需要对每部分的格式设置单独进行修改,通常可以直接用鼠标右键单击需要修改的部分,如图表区、坐标轴、绘图区、图例、轴标题数据系列等,在打开的有关菜单中,进行有关的设置和修改。

4. 图表选项的修改

图表选项的修改包括标题、坐标轴名称、网格线、图例和数据标志等的设置,这时可以在【图表工具】的【布局】选项卡中选择更改。

5. 图表大小的修改

为了使图形的比例满足需要,可以单击图表区域,这时图表边框出现8个操作柄,用鼠标指向某个操作柄,当鼠标指针呈现双箭头时,按住左键不放,拖动到需要的大小时,松开左键。如果选中的是绘图区,也可用同样的方法改变图形大小。

2.4.3　Excel在方差分析中的应用

Excel提供了多种可用于方差分析的工具和内置函数,用它们可以快速、准确地完成

2.3节中介绍的有关方差分析。

2.4.3.1　单因素实验的方差分析

下面举例说明如何利用“分析工具库”中的“单因素方差分析”工具来进行单因素实验的方差分析。

【例2-11】　对于【例2-3】中的实验数据,如图2-17所示,试用Excel的“单因素方差分析”工具来判断污泥浓度对充氧修正系数α是否有显著影响。

【解】　(1)在Excel中将待分析的数据列成表格,如图2-17所示。图中的数据是按行组织的,当然也可以按列来组织。

	A	B	C	D
1	污泥浓度(mg/L)	充氧修正系数α		
2	1.45	0.932	1.007	0.936
3	2.52	0.917	0.985	0.912
4	3.80	0.957	0.889	0.917
5	4.50	0.890	0.904	0.917

图2-17　【例2-11】单因素方差分析数据

(2)在【数据】菜单下选择【数据分析】子菜单,然后选中“方差分析:单因素方差分析”工具,即可弹出“单因素方差分析”对话框,如图2-18所示。

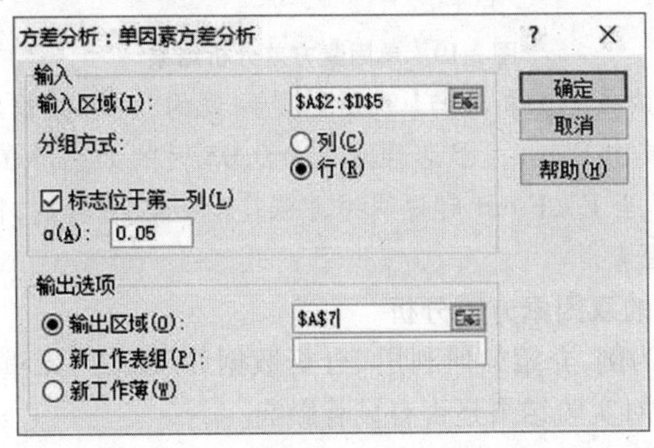

图2-18　单因素方差分析对话框

(3)按图2-18所示的方式填写对话框。

①输入区域:在此输入待分析数据区域的单元格引用。该引用必须由两个或两个以上按列或行组织的相邻数据区域组成,如图2-17所示。

②分组方式:如果需要指出输入区域中的数据是按行还是按列排列的,请单击“行”或“列”。在本例中数据是按行排列的。

③如果输入区域的第一行包含标志项,则选中“标志位于第一行”复选框;如果输入区域没有标志项,则该复选框不用被选中,Microsoft Excel将在输出表中生成适宜的数据标志。本例的输入区域中包含了污泥浓度标志列。

④α(A):此输入计算F检验临界值的置信度,或称显著性水平。

⑤输出区域:在此输入对输出表左上角单元格的引用。本例所选的输出区域为当前工作表的A7单元格。

⑥新工作表组:单击此选项,可在当前工作簿中插入新工作表,并由新工作表的A1单元格开始粘贴计算结果。如果需要给新工作簿命名,请在右侧的编辑框中键入名称。

⑦新工作簿:单击此选项,可创建一新工作簿,并在新工作簿的新工作表中粘贴计算结果。

(4)按要求填完单因素方差分析对话框之后,单击【确定】按钮,即可得到方差分析结果,如图2-19所示。

	A	B	C	D	E	F	G	H
7	方差分析:单因素方差分析							
8								
9	SUMMARY							
10	组	观测数	求和	平均	方差			
11	1.45	3	2.875	0.9583333	0.00178			
12	2.52	3	2.814	0.938	0.001663			
13	3.8	3	2.763	0.921	0.001168			
14	4.5	3	2.711	0.9036667	0.000182			
15								
16								
17	方差分析							
18	差异源	SS	df	MS	F	P-value	F crit	
19	组间	0.0049229	3	0.001641	1.369284	0.320078	4.066181	
20	组内	0.0095873	8	0.0011984				
21								
22	总计	0.0145102	11					

图2-19 单因素方差分析结果

由图2-19所得到的方差分析表与【例2-3】是一致的,两者数据的偏差是由有效数字的保留位数引起的。其中F crit是显著性水平为0.05时的F临界值,也就是从F分布表中查到的$F_{0.05}(3,8)$。当F<F crit时说明污泥浓度对α值有影响,但95%的置信度说明它不是一个显著影响因素。

2.4.3.2 无重复实验的双因素方差分析

下面以【例2-12】为例,介绍如何利用"分析数据库"中的"无重复双因素方差分析"工具,来判断两个因素对实验结果是否有显著影响。

【例2-12】 为了考察pH和混凝剂投加浓度对混凝效果的影响,将pH(A)取了4个不同水平,对混凝剂投加量(B)取了3个不同水平,在不同水平组合下各测了一次出水油度,结果如图2-20所示,试检验两个因素对实验结果有无显著影响。

	A	B	C	D
1	pH	混凝剂投加浓度		
2		B_1	B_2	B_3
3	A_1	3.5	2.3	2
4	A_2	2.6	2	1.9
5	A_3	2	1.5	1.2
6	A_4	1.4	0.8	0.3

图2-20 无重复双因素方差分析数据

【解】 (1)在Excel中将待分析数据列成表格,如图2-20所示。

(2)在【数据】下选择【数据分析】子菜单,然后选择"方差分析:无重复双因素分析",即可弹出无重复双因素方差分析对话框,如图2-21所示。

(3)按图2-21所示的方式填写对话框。在本例中,由于所选的数据区域没有包括标

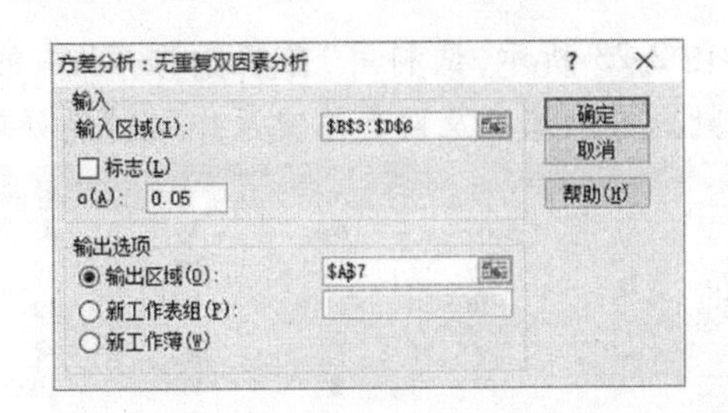

图2-21　无重复双因素分析对话框

志行和列，所以不用选中“标志”复选框，其他的操作与单因素方差分析是相同的。方差分析结果如图2-22所示。

7	方差分析：无重复双因素分析						
8							
9	SUMMAR	观测数	求和	平均	方差		
10	行1	3	7.8	2.6	0.63		
11	行2	3	6.5	2.166667	0.143333		
12	行3	3	4.7	1.566667	0.163333		
13	行4	3	2.5	0.833333	0.303333		
14							
15	列1	4	9.5	2.375	0.8025		
16	列2	4	6.6	1.65	0.43		
17	列3	4	5.4	1.35	0.616667		
18							
19	方差分析						
20	差异源	SS	df	MS	F	P-value	F crit
21	行	5.289167	3	1.763056	40.94839	0.000217	4.757063
22	列	2.221667	2	1.110833	25.8	0.00113	5.143253
23	误差	0.258333	6	0.043056			
24							
25	总计	7.769167	11				

图2-22　无重复双因素方差分析结果

由于输入区域未包含标志，所以在方差分析表中分别用“行”和“列”代表对应的因素，其中“行”代表的是pH，“列”代表的是混凝剂投加量，显然两因素都对分析结果有显著影响。

2.4.3.3　可重复实验的双因素方差分析

双因素无重复实验假设两因素是相互独立的。但是在双因素实验中，有时还存在着两个因素对实验结果的联合影响，这种联合影响称作交互作用。例如，当因素A的数值或水平发生变化时，实验指标随因素B的变化规律也发生变化，反之，当因素B的数值或水平发生变化时，实验指标随因素A的变化规律也发生变化，则称因素A、B间有交互作用，记为A×B。如果要检验交互作用对实验指标的影响是否显著，则要求在两个因素的每一个组合(A_i,B_j)上至少做2次实验。

下面以【例2-13】为例，介绍如何利用“分析工具库”中的“可重复双因素方差分析”工具来判断两个因素以及两者的相互作用对实验结果是否有显著影响。

【例2-13】　为了考察pH和混凝剂投加量及两者的交互作用对混凝效果的影响，对pH(A)取了4个不同水平，对混凝剂投加浓度(B)取了3个不同水平，在不同水平组合下各做了 2 次实验，结果如图 2-23 所示，试利用“分析数据库”中的“可重复双因素方差分析”工具来判断 pH 和混凝剂投加浓度及两者的交互作用对混凝效果是否有显著影响。

	A	B	C	D	E
1		A_1	A_2	A_3	A_4
2	B_1	14	11	13	10
3		10	11	9	12
4	B_2	9	10	7	6
5		7	8	11	10
6	B_3	5	13	12	14
7		11	14	13	10

图 2-23　可重复双因素方差分析数据

【解】 (1)在 Excel 中将待分析的数据列成表格，如图 2-23 所示。

(2)在【数据】菜单下选择【数据分析】子菜单，然后选中“方差分析：可重复双因素分析”即可弹出可重复双因素方差分析对话框，如图 2-24 所示。

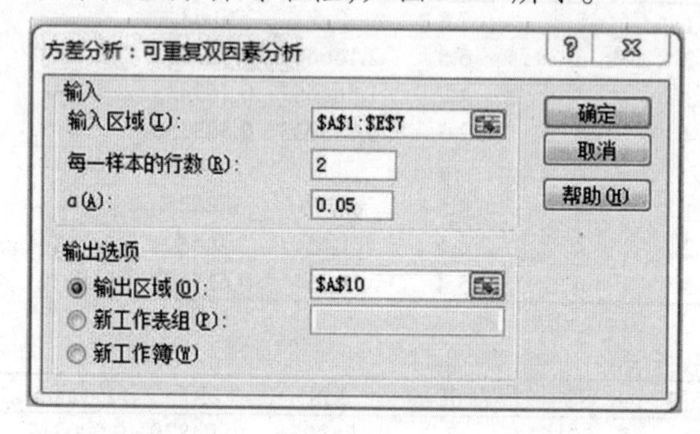

图 2-24　可重复双因素分析对话框

按图 2-24 所示的方式填写对话框。值得注意的是，这里输入的区域一定要包括标志在内。其中“每一样本的行数”可以理解为每个组合水平上重复实验的次数，所以对于本例而言，应填入“2”。其他的操作与单因素方差分析和无重复双因素方差分析是相同的。方差分析结果如图 2-25 所示。

在图 2-25 所示的方差分析表中，“样本”代表的是混凝剂投加浓度，“列”代表的是 pH，“交互”表示的是两因素的交互作用，“内部”表示的是误差。显然只有混凝剂投加浓度对混凝效果有显著影响。

2.4.4　Excel 在回归分析中的应用

Excel 提供了众多的回归分析手段，如分析工具库、规划求解、图表功能和内置函数都能用于回归分析。

2.4.4.1　图表法

图表法只能解决一元回归问题，不能解决多元回归问题。下面通过例子来说明 Excel 的图表功能在回归分析中的应用。

【例 2-14】 对【例 2-7】中实验数据(见图 2-26)，试利用 Excel 的图表法对其进行回归分析。

【解】 (1)在 Excel 中将待分析的数据列成表格，并对原始数据进行转换，如图 2-26

10	方差分析：可重复双因素分析						
11							
12	SUMMARY	A1	A2	A3	A4	总计	
13	B1						
14	观测数	2	2	2	2	8	
15	求和	24	22	22	22	90	
16	平均	12	11	11	11	11.25	
17	方差	8	0	8	2	2.785714	
18							
19	B2						
20	观测数	2	2	2	2	8	
21	求和	16	18	18	16	68	
22	平均	8	9	9	8	8.5	
23	方差	2	2	8	8	3.142857	
24							
25	B3						
26	观测数	2	2	2	2	8	
27	求和	16	27	25	24	92	
28	平均	8	13.5	12.5	12	11.5	
29	方差	18	0.5	0.5	8	8.857143	
30							
31	总计						
32	观测数	6	6	6	6		
33	求和	56	67	65	62		
34	平均	9.333333	11.16667	10.83333	10.33333		
35	方差	9.866667	4.566667	5.766667	7.066667		
36							
37	方差分析						
38	差异源	SS	df	MS	F	P-value	F crit
39	样本	44.33333	2	22.16667	4.092308	0.044153	3.8852938
40	列	11.5	3	3.833333	0.707692	0.565693	3.4902948
41	交互	27	6	4.5	0.830769	0.568369	2.9961204
42	内部	65	12	5.416667			
43	总计	147.83333	23				

图2-25 可重复双因素方差分析结果

所示，只需在B3单元格输入公式“=B2/(10*3)”，单击回车键后得到0.015，之后选中单元格B3，拖动填充柄(╋)至H3，即可得到$\Delta X/(VX)$的系列数据。

	A	B	C	D	E	F	G	H
1	N_S (kg/(kg·d))	0.20	0.21	0.25	0.30	0.35	0.40	0.50
2	ΔX (kg/d)	0.45	0.61	1.50	2.40	3.15	3.90	6.00
3	ΔX/(V·X)	0.015	0.020	0.050	0.080	0.105	0.130	0.200

图2-26 【例2-14】数据表

(2)选中你要绘图的数据，点击【插入】选项卡中的散点图，选择仅带数据标记的“散点图”，通过调整即可生成如图2-27所示的散点图。

(3)选中工作表中的散点图，点击右键选择【添加趋势线】，即可弹出【设置趋势线格式】对话框，如图2 28所示。

(4)在【趋势线选项】的“趋势预测/回归分析类型”中，有“指数”“线性”“对数”“多项式”“幂”和“移动平均”共6个选项。通过观察上述散点图可知，$\Delta X/(VX)$与N_S之间呈明显的线性关系，于是选择“线性”。

(5)在【趋势预测】的“选项”对话框中，选择“显示公式”和“显示R平方值”复选框。

(6)单击【确定】之后，即可得到如图2-29所示的图形。在图2-29中显示了趋势线、回归方程和R^2。

由图2-29可知，回归方程为$\Delta X/(VX)=0.602\ 3N_S-0.104\ 4$，$R^2=0.996\ 6$，即相关系

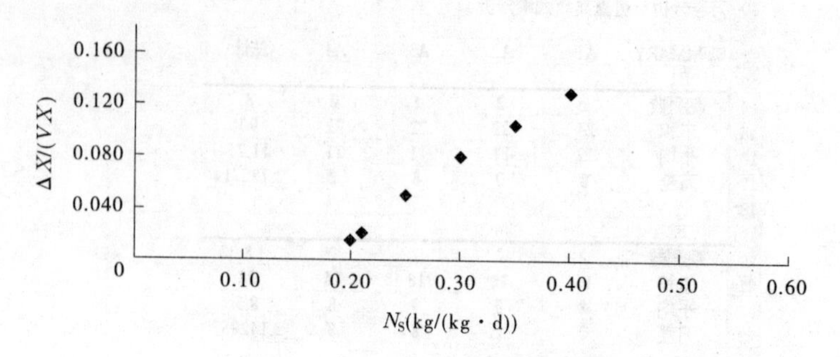

图 2-27　$\Delta X/(VX)$—N_S 的散点图

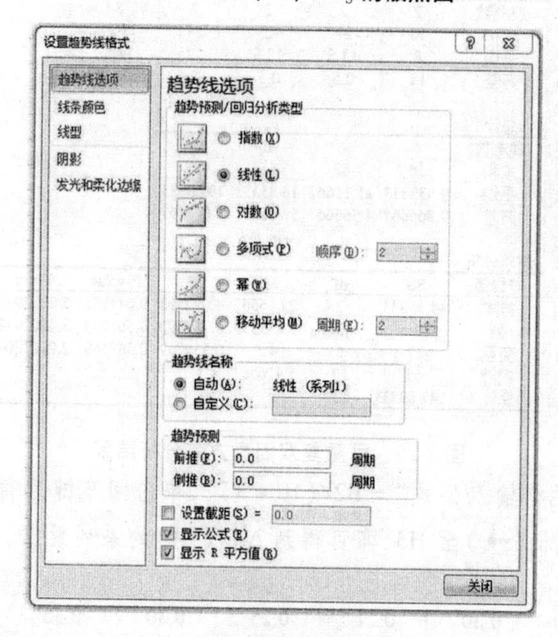

图 2-28　设置趋势线格式对话框

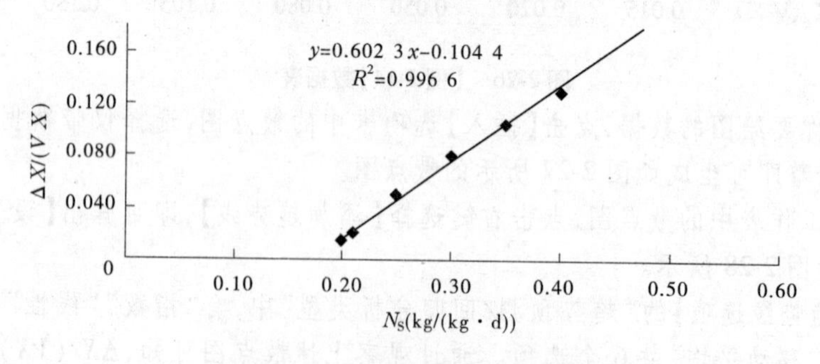

图 2-29　一元线性回归分析结果

数 R 为 0.998，回归方程与【例 2-7】完全吻合，回归系数的偏差是由有效数字引起。

2.4.4.2　分析工具库在回归分析中的应用

Excel“分析工具库”提供了“回归分析”工具，此工具通过对一组数据使用“最小二乘法”直线拟合，进行一元和多元线性回归分析。由于非线性回归都能转变成线性回归，所以该工具也能处理非线性问题。

对于【例2-14】除了可以用上述Excel的图表法进行回归分析，还可以用分析数据库进行分析。下面我们就利用Excel的分析数据库对【例2-14】的数据进行回归分析。

【例2-15】 对【例2-7】中实验数据(见图2-30)，试利用Excel的"分析数据库"提供的"回归分析"工具，找出回归方程，并检验其显著性。

	A	B	C
1	N_S (kg/(kg·d))	ΔX (kg/d)	ΔX/(V X)
2	0.20	0.45	0.015
3	0.21	0.61	0.020
4	0.25	1.50	0.050
5	0.30	2.40	0.080
6	0.35	3.15	0.105
7	0.40	3.90	0.130
8	0.50	6.00	0.200

图2-30 【例2-15】回归分析数据表

【解】 (1)在Excel中将待分析的数据列成表格，并对原始数据进行转换，如图2-30所示。注意利用分析数据库进行回归分析时X值和Y值的输入区域必须是列，不能是行。画出散点图(见图2-27)，通过观察散点图可知，$\Delta X/(VX)$与N_S之间呈明显的线性关系。

(2)在【数据】菜单下选择【数据分析】子菜单，然后选中"回归"选项，单击【确定】之后，则弹出"回归"对话框，如图2-31所示。

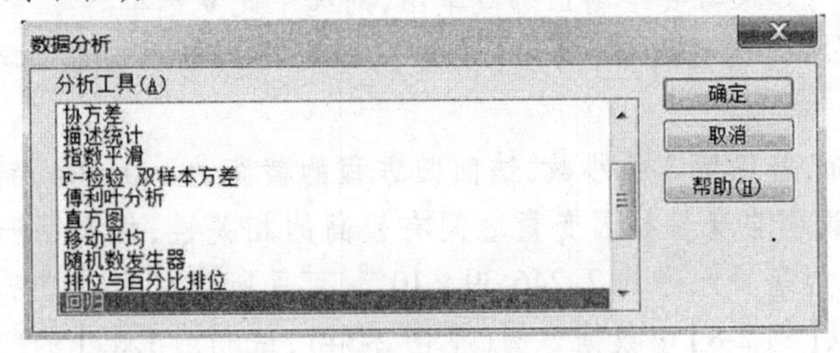

图2-31 数据分析对话框

(3)填写"回归"对话框，如图2-32所示，该对话框的内容较多，可以根据需要选择相关项目。

在"Y值输入区域"内输入对因变量数据区域的引用，该区域必须由单列数据组成，如本例中"$\Delta X/(V\cdot X)$"；在"X值输入区域"输入对自变量数据区域的引用，如本例中"N_S"。

"标志"：如果输入区域的第一行中包含标志项，请选中此复选框。本例的输入区域不包括标志项，所以此项未选，Excel将在输出表中生成适宜的数据标志。

"置信度"：如果需要在汇总输出表中包含附加的置信度信息，请选中此复选框，然后在右侧的编辑框中，输入所要使用的置信度，如果为95%，则可省略。

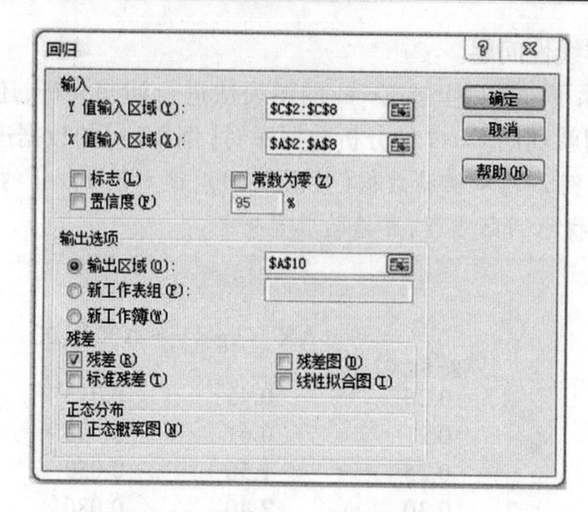

图 2-32　【例 2-15】回归对话框

"常数为零":如果要强制回归线通过原点,则选中此复选框。

"输出区域":在此输入对输出表左上角单元格的引用。汇总输出表至少需要七列的宽度,包含的内容有方差分析表、回归系数、因变量估算值的标准误差、R^2值、观察值个数以及系数的标准误差等。

"新工作表组":单击此选项,可在当前工作簿中插入新工作表,并由新工作表的 A1 单元格开始粘贴计算结果。如果需要给新工作表命名,则在右侧的编辑框中键入名称。

"残差":如果需要以残差输出表的形式查看残差,则选中此复选框。

"标准残差":如果需要在残差输出表中包含标准残差,则选中此复选框。

"线性拟合图":如果需要为预测值和观察值生成一个图表,则选中此复选框。

"正态概率图":如果需要绘制正态概率图,则选中此复选框。

(4)填好"回归"对话框之后,点击【确定】,即可得到回归分析的结果,如图 2-33 所示。

由图 2-33 可知,若保留 3 位小数,该回归方程的截距为 −0.104,斜率为 0.602;相关系数为 0.998 31,说明自变量和因变量之间有较高的相关性;根据回归分析的结果,F = 1 477.3,其中 F 的显著性水平为 $2.246\ 39 \times 10^{-7}$,可见所建立的回归方程非常显著。

【例 2-16】　以【例 2-8】中数据为例(见图 2-34),试利用 Excel 的"分析数据库"提供的"回归分析"工具,找出回归方程。

【解】　(1)在 Excel 中将待分析的数据列成表格(见图 2-34),并作散点图(见图 2-35),由散点图可见,COD 和 α 间是一种非线性关系。α 值随着 COD 的增加急剧减小,而后逐渐减小,曲线类型与双曲线、幂函数、指数函数类似。下面以幂函数为例进行回归分析,假设 $y = dx^b$,令 $y' = \lg y$, $x' = \lg x$, $a = \lg d$。

(2)对原始数据进行转换,如图 2-34 所示,只需在 D2 单元格输入公式"=LOG10(B2)",回车后得到 2.318,之后选中单元格 D2,拖动填充柄(╋)至 D12,即可得到 lg$x$ 的系列数据。lg$y$ 的求解与 lg$x$ 的过程完全一样。

(3)在【数据】菜单下选择【数据分析】子菜单,然后选中"回归"选项,弹出"回归"对话框,如图 2-36 所示,该对话框的内容较多,根据需要选择相关项目。

	A	B	C	D	E	F	G	H	I
12	回归统计								
13	Multiple R	0.99831201							
14	R Square	0.99662687							
15	Adjusted R Square	0.995952244							
16	标准误差	0.004186316							
17	观测值	7							
18									
19	方差分析								
20		df	SS	MS	F	Significance F			
21	回归分析	1	0.02589	0.02589	1477.303	2.24639E-07			
22	残差	5	8.76E-05	1.75E-05					
23	总计	6	0.025978						
24									
25		Coefficients	标准误差	t Stat	P-value	Lower 95%	Upper 95%	下限 95.0%	上限 95.0%
26	Intercept	-0.104389178	0.005194	-20.0976	5.64E-06	-0.117741096	-0.091037	-0.1177411	-0.091037
27	X Variable 1	0.602288497	0.01567	38.4357	2.25E-07	0.562007404	0.6425696	0.5620074	0.6425696
28									
29									
30									
31	RESIDUAL OUTPUT								
32									
33	观测值	预测 Y	残差						
34	1	0.016068521	-0.00107						
35	2	0.022091406	-0.00176						
36	3	0.046182946	0.003817						
37	4	0.076297371	0.003703						
38	5	0.106411796	-0.00141						
39	6	0.136526221	-0.00653						
40	7	0.196755071	0.003245						

图 2-33　【例 2-15】回归分析结果

	A	B	C	D	E
1	序号	x=COD	y=α	x'=lgx	y'=lgy
2	1	208.0	0.698	2.318	-0.156
3	2	58.4	1.178	1.766	0.071
4	3	288.3	0.667	2.460	-0.176
5	4	249.5	0.593	2.397	-0.227
6	5	90.4	1.003	1.956	0.001
7	6	288.0	0.565	2.459	-0.248
8	7	68.0	0.752	1.833	-0.124
9	8	136.0	0.847	2.134	-0.072
10	9	293.5	0.593	2.468	-0.227
11	10	66.0	0.791	1.820	-0.102
12	11	136.5	0.865	2.135	-0.063

图 2-34　【例 2-16】回归分析数据

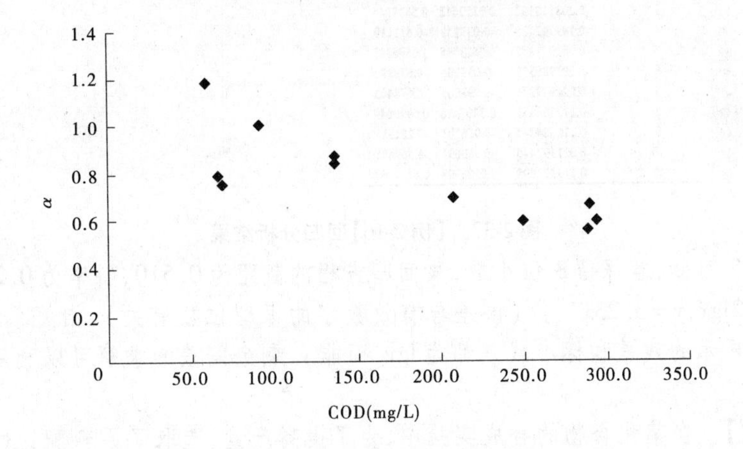

图 2-35　【例 2-16】散点图

(4)填好“回归”对话框之后,点击【确定】,即可得到回归分析的结果,如图 2-37 所示。

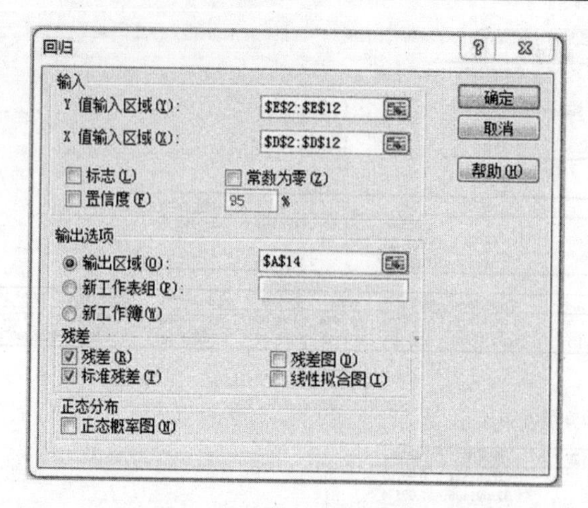

图 2-36　【例 2-16】回归对话框

	A	B	C	D	E	F	G	H	I
14	SUMMARY OUTPUT								
15									
16	回归统计								
17	Multiple R	0.810090822							
18	R Square	0.65624714							
19	Adjusted R Square	0.618052378							
20	标准误差	0.062052605							
21	观测值	11							
22									
23	方差分析								
24		df	SS	MS	F	Significance F			
25	回归分析	1	0.0661582	0.0661582	17.1816	0.002502678			
26	残差	9	0.0346547	0.0038505					
27	总计	10	0.1008129						
28									
29		Coefficients	标准误差	t Stat	P-value	Lower 95%	Upper 95%	下限 95.0%	上限 95.0%
30	Intercept	0.509995315	0.1531801	3.329384	0.0088077	0.16347789	0.8565127	0.1634779	0.8565127
31	X Variable 1	-0.291934561	0.0704294	-4.145069	0.0025027	-0.45125683	-0.132612	-0.451257	-0.132612
32									
33	RESIDUAL OUTPUT								
34	观测值	预测 Y	残差	标准残差					
35	1	-0.166727488	0.0105829	0.1797728					
36	2	-0.005681645	0.0768269	1.3050653					
37	3	-0.208118352	0.0322442	0.5477346					
38	4	-0.189792425	-0.037153	-0.631119					
39	5	-0.061077858	0.0623788	1.0596335					
40	6	-0.207986353	-0.039965	-0.678892					
41	7	-0.024977371	-0.098805	-1.678405					
42	8	-0.112858431	0.0407418	0.6920849					
43	9	-0.210384775	-0.016561	-0.281315					
44	10	-0.021192446	-0.080631	-1.369686					
45	11	-0.113323699	0.0503398	0.8551263					

图 2-37　【例 2-16】回归分析结果

由图 2-37 可知，若保留 3 位小数，该回归方程的截距为 0.510，斜率为 0.292，即 $\lg y = 0.510 - 0.292\lg x$，$y = 3.23x^{-0.292}$（误差与有效数字的保留位数有关），相关系数为 0.810。图 2-37 中所显示的残差和标准残差都为 $\lg y$，而非 y，剩余偏差的求解可以利用 Excel 的公式功能。

【例 2-17】　在某化合物的合成实验中，为了提高产量，选取了原料配比(x_1)、溶剂量(x_2)和反应时间(x_3)三个因素，实验结果如下，试用线性回归模型 $y = a + b_1x_1 + b_2x_2 + b_3x_3$ 拟合实验数据。

【解】　(1)在 Excel 中将待分析的数据列成表格(见图 2-38)。

(2)在【数据】菜单下选择【数据分析】子菜单，然后选中“回归”选项，填写“回归”对

	A	B	C	D	E
1	实验号	配比 (x_1)	溶剂量 (x_2)	反应时间 (x_3)	回收率 (y)
2	1	1.0	13	1.5	0.330
3	2	1.4	19	3.0	0.336
4	3	1.8	25	1.0	0.294
5	4	2.2	10	2.5	0.476
6	5	2.6	16	0.5	0.209
7	6	3.0	22	2.0	0.451
8	7	3.4	28	3.5	0.482

图 2-38　【例 2-17】回归分析数据表

话框，如图 2-39 所示，该对话框的内容较多，根据需要选择相关项目。

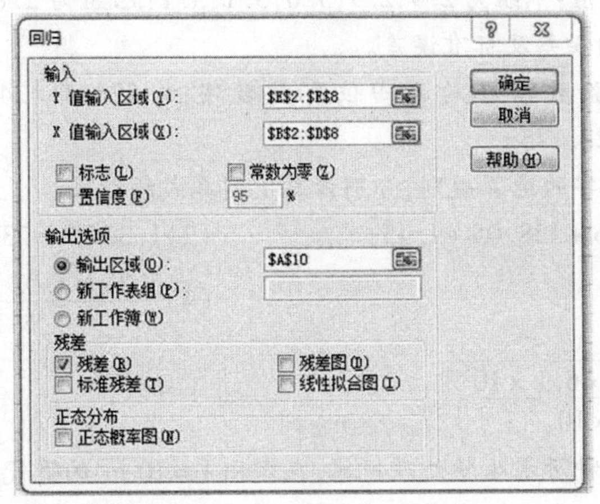

图 2-39　【例 2-17】回归对话框

（3）填好“回归”对话框之后，点击【确定】，即可得到回归分析的结果，如图 2-40 所示。

10	SUMMARY OUTPUT								
11									
12	回归统计								
13	Multiple R	0.845461319							
14	R Square	0.714804842							
15	Adjusted R Square	0.429609684							
16	标准误差	0.078470946							
17	观测值	7							
18									
19	方差分析								
20		df	SS	MS	F	Significance F			
21	回归分析	3	0.0463	0.015433	2.506371	0.23516479			
22	残差	3	0.018473	0.006158					
23	总计	6	0.064773						
24									
25		Coefficients	标准误差	t Stat	P-value	Lower 95%	Upper 95%	下限 95.0%	上限 95.0%
26	Intercept	0.1969421	0.110832	1.776943	0.17365	-0.155774671	0.54965887	-0.155774671	0.54965887
27	X Variable 1	0.045462662	0.043293	1.050112	0.370796	-0.092315458	0.18324078	-0.092315458	0.183240782
28	X Variable 2	-0.003771645	0.005772	-0.65339	0.560116	-0.022142061	0.01459877	-0.022142061	0.014598771
29	X Variable 3	0.071493506	0.030978	2.307876	0.104233	-0.027092491	0.1700795	-0.027092491	0.170079504
30									
31	ESIDUAL OUTPUT								
32									
33	观测值	预测 Y	残差						
34	1	0.300613636	0.029386						
35	2	0.403409091	-0.06741						
36	3	0.255977273	0.038023						
37	4	0.437977273	0.038023						
38	5	0.290545455	-0.08155						
39	6	0.393340909	0.057659						
40	7	0.496136364	-0.01414						

图 2-40　【例 2-17】回归分析结果

由图2-40可知，若保留3位有效数字，该方程为 $y = 0.197 + 0.045\,5x_1 - 0.003\,77x_2 + 0.071\,5x_3$，相关系数为0.845。

习 题

2-1 已知某样品质量的称量结果为(65.3 ±0.2) g，试求最大相对误差。

2-2 若滴定管的读数最大绝对误差为0.02 mL，滴定时用去标准溶液20.00 mL，则最大相对误差是(　　)

A. 0.2%　　B. 0.01%　　C. 1.0%　　D. 0.1%

2-3 有两组实验值：甲组为2.9，2.9，3.0，3.1，3.1；乙组为2.8，3.0，3.0，3.0，3.2。求各组的平均值、平均误差及标准误差。

2-4 将下列实验数据修约为四位有效数字：1.528 41、24.126 7、582.051 7、1 581.508、1 580.50、28.175。

2-5 根据有效数字的运算规则，分别计算下列算式的结果：

(1) $732.1 + 11.26 + 328.05 + 1.45$；　　(2) $1.304\,8 \times 236$；

(3) $245 \div 12$；　　(4) $\dfrac{3.25 \times 5.02 \times (10.50 - 0.10)}{5.15 \times 10^2}$；

(5) $\sqrt{\dfrac{1.5 \times 10^{-8} \times 6.1 \times 10^{-8}}{3.3 \times 10^{-6}}}$。

2-6 为了摸索某种污水生物处理规律，在容积 $V = 10\ m^3$ 的曝气池内进行完全混合式生物处理，运行稳定后，测定每天进水流量、进出水水质，曝气池内污泥浓度。连续测定10天左右，而后改变进水流量，待运行稳定后，重复上述测定。实验数据见表2-30。第一工况实验数据如下：

(1) 某天测定数据(见表2-30)。

表2-30　某天测定数据

项目	序号											
	1	2	3	4	5	6	7	8	9	10	11	12
进水流量 $Q(m^3/h)$	0.32	0.33	0.31	0.32	0.33	0.34	0.31	0.32	0.33	0.32	0.31	0.32
污泥浓度 x(mg/L)		2 988		3 105		2 765		2 826		3 060		3 128
进水水质 S_0(mg/L)		598		620		525		632		610		580
出水水质 S_e(mg/L)		14		13		14		16		10		11

(2) 连续10天测定数据的均值(见表2-31)。

①试分析某天得到的数据中有无异常值(见表2-30)，使用 3σ 法则和肖维涅准则判断。

②试分析连续10天得到均值中有无异常值(见表2-31)，使用Grubbs检验法，给定显著性水平 $\alpha = 0.05$。

表2-31　连续10天得到的均值

项目	序号									
	1	2	3	4	5	6	7	8	9	10
进水流量 $Q(m^3/h)$	0.32	0.33	0.30	0.34	0.31	0.33	0.33	0.29	0.33	0.32
污泥浓度 x(mg/L)	2 979	3 308	2 765	3 506	2 748	2 639	3 108	2 672	2 960	3 215
进水水质 S_0(mg/L)	594	618	627	640	570	565	604	582	590	615
出水水质 S_e(mg/L)	13	16	15	20	17	21	17	14	21	18

2-7　某生物处理数据如表2-32所示，利用方差分析法，试在显著性水平 $\alpha=0.01$ 下，判断污泥负荷对出水水质有无显著影响。

表2-32　测试数据

污泥负荷	序号						
	1	2	3	4	5	6	7
	出水水质						
0.15	11.9	12.0	12.3	12.1	11.8	11.9	12.3
0.25	16.3	16.2	15.7	15.8	16.4	16.3	16.0
0.35	21.5	21.2	21.7	22.0	21.0	21.9	22.0

2-8　利用第1章习题中的第7题数据，进行正交实验方差分析，判断各影响因素对实验结果影响的显著性（$\alpha=0.05$）。

2-9　利用第1章习题中的第8题数据，进行正交实验方差分析，判断各影响因素对实验结果影响的显著性（$\alpha=0.05$）。

2-10　利用第1章习题中的第9题，若重复一次后出水浊度依次为0.76、0.72、0.83、0.91、0.50、0.60、0.67、0.80、0.40，试利用两组测定结果进行有重复实验的正交方差分析（$\alpha=0.01$）。

2-11　为了探索某种污水生物处理规律，测定实验数据见表2-33。利用回归分析法，试建立出水水质 S_e 对污泥负荷 N_S 的回归方程，并在显著性水平 $\alpha=0.01$ 下检验所得回归方程的显著性。

表2-33　实验数据

项目	序号						
	1	2	3	4	5	6	7
污泥负荷 N_S (kg/(kg·d))	0.15	0.20	0.25	0.30	0.35	0.40	0.50
出水水质 S_e(mg/L)	17.2	24.8	30.5	35.4	42.1	48.0	62.0

2-12　为了探索生物脱氮的规律，进行了普通曝气、缺氧—好氧（A/O）、厌氧—缺

氧—好氧(A^2/O)三种流程实验。污泥负荷与出水中硝酸盐氮浓度的实验数据见表2-34～表2-36。

表2-34　普通曝气法流程的实验数据表

污泥负荷 N_S(kg/(kg·d))	0.17	0.25	0.37	0.45	0.55	0.65	0.75	0.85	1.05	1.30	1.48
出水中硝酸盐氮浓度 $NO_3^- - N$(mg/L)	9.68	22.90	12.70	13.72	9.22	16.24	5.77	15.19	4.53	0.99	1.33

表2-35　缺氧—好氧(A/O)流程的实验数据表

污泥负荷 N_S(kg/(kg·d))	0.17	0.22	0.27	0.32	0.37	0.42	0.47	0.52	0.57	0.72	0.82	0.95	1.20
出水中硝酸盐氮浓度 $NO_3^- - N$(mg/L)	12.43	7.62	6.89	9.66	11.21	8.67	3.68	2.47	4.82	3.20	1.70	1.28	1.62

表2-36　厌氧—缺氧—好氧(A^2/O)流程的实验数据表

污泥负荷 N_S(kg/(kg·d))	0.18	0.22	0.28	0.32	0.38	0.58	0.58
出水中硝酸盐氮浓度 $NO_3^- - N$(mg/L)	9.48	5.35	5.06	6.19	6.61	3.75	2.80

利用上述实验数据，对三种流程实验分别进行回归分析，试建立出水硝酸盐氮浓度对污泥负荷的回归方程，并在显著性水平 $\alpha=0.05$ 和 $\alpha=0.01$ 条件下，检验所得回归方程的显著性。

第 3 章　基础性实验

3.1　混凝沉淀实验

混凝沉淀实验是给水处理的基础实验之一,被广泛地用于科研、教学和生产中。通过混凝沉淀实验,不仅可以选择投加药剂的种类和数量,还可以确定混凝的最佳条件。

3.1.1　实验目的

(1) 观察混凝现象,加深对混凝机制的理解,了解混凝效果的影响因素。

(2) 通过实验,学会确定一般水体最佳混凝条件的基本方法,包括投药量,pH 和速度梯度。

3.1.2　实验原理

化学混凝法通常用来去除废水中的胶体污染物和细微悬浮物。所谓化学混凝,是指在废水中投加化学药剂来破坏胶体及细微悬浮物颗粒在水中形成的稳定分散体系,使其聚集为具有明显沉降性能的絮凝体,然后再用重力沉降、过滤、气浮等方法予以分离的单元过程。这一过程包括凝聚和絮凝两个步骤,二者统称为混凝。具体地说,凝聚是指在化学药剂作用下使胶体和细微悬浮物脱稳,并在布朗运动作用下,聚集为微絮粒的过程,而絮凝则是指絮粒在水流紊动作用下,成为絮凝体的过程。

影响混凝效果的因素有水温、pH、混凝剂种类、加药量以及搅拌速度和时间等。由于上述诸多影响因素的错综复杂,所以混凝过程的优化工艺条件通常要用混凝实验来确定。

根据混凝过程的 GT 值要求,在药剂与废水的混合阶段,对搅拌速度和搅拌时间的要求是高速短时,而在反应阶段,则要求低速长时。一般水处理中,混合阶段的 G 值为700~1 000 s^{-1},混合时间为 10~20 s,一般不超过 2 min,在絮凝阶段,平均 G 值为 20~70 s^{-1},停留时间一般为 5~20 min,絮凝 G 值应逐时递减。

3.1.3　实验设备与用品

(1)六联搅拌器,如图 3-1 所示;

(2)酸度计;

(3)浊度仪;

(4)1 000 mL 量筒;

(5)10 L 水桶;

(6)1 mL、2 mL、5 mL 移液管;

(7)电子天平;

(8)1 000 mL 烧杯;

(9)10%盐酸 100 mL;

(10)10%氢氧化钠 100 mL;

(11)混凝剂溶液。

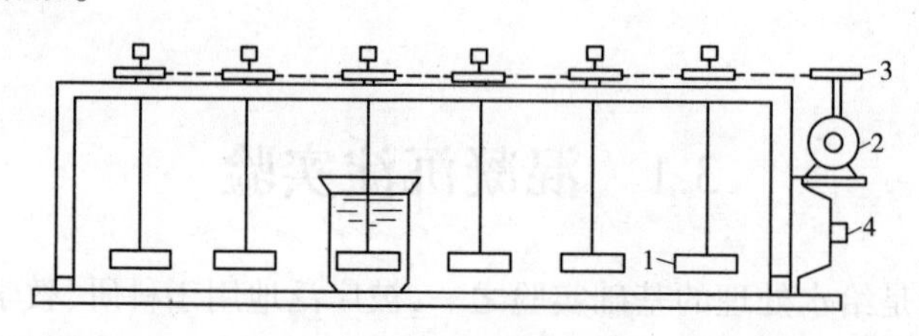

1—搅拌叶片; 2—变速电动机; 3—传动装置; 4—控制装置

图 3-1　六联搅拌器示意图

3.1.4　实验步骤及记录

(1)配制所需水样。

(2)熟悉搅拌器的操作:认真阅读混凝实验搅拌器使用说明书,设定合适的运行程序,并记录运行程序参数。

(3)测定水样的温度、浊度和 pH。如果有条件,可测定其 ζ 电位和胶体颗粒数目。

(4)确定水样中能形成矾花的近似最小混凝剂量。方法:取 200 mL 于一烧杯中,慢慢地搅动烧杯中的水样,并且每次增加 0.5 mL 的混凝剂投加量,直至出现矾花。

(5)确定最佳混凝剂投量。

①向 6 个 1 000 mL 烧杯各注入 1 L 水样,同时向 6 个烧杯中投加混凝剂,使它们的浓度变化接近最小混凝剂投量的 25%~200%;亦可以根据原水的浊度,参考经验数据。

②按设定的程序开启搅拌器,注意观察、记录各烧杯中出现矾花的时间、矾花大小及松散密实程度。如矾花过细或分不清,可用“雾状”“密实”“松散”或“无矾花”等作适当的描述。

③搅拌结束后,静置沉淀 20 min,注意矾花的沉淀情况,注意观察、记录各烧杯矾花沉降情况。

④到达沉淀时间后,同时取出各烧杯中的上清液(澄清的水样),测定其剩余浊度,确定最佳投药量。

(6)确定最佳 pH。

①向 6 个 1 000 mL 烧杯各注入 1 L 混合均匀的水样;调整各烧杯的 pH,使 pH 的变化范围为 4~10。

②向 6 个烧杯中投加相同的混凝剂量(投加量为上一步骤确定的最佳混凝剂量),按预定程序启动搅拌器,并注意观察、记录各烧杯中出现矾花的时间、矾花大小及松散密实程度。如矾花过细或分不清,可用“雾状”“密实”“松散”或“无矾花”等作适当的描述。

③反应搅拌结束后,静止沉淀 20 min,注意观察记录矾花的沉降情况。

④到达沉淀时间后,同时取出各烧杯中的上清液(澄清水样),测定水样的 pH 及剩余浊度。

(7) 如果由一组实验的结果得不出最佳的 pH 及混凝剂用量的结论,则应根据实验结果的分析,对混凝剂用量或 pH 的变化方向作一判断,从而变大或缩小投药量范围,调整 pH,进行另一组混凝实验。

3.1.5　实验数据与整理

表 3-1　程序参数

时段	运行时间	转速(r/min)	温度(℃)	$G(s^{-1})$	GT 值
1					
2					
3					
4					
⋮					

表 3-2　实验现象观察记录

水样编号	形成矾花的时间(min)	矾花大小及松散密实程度排序
1		
2		
3		
4		
5		
6		

表 3-3　混凝剂投药量与剩余浊度的关系

混凝剂名称:　　混凝剂浓度:　　原水浊度:
原水水温:　　原水 pH:

水样编号		1	2	3	4	5	6
加药量	(mL)						
	(mg/L)						
剩余浊度							

表 3-4　pH 与剩余浊度之间的关系

混凝剂名称:　　混凝剂浓度:　　原水浊度:
原水水温:　　原水 pH:

水样编号	1	2	3	4	5	6
pH						
剩余浊度						

3.1.6 实验结果分析与讨论

(1) 判断实验条件下混合阶段(凝聚)G 值和絮凝过程的 GT 值是否符合要求。

(2) 以混凝剂投药量为横坐标、沉淀上清液的剩余浊度为纵坐标,在坐标纸上按比例绘出剩余浊度与投药量的关系曲线,并从图上求出最佳混凝剂投加量。

(3) 以 pH 为横坐标,沉淀上清液的剩余浊度为纵坐标,绘制剩余浊度与 pH 的关系曲线,并从图中求出对应混凝剂投加量的最佳 pH 及其范围。

(4) 分别讨论本实验过程及方法设计中是否有需要加以改进之处,提出改进意见。

【思考题】

(1) 根据实验结果以及实验中所观察到的现象,简述影响混凝的几个主要因素。

(2) 解释说明为什么混凝剂投加量大时,混凝效果不一定好。

(3) 如果实验中要求同时考察混凝剂投加量和最佳 pH 的变化(双因素)对混凝效果的影响,应如何设计此实验?

3.2 沉淀实验

3.2.1 颗粒自由沉淀实验

颗粒自由沉淀实验是研究浓度较小时的单颗粒的沉淀规律。一般是通过沉淀柱静沉实验,获取颗粒沉淀曲线。它不仅具有理论指导意义,而且也是水质工程中沉砂池设计的主要依据。

3.2.1.1 实验目的

(1) 加深对自由沉淀特点及沉淀规律的认识和理解。

(2) 学会沉淀曲线的绘制方法,能够根据沉淀曲线,计算给定沉速下的沉淀效率。

3.2.1.2 实验原理

当水中悬浮固体浓度不高,而且不具有凝聚性能时,在沉淀过程中,固体颗粒不改变形状、尺寸,也不相互黏结,各自独立地完成沉淀的过程,称作自由沉淀,其沉速在层流区符合 Stokes 公式。但由于水中颗粒的复杂性,颗粒粒径、颗粒比重很难或无法准确地测定,因而沉淀效果、特性无法通过 Stokes 公式求得,而要通过静沉实验确定。

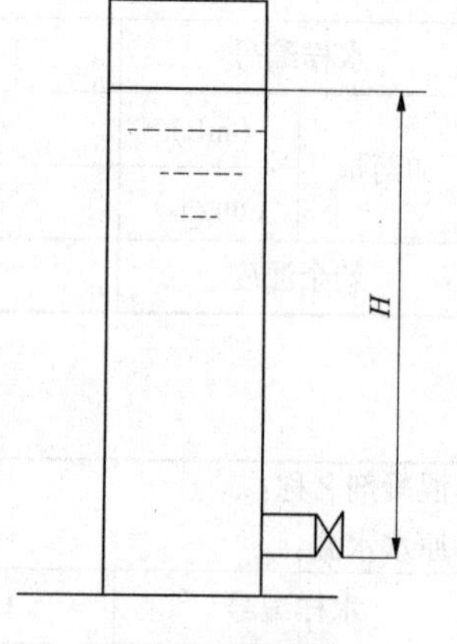

图 3-2 沉淀柱

由于自由沉淀时颗粒是等速下沉的,下沉速度与沉淀高度无关,因而自由沉淀可在一般沉淀柱内进行,但其直径应足够大,一般应使 $D \geq 100$ mm,以免颗粒沉淀受柱壁干扰。

设在一水深为 H 的沉淀柱内进行沉淀实验,如图 3-2 所示。实验开始,沉淀时间为 0,此时沉淀柱内悬浮物分布是均匀的,即每个断面上颗粒的数量与粒径的组成相同,悬浮物浓度为 C_0,此时去除率 $\eta = 0$。

实验开始后,不同沉淀时间 t_i,颗粒的最小沉速 u_i 相应为

$$u_i = \frac{H}{t_i} \tag{3-1}$$

此即为 t_i时间内从水面下沉到池底(此处为取样点)的最小颗粒 d_i所具有的沉速。此时取样点处水样悬浮物浓度为 C_i,而

$$\frac{C_0 - C_i}{C_0} = 1 - \frac{C_i}{C_0} = 1 - P = \eta_0 \tag{3-2}$$

此时的去除率 η_0表示沉速 $u \geqslant u_i$(粒径 $d \geqslant d_i$)的颗粒的去除率。

实际上在沉淀时间 t_i内,由水中沉至柱底的颗粒是由两部分组成的。一部分为沉速 $u \geqslant u_i$的颗粒,这部分颗粒能全部沉至柱底,另一部分为沉速 $u<u_i$的颗粒,也有部分能沉至柱底。这部分颗粒虽然粒径较小,但它们并不都在水面,而是均匀地分布在整个沉淀柱的高度内,所以只要它们下沉至池底所用的时间能少于或等于 t_i,那么就能被去除。

设沉速 $u<u_i$的颗粒占全部颗粒的 $\mathrm{d}p$,那么这部分颗粒中$\frac{h}{H}\times \mathrm{d}p$ 将沉淀到池底而去除。

在同一沉淀时间 t_i时,下式成立:

$$h = u \times t_i;H = u_i \times t_i \tag{3-3}$$

$$\frac{h}{H} = \frac{u}{u_i} \tag{3-4}$$

$$\frac{h}{H} \times \mathrm{d}p = \frac{u}{u_i} \times \mathrm{d}p \tag{3-5}$$

取 $u_0 = u_i$,对于沉速 $u<u_i$的全部悬浮颗粒,可沉淀于池底的总量为

$$\int_0^{P_0} \frac{u}{u_0} \times \mathrm{d}p = \frac{1}{u_0}\int_0^{P_0} u\mathrm{d}p \tag{3-6}$$

故颗粒总去除率为

$$\eta = (1 - P_0) + \frac{1}{u_0}\int_0^{P_0} u\mathrm{d}p \tag{3-7}$$

此种计算方法称为悬浮物去除率的累积曲线计算法。

以沉速 u 为横坐标,以残余悬浮物百分比 P 为纵坐标,绘制出 P—u 关系图,也称为颗粒沉速累积曲线,如图 3-3 所示。式(3-7)中第二项中 $u\mathrm{d}p$ 为图中曲线左侧的微元面积,$\frac{1}{u_0}\int_0^{P_0} u\mathrm{d}p$ 即为 P—u 曲线与 $P=P_0$以及纵轴三者围成的图中阴影部分面积。

本实验即根据实验数据作出累积曲线,并求解给定沉速下的沉淀效率。

3.2.1.3　实验设备与用品

(1)有机玻璃管沉淀柱一根,直径 D=100 mm,工作有效水深(由溢出口下缘到筒底的距离)为 2 000 mm;

(2)测量水深用卷尺,计时用秒表;

(3)100 mL 量筒;

(4)悬浮物定量分析所需设备可参见附 1;

(5)水样由硅藻土配制而成。

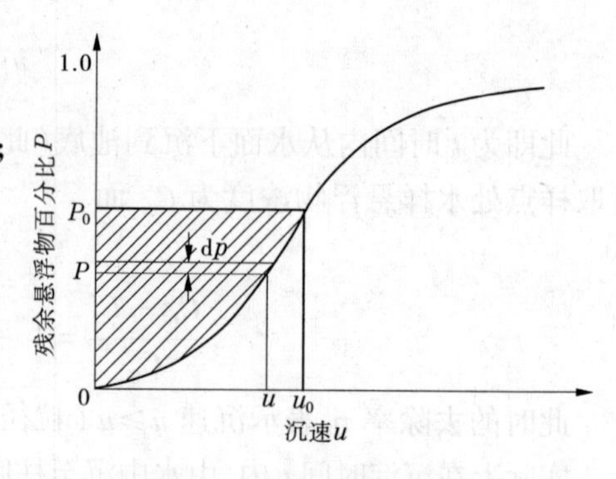

图 3-3　沉降速度分布曲线

3.2.1.4　**实验步骤及记录**

(1)配制实验用水,开启水泵抽至高位水箱,打开高位水箱的搅拌装置,待高位水箱水质均匀后向沉淀柱内充水,同时取样,测定悬浮物浓度,记为 C_0。

(2)此后分别在 5 min、10 min、20 min、30 min、45 min、60 min、75 min、90 min、120 min 时分别记录沉淀柱内液面高度并在下部取样口取样,每次取平行样 2 个测定水样悬浮物浓度,数据记录于表 3-5。

(3)取样间隔观察悬浮物颗粒沉淀特征、现象。

表 3-5　颗粒自由沉淀实验记录

沉淀柱直径:　　柱高:　　水温:　　原水悬浮物浓度 C_0:

静沉时间(min)	称量瓶号	称量瓶+滤纸重(g)	取样体积(mL)	称量瓶+过滤后滤纸重(g)	SS(mg/L)	$\overline{SS}$(mg/L)	沉淀高度 H(cm)
0							
5							
10							
20							
30							
45							
60							

续表 3-5

沉淀柱直径：　　　　　柱高：　　　　　水温：　　　　　原水悬浮物浓度 C_0：

静沉时间(min)	称量瓶号	称量瓶+滤纸重(g)	取样体积(mL)	称量瓶+过滤后滤纸重(g)	SS(mg/L)	$\overline{SS}$(mg/L)	沉淀高度 H(cm)
75							
90							
120							

3.2.1.5　实验数据与整理

(1)根据实验数据，列表计算不同沉淀时间的 u 和 P 值，并以颗粒沉速 u 为横坐标，以残余悬浮物百分比 P 为纵坐标，绘制 $P—u$ 曲线。

(2)根据绘制的 $P—u$ 曲线，计算不同沉速时悬浮物的总去除率，数据记于表 3-6。

(3)根据计算结果，以 η 为纵坐标，分别以 u 及 t 为横坐标，绘制 $\eta—u$、$\eta—t$ 关系曲线。

表 3-6　颗粒沉速与总去除率

沉淀高度(cm)								
沉淀时间(min)								
颗粒沉速 u_i(mm/s)								
残余悬浮物百分比 P_i								
总去除率 η								

【思考题】

(1)自由沉淀中颗粒沉速与絮凝沉淀颗粒沉速有何区别？

(2)绘制自由沉淀静沉曲线的方法和意义。

(3)沉淀柱高分别为 1.2 m、0.9 m，两组实验成果是否一样，为什么？

附 1　废水悬浮固体的测定

1.实验原理

水质中悬浮物是指水样通过孔径为 0.45 μm 的滤膜，截留在滤膜上并于 103~105 ℃烘干至恒重的固体物质。按重量分析要求，对通过水样前后的滤膜进行称量，算出一定量水样中颗粒物的质量，从而求出悬浮物的含量。

2.实验设备与用品

(1)全玻璃微孔滤膜过滤器或玻璃漏斗；

（2）CN-CA 滤膜（孔径 0.45 μm、直径 50 mm）或中速定量滤纸；

（3）吸滤瓶、真空泵；

（4）电子天平；

（5）干燥器；

（6）蒸馏水或同等纯度的水；

（7）内径为 30~50 mm 的称量瓶；

（8）烘箱。

3.实验步骤

（1）将滤膜放在称量瓶中，打开瓶盖，在 103~105 ℃烘箱中烘干 2 h，取出后盖好瓶盖置于干燥器内冷却至室温，称重，反复烘干、冷却、称量，直至恒重（两次称量的质量差≤0.2 mg）。

（2）去除漂浮物后振荡水样，量取均匀适量水样（使悬浮物大于 2.5 mg），通过上面称至恒重的滤膜过滤，用蒸馏水洗残渣 3~5 次。如样品中含有油脂，用 10 mL 石油醚分两次淋洗残渣。

（3）小心取下滤膜，放入原称量瓶内，在 103~105 ℃烘箱中，打开瓶盖烘 2 h，取出后盖好瓶盖置于干燥器内冷却至室温，称重，反复烘干、冷却、称量，直至恒重。

4.计算

$$\text{悬浮固体} = \frac{(A - B) \times 1\,000 \times 1\,000}{V} \quad (\text{mg/L}) \tag{3-8}$$

式中　A——悬浮物+滤膜+称量瓶重量，g；

B——滤膜+称量瓶重量，g；

V——试样体积，mL。

【注意事项】

（1）采集的水样应尽快分析测定，如需放置，应贮存在 4 ℃冷藏箱中，但最长不得超过 7 天。

（2）滤膜上截留过多的悬浮物可能挟带过多的水分，除延长干燥时间外，还可能造成过滤困难，遇此情况，可酌情少取试样。滤膜上悬浮物过少，则会增大称量误差，影响测定精度，必要时可增大试样体积。

3.2.2　絮凝沉淀实验

3.2.2.1　实验目的

（1）掌握絮凝沉淀的实验方法。

（2）通过实验加深对絮凝沉淀概念、特点的理解。

（3）能够利用实验数据绘制絮凝沉淀曲线，并学会通过曲线求某一时间、某一深度的总去除率。

3.2.2.2　实验原理

颗粒的絮凝沉淀也称颗粒的干涉沉淀，它是指当悬浮物浓度在 600~700 mg/L 以下时，在沉淀过程中颗粒之间可能会互相碰撞产生絮凝作用，使颗粒的粒径和质量逐渐加大,沉淀速度不断加快的一种颗粒沉降过程。所以,絮凝沉淀实际上是颗粒的变速运动,实际沉速很难用理论公式计算,对它的研究主要采取实验的方式。在实验中我们所说的絮凝沉淀颗粒的沉速指的是它的平均沉淀速度,絮凝沉淀实验可以在沉淀柱中进行。

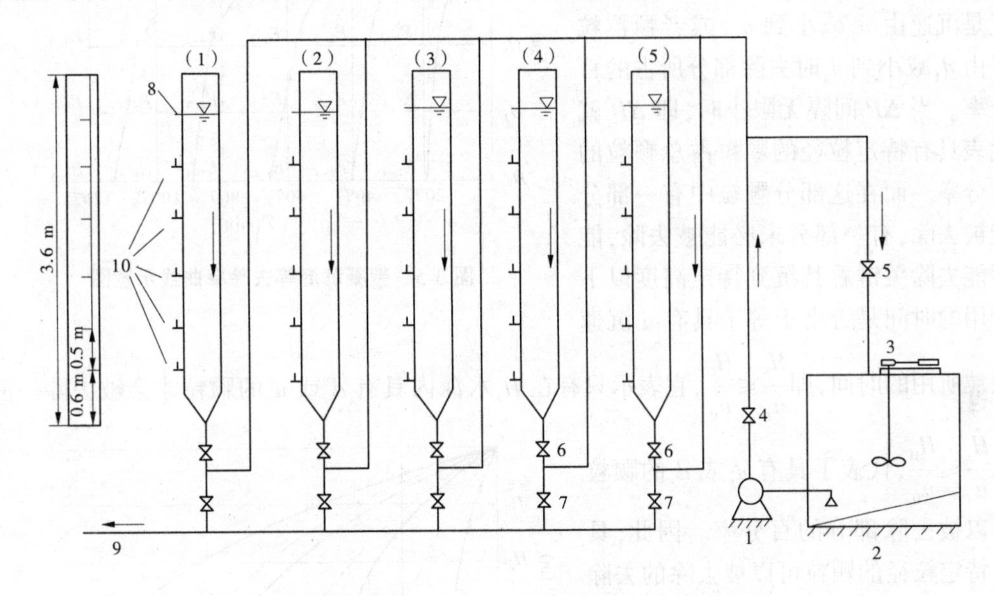

1—水泵;2—水池;3—搅拌装置;4—配水管阀门;5—水泵循环管阀门;
6—各沉淀柱进水阀门;7—各沉淀柱放空阀门;8—溢流孔;9—放水管;10—取样口

图 3-4　絮凝沉淀实验装置示意图

实验装置可由 5~6 个直径为 150~200 mm、高为 2~4 m 的沉淀柱组成,如图 3-4 所示,每个沉淀柱在高度方向上每隔 500~600 mm 开设一个取样口,沉淀柱上共设 5 个取样口,沉淀柱上部设有溢流孔(没有条件的地方也可在一个沉淀柱中进行)。将已知悬浮物浓度 C_0的水样注入沉淀柱,搅拌均匀后,开始计时,间隔一定时间,如 20 min、40 min、60 min…分别在一个沉淀柱的每个取样口同时取样(如果只有一个沉淀柱,就每隔一定时间间隔,同时在各取样口取样),测各水样的悬浮物浓度,并利用下式计算各水样的去除率,即

$$\eta = \frac{C_0 - C_i}{C_0} \tag{3-9}$$

并由计算出的数据绘制出絮凝沉淀等去除率曲线,即以取样口高度 H(m)为纵坐标,以取样的时间 T(min)为横坐标,建立直角坐标系,将同一沉淀时间、不同深度的去除率标于坐标上,然后把去除率相等的各点连成去除率曲线,如图 3-5 所示。

应当指出,在指定的停留时间 T_i及给定的沉淀池有效水深 H_0的两直线的交点所得到的絮凝沉淀曲线的 E 值,只表示 $u_s \geq u = \frac{H_0}{T_i}$的那些完全可以去除颗粒的去除率,而 $u_s < u_0 = \frac{H_0}{T_i}$的颗粒也会有一部分去除,这些颗粒的去除率可进行如下分析。

设 $\Delta P=P_1-P_s=\frac{C_1-C_s}{C_0}$，其中 P 为未被去除颗粒的百分率；而 ΔP 代表的就是沉速由 u_1 减小到 u_s，或者颗粒粒径由 d_1 减小到 d_s 时去除部分所占的百分率。当 ΔP 间隔无限小时，即 ΔP 就代表具有特定粒径的颗粒占总颗粒的百分率。而在这部分颗粒中有一部分能被去除，有一部分未必能被去除，能不能去除关键看其沉到特定高度以下所用的时间是否小于等于具有 u 沉速颗粒所用的时间，即 $\frac{H_s}{u_s}\leqslant\frac{H_0}{u_0}$，它表示只有在 H_s 水深内具有 d_s 或 u_s 的颗粒才会被去除。所以 $\frac{H_s}{u_s}\leqslant\frac{H_0}{u_0}$，代表了具有 u_s 或 d_s 的颗粒可以被去除部分的百分率。因此，具有特定粒径的颗粒可以被去除的去除率可表示为 $\frac{u_s}{u}\mathrm{d}P$，而积分 $\frac{1}{u}\int_0^{P_0}u_s\mathrm{d}P$ 表示 $u_s<u_0$ 那部分颗粒去除率。我们可以利用絮凝沉淀等去除率曲线，应用图解法近似求出不同时间、不同深度的颗粒的总的去除率。图解法就是在絮凝沉淀等去除率曲线上作中间曲线。比如，欲求 T 时间 H_0 水深处的颗粒总去除率，如图 3-6 所示。在 η_1 之后在等去除率曲线间作中间曲线，并在絮凝沉淀曲线上读出直线 T 与中间曲线各交点所对应的深度值应用公式

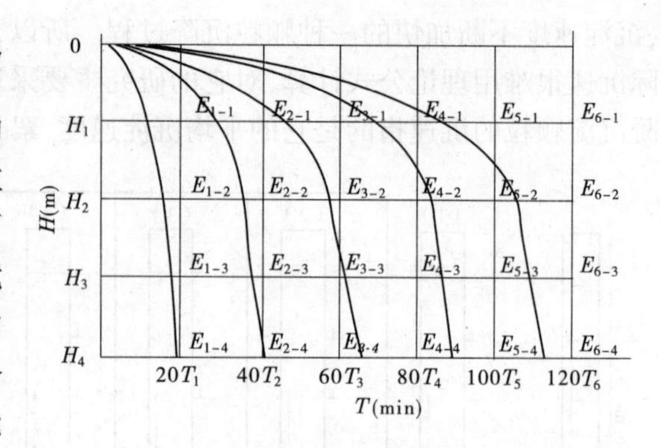

图 3-5　絮凝沉淀等去除率曲线示意图

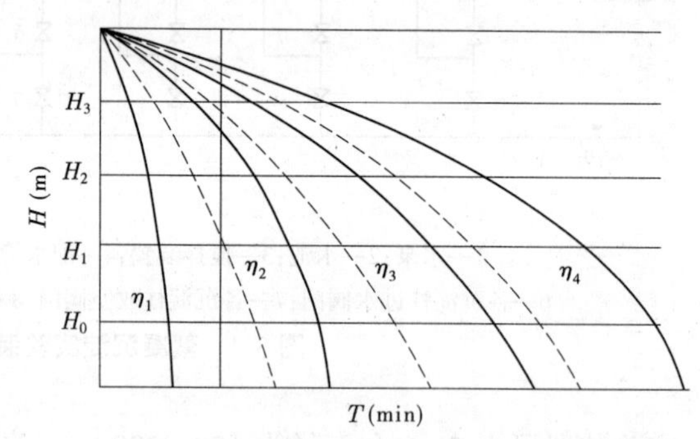

图 3-6　图解法求颗粒总去除率示意图

$$\eta=\eta_1+\frac{H_1}{H_0}(\eta_2-\eta_1)+\frac{H_2}{H_0}(\eta_3-\eta_2)+\frac{H_3}{H_0}(\eta_4-\eta_3)+\cdots \tag{3-10}$$

式中　η_1——T 时刻 $u_s\geqslant u_0$ 那部分颗粒去除率；

H_n——T 时刻各中间曲线所对应的高度。

其中，我们用 $\sum\frac{H_i}{H_0}(\eta_{T+n}-\eta_{T+n-1})$ 代替了 $\frac{1}{u}\int_0^{P_0}u_s\mathrm{d}P$ 来表示 $u_s<u_0$ 那部分颗粒的去除率。

3.2.2.3　实验设备与用品

（1）实验用装置（5 个直径 $\phi=150$ mm、高 $H=3.6$ m 沉淀柱），污水箱，水泵，如图 3-4 所示；

（2）测量水深用卷尺，计时用秒表；

（3）100 mL 量筒；

(4)悬浮物定量分析所需设备;

(5)污水水样(可自行配制,也可直接应用生活污水或工业废水)。

3.2.2.4　**实验步骤及记录**

(1)在水箱中装好水样并将水样搅拌均匀,测原水样悬浮物浓度(SS 值),并记为 C_0。

(2)开启水泵及沉淀柱进水阀门,依次向沉淀柱中注入水样。注意,在注水时,进水流速应适中,以防止速度过慢造成悬浮物絮凝沉淀,或速度过快造成紊流而影响实验效果,当水位达到溢流孔时,停止进水,并开始计时。

(3)5 根沉淀柱沉淀时间分别为 20 min、40 min、60 min、80 min、120 min,当达到时间后,同时在这个沉淀柱的每个取样口取样约 100 mL。

(4)测定水样的悬浮物浓度 SS 值。

(5)将测得数据填入表 3-7。

3.2.2.5　**实验数据与整理**

(1)根据式 (3-9)计算各取样点悬浮物去除率 η,将计算结果填入表 3-8。

(2)在坐标轴上以沉淀时间 T 为横坐标,以深度 H 为纵坐标,建立直角坐标系,并将各取样点的去除率填在坐标上。

(3)在步骤(2)的基础上,绘制絮凝沉淀等去除率曲线。注意,η 最好以 5%或 10%为间距,如 20%、25%…或 25%、35%…。

(4)根据图解法(见图 3-6)计算 $T=40$ min、$H=2.0$ m 处颗粒的总去除率。

表 3-7　絮凝沉淀实验记录表

沉淀柱号	沉淀时间(min)	取样点编号	称量瓶号	称量瓶+滤纸重(g)	水样体积(mL)	瓶纸+SS 重(g)	水样SS 重(g)	SS 浓度(mg/L)	取样口高度(cm)
1	20	1-1							
		1-2							
		1-3							
		1-4							
		1-5							
2	40	2-1							
		2-2							
		2-3							
		2-4							
		2-5							
3	60	3-1							
		3-2							
		3-3							
		3-4							
		3-5							

续表 3-7

沉淀柱号	沉淀时间(min)	取样点编号	称量瓶号	称量瓶+滤纸重(g)	水样体积(mL)	瓶纸+SS重(g)	水样SS重(g)	SS浓度(mg/L)	取样口高度(cm)
4	80	4-1							
		4-2							
		4-3							
		4-4							
		4-5							
5	120	5-1							
		5-2							
		5-3							
		5-4							
		5-5							

表 3-8　各取样点悬浮物去除率 η 值计算表

取样深度(m)	柱号				
	1	2	3	4	5
	20 min	40 min	60 min	80 min	120 min
0.6					
1.1					
1.6					
2.1					
2.6					

【思考题】

(1)观察絮凝沉淀现象,并叙述其与自由沉淀现象有何不同?实验方法有何区别?

(2)两种不同性质的污水经絮凝沉淀实验后,所得同一去除率曲线的曲率不同,试分析其原因,并加以讨论。

(3)实验工程中,哪些沉淀属于絮凝沉淀?

3.2.3　拥挤沉淀实验

拥挤沉淀实验是研究浓度较高的悬浮颗粒的沉淀规律。一般是通过带有搅拌装置的沉淀柱静沉实验,以获取泥面沉淀过程线。借此,不仅可以对比、分析颗粒沉淀性能,还可以为水质工程中某些构筑物的设计和运行提供重要基础资料。

3.2.3.1　实验目的

(1)加深对拥挤沉淀的特点、基本概念以及沉淀规律的理解。

(2)弄清迪克(Dick)多筒测定法与肯奇(Kynch)单筒测定法绘制拥挤沉淀 u—C 关系线的区别及各自的适用性。

(3)通过实验确定某种污水曝气池混合液的静沉曲线,并为设计澄清浓缩池提供必要的设计参数。

(4)加深理解静沉实验在沉淀单元操作中的重要性。

3.2.3.2　实验原理

浓度大于某值的高浓度水,如黄河高浊水、活性污泥法曝气池混合液、浓集的化学污泥,不论其颗粒性质如何,颗粒的下沉均表现为浑浊液面的整体下沉。这与自由沉淀、絮凝沉淀完全不同,后两者研究的都是一个颗粒沉淀时的运动变化特点(考虑的是悬浮物个体),而对拥挤沉淀的研究却是针对悬浮物整体,即整个浑浊液面的沉淀变化过程。拥挤沉淀时,颗粒间相互位置保持不变,颗粒下沉速度即为浑浊液面等速下沉速度。该速度与原水浓度、悬浮物性质等有关,而与沉淀深度无关。但沉淀有效水深影响变浓区沉速和压缩区压实程度。为了研究浓缩,提供从浓缩角度设计澄清浓缩池所必需的参数,应考虑沉降柱的有效水深。此外,高浓度水沉淀过程中,器壁效应更为突出,为了能真实地反映客观实际状态,沉淀柱直径 $D \geqslant 200$ mm ,而且柱内还应装有慢速搅拌装置,以消除器壁效应和模拟沉淀池内刮泥机的作用。

澄清浓缩池在连续稳定运行中,池内可分为四区,如图3-7所示。池内污泥浓度沿池高分布如图3-8所示。进入沉淀池的混合液,在重力作用下进行泥水分离,污泥下沉,清水上升,最终经过等浓区后进入清水区而出流,因此为了满足澄清的要求,出流水不挟带走悬浮物,则水流上升速度 v 一定要小于或等于等浓区污泥沉降速度 u,即 $v = Q/A \leqslant u$,在工程应用中,有

$$A = \alpha \frac{Q}{u} \tag{3-11}$$

式中 Q——处理水量,m^3/h;

u——等浓区污泥沉速,m/h;

A——沉淀池按澄清要求的平面面积,m^2;

α——修正系数,一般 $\alpha = 1.05 \sim 1.2$。

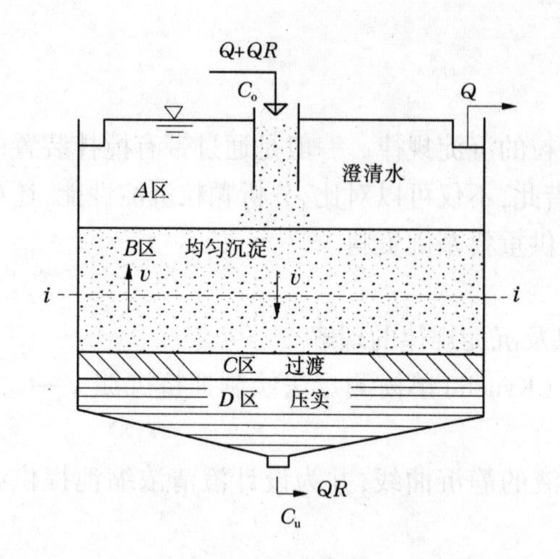

图 3-7　澄清浓缩池连续稳定运行时池内状况

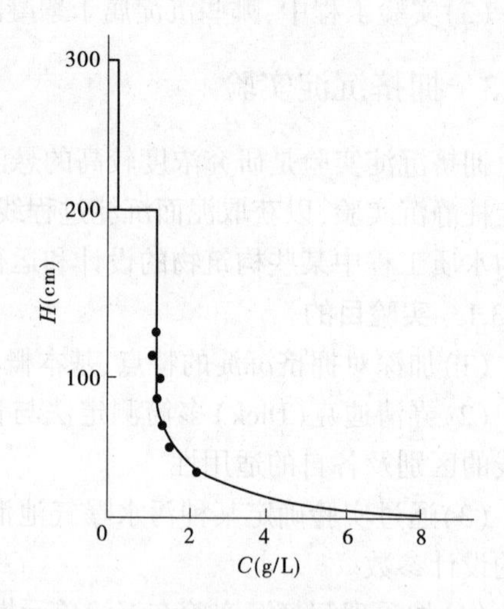

图 3-8　池内污泥浓度沿池高分布

进入沉淀池后分离出来的污泥，从上至下逐渐浓缩，最后由池底排除。这一过程是在两个作用下完成的：

（1）在重力作用下形成静沉固体通量 G_s，其值取决于每一断面处污泥浓度 C_i 及污泥沉速 u_i 即：

$$G_s = u_i C_i \tag{3-12}$$

（2）连续排泥造成污泥下降，形成排泥固体通量 G_B，其值取决于每一断面处污泥浓度和由于排泥而造成的泥面下沉速度 v，即

$$G_B = vC_i \tag{3-13}$$

$$v = \frac{Q_R}{A} \tag{3-14}$$

式中　v——排泥时泥面下沉速度，m/h；

Q_R——回流污泥量，m^3/h。

污泥在沉淀池内单位时间、单位面积下沉的污泥量，取决于污泥性能 u_i 和运行条件 v 和 C_i，即固体通量 $G=G_s+G_B=u_iC_i+vC_i$，该关系由图 3-9 和图 3-10 可以看出。由图 3-10 可知，对于某一特定运行或设计条件下，沉淀池某一断面处存在一个最小的固体通量 G_L，称为极限固体通量，当进入沉淀池的进泥通量 G_0 大于极限固体通量 G_L，污泥在下沉到该断面时，多余污泥量将于此断面处积累。长此下去，回流污泥不仅得不到应有的浓度，池内泥面反而上升，最后随水流出。因此，按浓缩要求，沉淀池的设计应满足 $G_0 \leqslant G_L$，即

$$\frac{Q(1+R)C_0}{A} \leqslant G_L \tag{3-15}$$

从而保证进入二沉池中的污泥通过各断面到达池底。

在工程应用中，有

$$A \geqslant \frac{Q(1+R)C_0}{G_L}\alpha \tag{3-16}$$

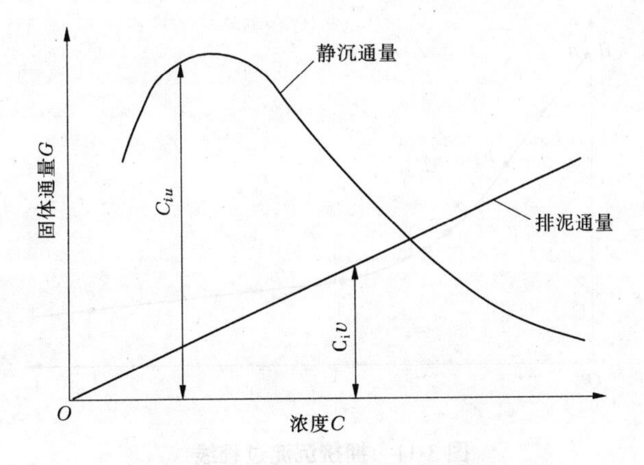

图3-9 静沉通量与排泥通量

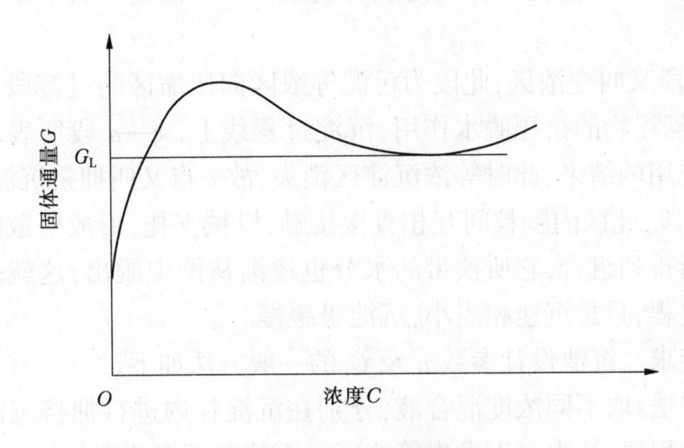

图3-10 总固体通量

式中 R——回流比；

C_0——曝气池混合液污泥浓度，kg/m³；

G_L——极限固体通量，kg/(m²·h)；

A——沉淀池按浓缩要求的平面面积，m²；

其余符号意义同前。

式(3-11)和式(3-16)中设计参数 u、G_L值，均应通过拥挤沉淀实验求得。拥挤沉淀实验是在静止状态下，研究浑浊液面高度随沉淀时间的变化规律。以浑浊液面高度为纵轴，以沉淀时间为横轴，所绘得的 $H—t$ 曲线，称为拥挤沉淀过程线，它是求二次沉淀池断面面积设计参数的基础资料。

拥挤沉淀过程线分为四段，如图3-11所示。

$a—b$ 段，加速段或污泥絮凝区。此段所用时间很短，曲线略向下弯曲，这是浑液面形成的过程，反映了颗粒絮凝性能。

$b—c$ 段，浑液面等速沉淀段或叫等浓沉淀区，此区由于悬浮颗粒的相互牵连和强烈干扰，均衡了它们各自的沉淀速度，使颗粒群体以共同干扰后的速度下沉，沉速为一常量，

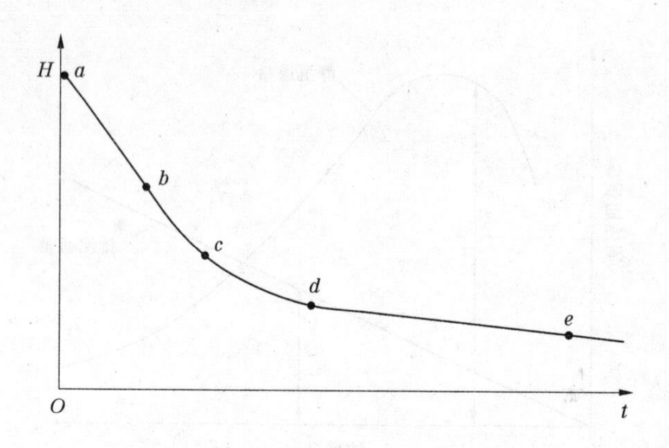

图 3-11　拥挤沉淀过程线

它不因沉淀历时的不同而变化。在沉淀过程线上，*b*—*c* 段是一斜率不变的直线段，故称为等速沉淀段。

c—*d* 段，过渡段又叫变浓区，此段为污泥等浓区向压缩区的过渡段，其中既有悬浮物的干扰沉淀，也有悬浮物的挤压脱水作用，沉淀过程线上，*c*—*d* 段所表现出的弯曲，便是沉淀和压缩双重作用的结果，此时等浓沉淀区消失，故 *c* 点又叫拥挤沉淀临界点。

d—e 段，压缩段，此区内颗粒间互相直接接触、机械支托，形成松散的网状结构，在压力作用下颗粒重新排列组合，它所挟带的水分也逐渐从网中脱出，这就是压缩过程，此过程也是等速沉淀过程，只是沉速相当小，沉淀极缓慢。

利用拥挤沉淀求二沉池设计参数 u 及 G_L 的一般方法如下。

迪克多筒测定法：取不同浓度混合液，分别在沉淀柱内进行拥挤沉淀，每筒实验得出一个浑液面沉淀过程线，从中可以求出等浓区泥面等速下沉速度与相应的污泥浓度，从而得出 u—C 关系线，并据此为沉淀池按澄清原理设计提供设计参数，如图 3-12、图 3-13 所示。在此基础上，根据 u—C 曲线，利用式(3-12)可以求出 G_s、C_i 一组数据，并绘制出静沉固体通量 G_s—C 曲线，根据回流比利用式(3-13)求出 G_B—C_i 线，采用叠加法，可以求得 G_L 值。由于采用迪克多筒测定法推求极限固体通量 G_L 值，污泥在各断面处的沉淀固体通量值 $G_s=C_iu_i$ 中的污泥沉速 u_i，均是取自同浓度污泥静沉曲线等速段斜率，用它代替了实际沉淀池中沉淀泥面的沉速，这一做法没有考虑实际沉淀池中污泥浓度变化的连续分布，没有考虑污泥的沉速不但与周围污泥浓度有关，而且还要受到下层沉速小于它的污泥层的干扰，因而迪克法求得 G_L 值偏高，与实际值出入较大。

肯奇单筒测定法：取曝气池的混合液进行一次较长时间的拥挤沉淀，得到一条浑液面沉淀过程线，如图 3-11 所示，并利用肯奇公式求解 C_i：

$$C_i=\frac{C_0H_0}{H_i} \tag{3-17}$$

式中　C_i——某沉淀断面 i 处的污泥浓度，g/L。

C_0——实验时试样浓度，g/L；

H_0——实验时沉淀初始高度，m；

$$u_i = \frac{H_i}{t_i} \tag{3-18}$$

式中　u_i——某沉淀断面 i 处泥面沉速,m/h。

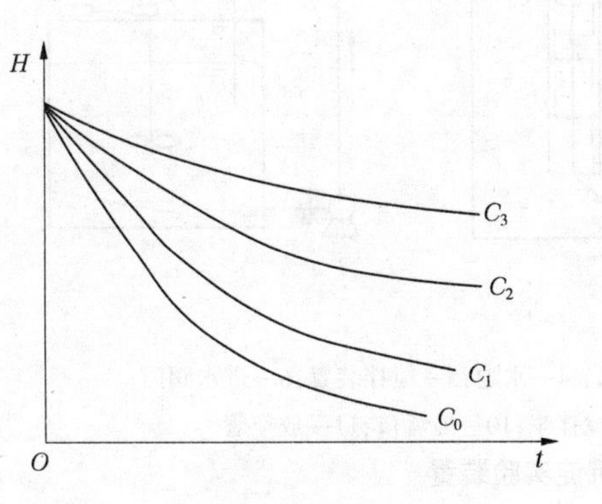

图 3-12　不同浓度拥挤沉淀过程线

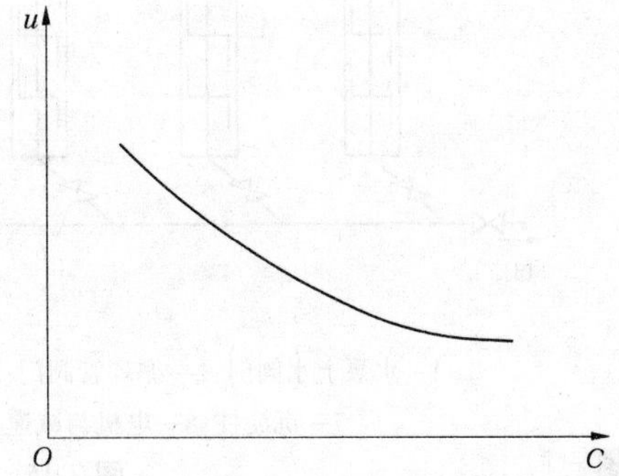

图 3-13　u—C 关系线

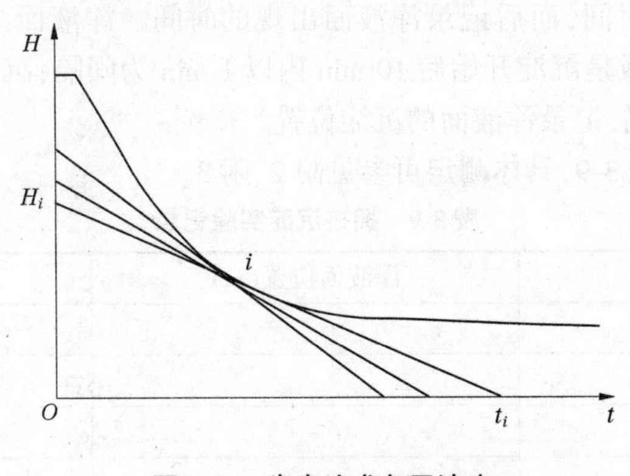

图 3-14　肯奇法求各层浓度

求各断面的污泥浓度 C_i 及泥面沉速 u_i 的方法如图 3-14 所示,可得出 u—C 关系线,利用 u—C 关系线并按前法,绘制 G_s—C、G_B—C 曲线,采用叠加法后,可求得 G_L 值。

3.2.3.3　实验设备与用品

(1)有机玻璃沉淀柱:内径 $D=240$ mm、$H=1.5$ m ,搅拌装置转速 $n=1$ r/min ,底部有进水孔和放空孔;

(2)配水及投配系统:整个实验装置如图 3-15 所示;

(3)100 mL 量筒、玻璃漏斗、三角瓶、瓷盘、滤纸、秒表等;

(4)某生物处理厂曝气池混合液。

3.2.3.4　实验步骤及记录

(1)将取自某处理厂活性污泥法曝气池内正常运行的混合液放入水池,搅拌均匀,同时取样测定其浓度 MLSS 值。

(2)开启水泵上水阀门 1,同时打开放空管,放掉管内存水。

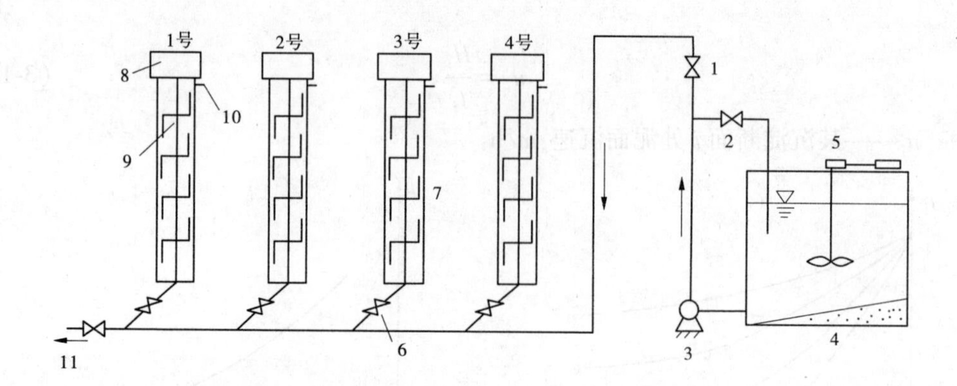

1—水泵上水阀门;2—循环管阀门;3—水泵; 4—水池;5—搅拌装置;6—进水阀门;
7—沉淀柱;8—电机与减速器;9—搅拌浆;10—溢流口;11—放空管

图 3-15 拥挤沉淀实验装置

(3)关闭放空管,打开 1 号沉淀柱进水,当水位上升到溢流管处时,关闭进水阀门,同时记录沉淀开始时的时间,而后记录浑液面出现的时间。浑液面沉淀初期,或是以下沉 10~20 cm 为一间距,或是沉淀开始后 10 min 内以 1 min 为间隔;沉淀后期,可以下沉 2~5 cm ,或以 5 min 为间隔,记录浑液面的沉淀位置。

(4)实验记录见表 3-9,具体测定可参见附 2、附 3。

表 3-9 拥挤沉淀实验记录

沉淀时间(min)	浑液面位置(m)	浑液面高度(m)

注:水样浓度 MLSS=________;MLVSS=________;SV=________%;SVI=________。

(5)配制各种不同浓度的混合液,分别利用 2 号、3 号、4 号柱重复上述实验,最好有 6 次以上。配制混合液浓度在 1.5~10 g/L。

【注意事项】

(1)混合液取回后,稍加曝气,即应开始实验,至实验完毕,时间不超过 24 h,以保证污泥沉降性能不变。若条件允许,最好在处理厂(站)现场进行实验。

(2)向沉淀柱进水时,速度要适中,既要较快进完水,以防进水过程中柱内已形成浑液面,又要防止速度过快造成柱内水体的紊动,影响静沉实验结果。

(3)不同浓度混合液,可用混合液静沉后撇出一定量上清液或投加一定量的上清液配制。

(4)第一次拥挤沉淀实验,污泥浓度要与设计曝气池混合液污泥浓度一致,且沉淀时间要尽可能长一些,最好在 1.5 h 以上。

3.2.3.5 实验数据与整理

1. 多筒拥挤沉淀

(1) 以沉淀时间为横坐标，以沉淀高度为纵坐标，绘制不同浓度 $H—t$ 关系曲线，如图 3-11和图 3-12 所示。

(2) 取 $H—t$ 曲线中的直线段，求斜率，则：

$$u = \frac{H}{t}$$

(3) 以混合液浓度为横坐标，以浑液面等速沉降之速度为纵坐标，绘图得 $u—C$ 关系曲线。

(4) 根据 $u—C$ 曲线，并运用数理统计知识求出 $u—C$ 关系式。

2. 单筒拥挤沉淀

(1) 根据 1 号沉淀柱（混合液原液浓度）实验资料所得的 $H—t$ 关系线，并由肯奇式(3-17)、式(3-18)分别求得 C_i 及与其相应的 u_i 值。

(2) 以混合液浓度为横坐标，以沉速为纵坐标，绘图得 $u—C$ 曲线。

(3) 根据 $u—C$ 线，计算沉淀固体通量 C_s。并以固体通量 C_s 为纵坐标，污泥浓度为横坐标，绘图得沉淀固体通量曲线，并根据需要可求得排泥固体通量线，如图 3-9 所示，进而可求出极限固体通量，如图 3-10 所示。

【思考题】

(1) 观察实验现象，注意拥挤沉淀不同于前述两种沉淀的地方，原因是什么？

(2) 多筒测定、单筒测定的实验成果 $u—C$ 曲线有何区别？为什么？

(3) 拥挤沉淀实验的重要性如何应用到二沉池的设计中？

(4) 实验设备、实验条件对实验结果有何影响，为什么？如何才能得到正确的结果并用于生产之中？

附 2 混合液悬浮固体浓度（MLSS）和混合液挥发性悬浮固体浓度（MLVSS）的测定

1. 实验原理

混合液悬浮固体浓度（MLSS）表示的是在曝气池单位容积混合液内所含有的活性污泥固体物的总质量。由于测定方法比较简便易行，此项指标应用较为普遍，但其中既包含 M_e、M_i 两项非活性物质，也包括 M_{ii} 无机物质，因此这项指标不能精确地表示具有活性的污泥量，而表示的是活性污泥的相对值，但它仍是活性污泥法处理系统重要的设计和运行参数。

混合液挥发性悬浮固体浓度（MLVSS）指标所表示的是混合液中活性污泥有机固体物质部分的浓度。在表示活性污泥活性部分数量上，本项指标在精度方面是进了一步，但只是相对于 MLSS 而言，还包含 M_e、M_i 等惰性有机物质。因此，它也不能精确地表示活性污泥微生物量，仍然是活性污泥量的相对值。

2. 仪器设备和实验用品

(1) 定量滤纸；

(2) 马弗炉；

(3)烘箱;

(4)干燥器,备有以颜色指示的干燥剂;

(5)分析天平。

3.实验步骤

(1)定量滤纸在103~105 ℃下烘干,干燥器内冷却,称重,反复操作直至获得恒重或称重损失小于前次称重的4%,质量为m_0;

(2)将样品100 mL用(1)中的滤纸过滤,放入103~105 ℃的烘箱中烘干取出,在干燥器中冷却至平衡温度称重,反复干燥至恒重或失重小于前次称重的5%或0.5 mg(取较小值),质量为m_1;

$$\text{MLSS}=\frac{m_1-m_0}{100}\times 1\ 000\quad(\text{mg/L})\tag{3-19}$$

(3)将干净的坩埚放入烘箱中干燥一小时,取出放在干燥器中冷却至平衡温度,称重,质量为m_2;

(4)将(2)中的滤纸和泥放在(3)中的坩埚中,然后放入冷的马弗炉中,加热到600 ℃灼烧60 min(从温度达到600 ℃开始计时),在干燥器中冷却并称重,质量为m_3。

$$\text{MLVSS}=\frac{(m_1+m_2-m_0)-m_3}{100}\times 1\ 000\quad(\text{mg/L})\tag{3-20}$$

附3　污泥沉降比(SV)和污泥容积指数(SVI)的测定

1.实验原理

污泥沉降比(SV)指混合液在量筒内静置30 min后所形成沉淀污泥的容积占原混合液容积的百分率,以百分数表示。污泥沉降比在一定条件下能够反映曝气池运行过程中的污泥量,可用以控制、调节剩余污泥排放量,还能有助于及时发现污泥膨胀等异常现象。

污泥容积指数(SVI)的物理意义为从曝气池出口处取出的混合液,经过30 min静沉后,每克干污泥形成的沉淀污泥所占的体积。SVI值能够反映活性污泥的凝集、沉淀性能,对生活污水及城市污水,此值以介于70~100为宜。SVI值过低,说明泥粒细小,无机质含量高,缺乏活性;SVI值过高,说明污泥的沉降性能不好,并且有产生污泥膨胀的可能。

2.仪器设备

(1)100 mL量筒;

(2)滤纸;

(3)烘箱;

(4)干燥器;

(5)电子天平;

(6)漏斗;

(7)秒表。

3.实验步骤

(1)从曝气池中取100 mL污泥混合液。

(2)静置30 min后记录沉淀污泥层与上清液交界处的刻度数值V,则污泥沉降比为

$$SV = \frac{V(\mathrm{mL})}{100} \times 100\% \tag{3-21}$$

(3)测定污泥浓度为 MLSS,则污泥容积指数为:

$$SVI = \frac{\text{混合液(1 L)30 min 静沉形成的活性污泥容积(mL)}}{\text{混合液(1 L)中悬浮固体干重(g)}} = \frac{SV(\mathrm{mL/L})}{MLSS(\mathrm{g/L})} \tag{3-22}$$

3.3　过滤实验

过滤是水处理的基础实验之一,被广泛地用于科研、教学、生产之中,通过过滤实验不仅可以研究新型过滤工艺,还可研究滤料的级配、材料、过滤运行最佳条件等。

3.3.1　实验目的

(1)熟悉普通快滤池的过滤过程。

(2)掌握反冲洗时冲洗强度与滤层膨胀度之间的关系。

(3)了解清洁砂层过滤时水头损失变化规律以及滤层水头损失的增长对过滤周期的影响。

3.3.2　实验原理

在水处理中,以石英砂等粒状滤料层截留水中悬浮杂质,从而使水获得澄清的工艺称为过滤。过滤是保证饮用水卫生安全的重要措施。利用过滤工艺可以进一步降低出水浊度,并能在一定程度上减少水中有机物、细菌乃至病毒等的数量,为后续的消毒工艺创造良好的条件。

滤池的工作过程是由过滤和反冲洗两个步骤构成的。反冲洗是清除滤层中所截留的脏物,使滤池恢复过滤能力的工艺过程。滤池运行中,当水头损失、出水浊度或过滤时间中任一个或几个参数达到预定值时,即应终止过滤运行,开始进行反冲洗。因此,反冲洗是保证滤池能够正常连续工作的重要手段。

对滤池冲洗系统的设计要求包括:有足够的冲洗强度,保证一定的摩擦程度;有足够的冲洗时间;冲洗水应能均布在整个滤池表面;冲洗废水应能及时排除。滤池冲洗效果的好坏主要取决于冲洗方式、冲洗强度和冲洗时间。常用的冲洗方式主要有高速水流反冲洗和气、水反冲洗,也可辅以表面冲洗。滤池的冲洗强度指单位面积滤层所通过的冲洗流量。对常用高速水流冲洗来说主要是利用流速较大的反向水流使滤料膨胀起来,达到流化状态,使截流在滤层中的污物在水流剪切和滤料颗粒碰撞摩擦双重作用下,从滤料表面脱落,然后被水带出滤池。反冲洗时,滤层膨胀后所增加的厚度与膨胀前厚度之比称为滤层膨胀度。冲洗效果主要取决于冲洗流速、冲洗强度。冲洗强度可直接通过滤层膨胀度反映出来。对于给定的滤层,在一定温度下的膨胀度取决于冲洗强度。在设计和操作中一般以滤层中最粗的滤料开始膨胀(最小流化度)作为确定冲洗强度的参考依据。

《室外给水设计规范》(GB 50013—2006)中对滤池冲洗强度的规定见表3-10。

表 3-10　水洗滤池的冲洗强度及冲洗时间(水温为 20 ℃时)

序号	类别	冲洗强度(L(s·m²))	膨胀率(%)	冲洗时间(min)
1	石英砂滤料过滤	12~15	45	7~5
2	双层滤料过滤	13~16	50	8~6
3	三层滤料过滤	16~17	55	7~5

通过滤柱的冲洗实验,可以对冲洗强度和膨胀度两者之间的关系有较清楚的认识,并借此掌握滤池冲洗的实验方法。

过滤时,随着滤层截留杂质数量的增加,滤料空隙率减小,滤层水头损失会不断上升。滤层水头损失的增长快慢直接影响过滤周期的长短。而水头损失的增长则与滤速大小、滤料级配、滤层厚度、进水水质及设计过滤历时(周期)等有关。就同一滤池而言,当滤速和进水水质一定时,水头损失的增长速度决定了滤池的过滤周期 T。

过滤过程中不同状况下,滤层的水头损失变化规律不同。当滤层未膨胀时,水流通过滤层的水头损失可用欧根公式计算;当滤层完全膨胀时,处于悬浮状态下的滤料对冲洗水流的阻力,在单位面积上等于它们在水中的重力。

通过实验测定出的过滤历时(周期)与对应的水头损失的数据可绘制成曲线,可直观地用图形表示出水头损失 h 与过滤周期 T 之间的关系。

3.3.3　实验设备与用品

(1)过滤装置,如图 3-16 所示;

(2)浊度仪;

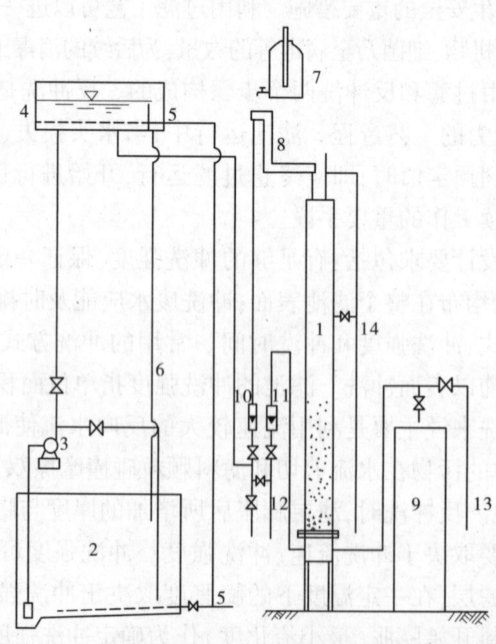

1—滤柱;2—原水水箱;3—水泵;4—高位水箱;5—空气管;6—溢流管;7—定量投药瓶;8—跌水混合槽;9—清水箱;10—滤柱进水转子流量计;11—冲洗水转子流量计;12—自来水管;13—初滤水排水管;14—冲洗水排水管

图 3-16　过滤装置示意图

(3)200 mL 量筒;

(4)秒表;

(5)钢卷尺。

3.3.4　实验步骤及记录

3.3.4.1　测定过滤出水随时间的变化

(1)将滤料进行一次反冲洗,并持续几分钟,以便去除滤层内的气泡。

(2)冲洗完毕后,开初滤水排水阀门,降低柱内水位,将滤柱参数计入表 3-11。

表 3-11　滤柱有关数据

滤料名称	滤柱外径(mm)	滤柱内径(mm)	过滤面积(m^2)	滤料粒径(mm)	滤料厚度(cm)

(3)测定原水浊度,并将滤速调为 8~10 m/h。

(4)测定过滤 1 min、3 min、5 min、10 min、20 min、30 min、40 min、50 min、60 min 出水浊度,并将数据记录于表 3-12。

3.3.4.2　测定过滤时砂层水头损失增长情况

过滤时,在 0 min、5 min、10 min、20 min、30 min、40 min、50 min、60 min 从各测压管上读出各段砂层水头损失,即砂面上不同高度的各测压点水头,记录于表 3-12。

表 3-12　过滤出水随时间变化及砂层水头损失增长情况

流量(L/h)= ____________　　滤速(m/h)=

过滤历时(min)	出水浊度(NTU)	各测压点水头(m)							砂层水头损失(m)	砾石层水头损失(m)
		1	2	3	4	5	6	7		
0										
1										
3										
5										
10										
20										
30										
40										
50										
60										

3.3.4.3　滤层冲洗强度与膨胀度的关系

(1)计算出砂层膨胀度依次为5%、10%、20%、30%、40%、50%时所对应的高度并在滤柱相应位置处做出标记。

(2)用自来水对滤层进行反冲洗。慢慢开启反冲进水阀门,将砂层调节至5%~10%,保持冲洗5min。

(3)待膨胀后砂层稳定,测出膨胀后的砂层厚度,并记录冲洗流量。

(4)继续将膨胀度分别调至10%~15%、15%~25%、25%~45%,按上法共测定4次,将结果依次记入表3-13。

表3-13　冲洗强度和膨胀度关系

序号	冲洗流量(L/h)	冲洗强度($L/(s \cdot m^2)$)	膨胀后砂层厚度(m)	膨胀度(%)
1				
2				
3				
4				

3.3.5　实验数据与整理

(1)按表3-12实验数据,以过滤时间为横坐标,过滤出水浊度为纵坐标,绘出过滤出水浊度随过滤历时的变化曲线。

(2)按表3-12实验数据,以过滤时间为横坐标,砂层水头损失为纵坐标,绘出砂层水头损失随过滤历时的变化曲线。

(3)按表3-13实验数据,以冲洗强度为横坐标,滤层膨胀度为纵坐标,绘制冲洗强度与滤层膨胀度关系曲线。

【思考题】

(1)滤层内有空气泡对过滤、冲洗有何影响?

(2)根据冲洗实验中观察到的现象,说明高速水流冲洗的特点。

(3)如果使用双层滤料,在滤料选择时如何控制,保证在反冲洗时密度小的滤料不发生流失,在冲洗密度大的滤料又能有足够的膨胀度?

3.4　活性炭吸附实验

活性炭吸附是目前国内外应用较多的一种水处理工艺,由于活性炭种类多,可去除物质复杂,因此掌握间歇法与连续流法确定活性炭吸附工艺设计参数的方法,对水质工程技术人员至关重要。

3.4.1　实验目的

(1)通过实验进一步了解活性炭的吸附工艺及性能,并熟悉整个实验过程的操作。

(2)掌握用间歇法、连续流法确定活性炭处理污水的设计参数的方法。

3.4.2　实验原理

活性炭吸附过程包括物理吸附和化学吸附。其基本原理就是利用活性炭的固体表面对水中一种或多种物质进行吸附,达到净化水质的目的。活性炭的吸附作用主要产生于两个方面,一个是由于活性炭内部分子在各个方向都受着同等大小的力,而在表面的分子则受到不平衡的力,这就使其他分子吸附其表面上,此为物理吸附;另一个是由于活性炭与被吸附物质之间的化学作用,此为化学吸附。活性炭的吸附是上述两种吸附综合作用的结果。当活性炭在溶液中的吸附速度和解吸速度相等,即单位时间内活性炭吸附的数量等于解吸的数量时,此时被吸附物质在溶液中的浓度和在活性炭表面的浓度均不再变化,而是达到了平衡,达到动平衡称为活性炭吸附平衡,而此时被吸附物质在溶液中的浓度称为平衡浓度。活性炭吸附能力以吸附容量 q_e 表示。

$$q_e = \frac{(C_0 - C_e)V}{m} \tag{3-23}$$

式中　q_e——活性炭吸附量,即单位质量的吸附剂所吸附的物质量,mg/g;

V——污水体积,L;

C_0、C_e——吸附前原水及吸附平衡时污水中的物质浓度,mg/L;

m——活性炭投加量,g。

在温度一定的条件下,活性炭的吸附量随被吸附物质平衡浓度的提高而提高,两者之间的变化曲线称吸附等温线,通常用弗朗德里希(Freundlich)经验式加以表达:

$$q_e = K \cdot C_e^{\frac{1}{n}} \tag{3-24}$$

式中　q_e——活性炭吸附量,mg/g;

C_e——被吸附物质平衡浓度,mg/L;

K、n——与溶液的温度、pH 以及吸附剂和被吸附物质的性质有关的常数。

k、n 值求法如下:通过间歇式活性炭吸附实验测得 q_e、C_e 相应之值,将式(3-24)两边取对数后变换为下式:

$$\lg q_e = \lg K + \frac{1}{n}\lg C_e \tag{3-25}$$

将 q_e、C_e 相应值点绘在双对数坐标纸上,所得直线的斜率为 $1/n$,截距则为 K。

由于间歇式静态吸附法处理能力低,设备多,故在工程中多采用连续流活性炭吸附法,即活性炭动态吸附法。

采用连续流方式的活性炭层吸附性能可用勃哈特(Bohart)和亚当斯(Adams)所提出的关系式来表达:

$$\ln\left[\frac{C_0}{C_B} - 1\right] = \ln\left[\exp\left(\frac{KN_0H}{v} - 1\right)\right] - KC_0t \tag{3-26}$$

$$t = \frac{N_0}{C_0 v}H - \frac{1}{C_0 K}\ln\left(\frac{C_0}{C_B} - 1\right) \tag{3-27}$$

式中 t——工作时间，h；

v——流速，m/h；

H——活性炭层厚度，m；

K——速度常数，L/(mg·h)；

N_0——吸附容量，即达到饱和时被吸附物质的吸附量，mg/L；

C_0——进水中被吸附物质浓度，mg/L；

C_B——允许出水溶质浓度，mg/L。

当工作时间 $t=0$ 时，能使出水溶质小于 C_B 的炭层理论深度称为活性炭层的临界深度 H_0，其值由式(3-27)$t=0$ 推出

$$H_0 = \frac{v}{KN_0}\ln\left(\frac{C_0}{C_B} - 1\right) \tag{3-28}$$

炭柱的吸附容量 N_0 和速度常数 K，可通过连续流活性炭吸附实验并利用式(3-27)t—H 线性关系回归或作图法求出。

3.4.3 实验设备与用品

(1)间歇式活性炭吸附实验装置，见图 3-17；

(2)连续流活性炭吸附实验装置，见图 3-18；

(3)分析天平；

(4)分光光度计；

(5)250 mL 带塞三角烧杯；

(6)100 mL、500 mL、1 000 mL 容量瓶；

(7)10 mL、20 mL 移液管；

(8)活性炭(粉状和粒状)；

(9)亚甲基蓝；

(10)过滤装置一套(滤纸、漏斗、小烧杯、过滤架、玻璃棒)。

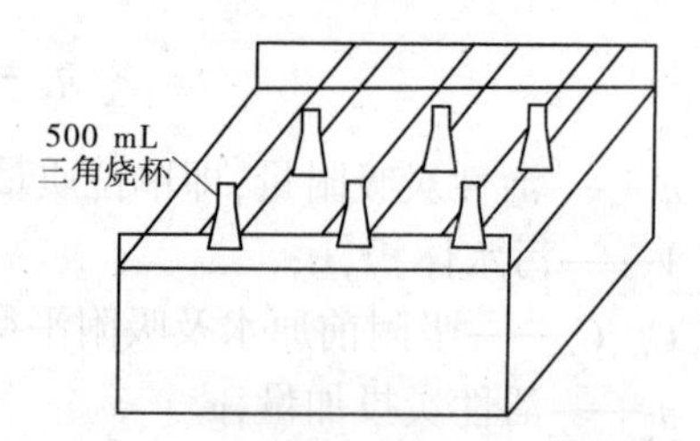

图 3-17 间歇式活性炭吸附实验装置

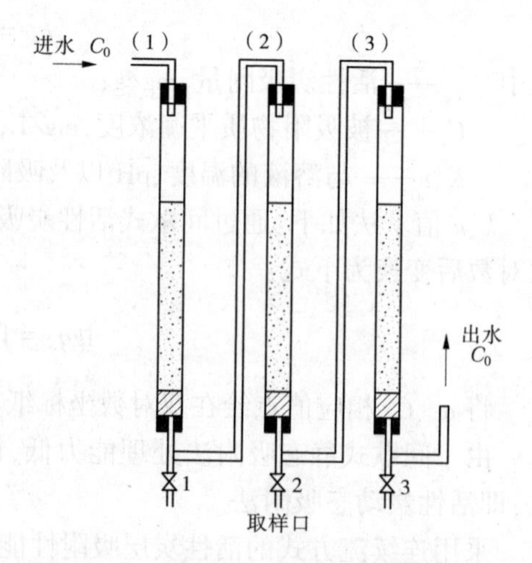

图 3-18 连续流活性炭吸附实验装置

3.4.4 实验步骤及记录

3.4.4.1 间歇式活性炭吸附实验

(1)配制浓度为 50 mg/L 的亚甲基蓝溶液 1 000 mL；

(2)用十倍稀释法依次配制浓度为 5 mg/L、1 mg/L、0.5 mg/L、0.1 mg/L、0.05 mg/L、0.01 mg/L 的亚甲基蓝溶液于 100 mL 容量瓶中；

(3)用分光光度计测定其吸光度值(吸附波长为 665 nm)，记录到表 3-14 中，找出其

浓度与吸光度的关系，绘制标准曲线；

（4）配制 10 mg/L 的亚甲基蓝溶液 500 mL，用天平分别称取 0.5 mg、1.5 mg、2.5 mg、3.5 mg、5 mg 左右的粉末活性炭投入三角瓶中，每瓶中加入 50 mL、10 mg/L 的亚甲基蓝溶液；

（5）将三角烧瓶放在振荡器上振荡，当达到吸附平衡时停止振荡。（振荡时间一般为 25～30 min）。

（6）过滤各三角烧瓶中的污水，测定其吸光度值，求出吸附容量 q。

将实验数据记录于表 3-15。

表 3-14 亚甲基蓝浓度与吸光度值的对应关系

亚甲基蓝浓度(mg/L)	吸光度

表 3-15 活性炭间歇吸附实验记录

活性炭重(mg)	平衡时吸光度	平衡时浓度 C_e(mg/L)	吸附容量 q_e(mg/g)

3.4.4.2 连续流活性炭吸附实验

（1）配制 10 mg/L 的亚甲基蓝溶液，测定其吸光度，并记录到表 3-16 中。

（2）在内径为 20～30 mm、高为 1 000 mm 的有机玻璃管中装入 500～750 mm 高的经水洗、烘干后的活性炭。

（3）以每分钟 40～200 mL 的流量，按升流或降流的方式运行（运行时炭层中不应有气泡）。本实验装置为降流式，实验至少要用三种以上的不同流速 v 进行。

（4）在每一流速运行稳定后，每隔 10～30 min 由各炭柱取样，测定出水吸光度值，至出水中吸光度达到进水中吸光度的 0.9～0.95，记录结果填在表 3-16 中。

表 3-16 连续流炭柱吸附实验记录

原水吸光度 E_0 = 原水浓度 C_0 =
允许出水浓度 C_B = 滤速 v =
炭柱厚(m) H_1 = H_2 = H_3 =

工作时间 t(h)	出水水质(mg/L)		
	柱 1	柱 2	柱 3

3.4.5 实验数据与整理

3.4.5.1 间歇式活性炭吸附实验

(1)根据表 3-15 记录的原始数据,按式(3-23)计算吸附容量 q_e。

(2)利用 q_e—C_e 相应数据和式(3-24),经回归分析求出 K、n 值或利用作图法,将 C_e 和相应的 q_e 值在双对数坐标纸上绘制出吸附等温线,直线斜率为$\frac{1}{n}$,截距为 K。

$\frac{1}{n}$值越小,活性炭吸附性能越好,一般认为当$\frac{1}{n}$=1.0~0.5 时,水中欲去除杂质易被吸附;$\frac{1}{n}$>2 时难于吸附。当$\frac{1}{n}$值较小时,多采用间歇式活性炭吸附操作;当$\frac{1}{n}$值较大时,最好采用连续式活性炭吸附操作。

3.4.5.2 连续流活性炭吸附实验

(1)记录实验数据,并根据 t—C 关系确定当出水溶质浓度等于 C_B时各柱的工作时间 t_1、t_2、t_3。

(2)根据式(3-27)以时间 t_i为纵坐标,以炭层厚 H_i为横坐标,绘制 H—t 直线图,直线截距为 $\ln(C_0/C_B-1)/KC_0$,斜率为 N_0/C_0v。

(3)将已知 C_0、C_B、V 等值代入,求出流速常数 K 和吸附容量 N_0值。

(4)根据式(3-28)求出每一流速下炭层临界深度 H_0值。

(5)按表 3-16 给出各滤速下吸附设计参数 K、H_0、N_0值,或绘图,供设备设计时参考。

连续流活性炭吸附实验结果记录于表 3-17。

表 3-17 活性炭吸附实验结果

流速 v(m/h)	N_0(mg/L)	K(L/(mg·h))	H_0(m)

【思考题】

(1)吸附等温线有什么现实意义?

(2)作吸附等温线时为什么要用粉末活性炭?

3.5　消毒实验

3.5.1　折点加氯消毒实验

经过混凝沉淀、澄清、过滤等水质净化过程,水中大部分悬浮物质已被去除,但是还有一定数量的微生物,包括对人体有害的病原菌仍在水中,常采用消毒方法来杀死这些致病微生物。

氯消毒广泛用于给水处理和污水处理。由于不少水源受到不同程度的污染,水中含有一定浓度的氨氮,掌握折点加氯消毒的原理及其实验技术,对解决受污染水源的消毒问题,很有必要。

3.5.1.1　实验目的

(1)掌握氯消毒的基本原理。

(2)掌握需氯量和加氯量的计算方法。

3.5.1.2　实验原理

氯气和漂白粉加入水中后发生如下反应:

$$Cl_2+H_2O \rightleftharpoons HClO+HCl \tag{3-29}$$

$$2Ca(ClO)_2+2H_2O \rightleftharpoons 2HClO+Ca(OH)_2+CaCl_2 \tag{3-30}$$

$$HClO \rightleftharpoons H^++ClO^- \tag{3-31}$$

次氯酸和次氯酸根均有消毒作用,但前者消毒效果较好,因细菌表面带负电,而 HClO 是中性分子,可以扩散到细菌内部破坏酶系统,阻碍细菌的新陈代谢,导致细菌的死亡。

如果水中没有细菌、氨有机物和还原性物质,则投加在水中的氯全部以自由氯形式存在,即余氯量等于加氯量。

由于水中存在有机物以及相当数量的氨氮化合物,它们的性质很不稳定,常发生化学反应逐渐转变为氨,氨在水中以游离态或铵盐形式存在。加氯后,氯与氨必生成化合性氯,同样也起消毒作用。根据水中氨的含量、pH 高低及加氯量,加氯量与剩余氯量的关系,将出现四个阶段,即四个区间(见图 3-19)。

第一区间 *OA* 段:表示水中杂质把氯消耗光,余氯量为零,消毒效果不可靠。

第二区间 *AB* 段:加氯量增加后,水中有机物等被氧化殆尽,出现化合性余氯,反应式为:

$$NH_3+HClO \rightleftharpoons NH_2Cl+H_2O \tag{3-32}$$

$$NH_2Cl+HClO \rightleftharpoons NHCl_2+H_2O \tag{3-33}$$

若氨与氯全部生成 NH_2Cl,则投加氯气用量是氨的 4.2 倍,水中 $pH<6.5$ 时主要生成 $NHCl_2$。

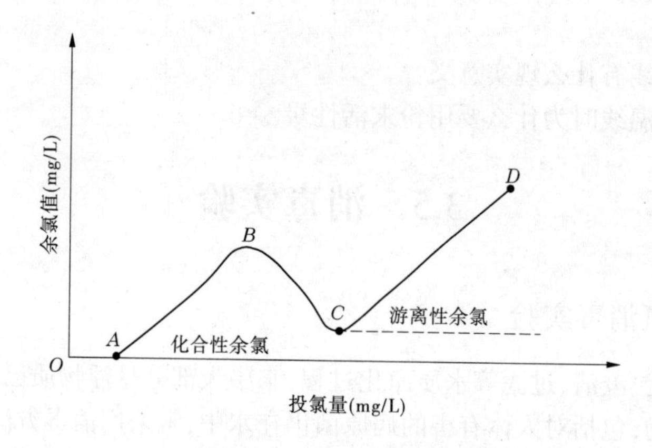

图 3-19　折点加氯曲线

第三区间 *BC* 段：投加的氯量不仅生成 $NHCl_2$、NCl_3，同时还发生下列反应：

$$2NH_2Cl+HClO \rightarrow N_2\uparrow+3HCl+H_2O \tag{3-34}$$

结果使氨氮被氧化生成一些不起消毒作用的化合物，余氯逐渐减少，最后到最低的折点 *C*。

第四区间 *CD* 段：继续增加加氯量，水中开始出现游离性余氯。加氯量超过折点时的加氯称为折点加氯或过量加氯。

3.5.1.3　实验设备与用品

(1) 折点加氯消毒设备；

(2) 水箱或水桶；

(3) 20 L 玻璃瓶；

(4) 50 mL、100 mL 比色管；

(5) 1 mL 及 5 mL 移液管；

(6) 10 mL、50 mL、1 000 mL 量筒；

(7) 温度计。

3.5.1.4　实验步骤及记录

1.药剂制备

(1) 1%浓度的氨氮溶液 100 mL。称取 3.819 g 干燥过的无水氯化铵(NH_4Cl)溶于不含氨的蒸馏水中稀释至 100 mL，氨氮浓度为 1%，即 10 g/L。

(2) 1%浓度的漂白粉溶液 500 mL。称取漂白粉 5 g 溶于 100 mL 蒸馏水中调成糊状，然后稀释至 500 mL 即得。其有效氯含量约为 2.5 g/L。

2.水样制备

取自来水 20 L 加入 1%浓度氨氮溶液 2 mL，混匀，即得实验用原水，其氨氮含量约 1 mg/L。

3.进行折点加氯实验

(1) 测原水水温及氨氮含量（采用纳氏试剂分光光度法，具体见附 4），记入表 3-18 中。

（2）测漂白粉溶液中有效氯的含量。取漂白粉溶液 1 mL,用蒸馏水稀释至 500 mL,测出余氯量,记入表 3-18。

（3）在 12 个 1 000 mL 烧杯中盛原水 1 000 mL。

（4）当加氯量分别为 1 mg/L、2 mg/L、4 mg/L、6 mg/L、7 mg/L、8 mg/L、9 mg/L、10 mg/L、12 mg/L、14 mg/L、17 mg/L、20 mg/L 时,计算 1%浓度漂白粉溶液的投加量(mL)。

（5）将 12 个盛有 1 000 mL 原水的烧杯编号(1、2、…,12),依次投加 1%浓度的漂白粉溶液,其投加量分别为 1 mg/L、2 mg/L、4 mg/L、6 mg/L、7 mg/L、8 mg/L、9 mg/L、10 mg/L、12 mg/L、14 mg/L、17 mg/L、20 mg/L,快速混匀 2 h,立即测各烧杯水样的游离氯、化合氯及总氯的量。各烧杯水样测余氯方法相同,均采用邻联甲苯胺亚砷酸盐比色法,具体见附 5。

3.5.1.5　实验数据与整理

根据比色测定结果进行余氯计算,绘制游离性余氯、化合性余氯及总余氯与投氯量的关系曲线。

表 3-18　折点加氯实验记录

原水水温__________℃　氨氮含量__________mg/L　漂白粉溶液含氯量__________mg/L

水样编号		1	2	3	4	5	6	7	8	9	10	11	12
漂白粉溶液投加量(mL)													
加氯量(mg/L)													
比色测定结果(mg/L)	A												
	B_1												
	B_2												
	C												
余氯计算	总余氯(mg/L) $D=C-B_2$												
	游离性余氯(mg/L) $E=A-B_1$												
	化合性余氯(mg/L) $F=D-E$												

【思考题】

(1)水中含有氨氮时,投氯量与余氯量关系曲线为何出现折点?

(2)有哪些因素影响投氯量?

(3)本实验原水如采用折点后加氯消毒,应有多大的投氯量?

附4　氨氮的测定——纳氏试剂分光光度法

1.水样的预处理

水样带色或混浊以及含有其他一些干扰物质,影响氨氮的测定。为此,在分析时需作适当的预处理。对较清洁的水,可采用絮凝沉淀法;对污染严重的水或工业废水,则用蒸馏法消除干扰,此处仅介绍絮凝沉淀法。

加适量的硫酸锌于水样中,并加氢氧化钠呈碱性,生成氢氧化锌沉淀,再经过滤除,去颜色和浊度等。

1)仪器

100 mL 具塞量筒或比色管。

2)试剂

(1)10%硫酸锌溶液:称取 10 g 硫酸锌溶于水,稀释至 100 mL。

(2)25%氢氧化钠溶液:称取 25 g 氢氧化钠溶于水,稀释至 100 mL,贮于聚乙烯瓶中。

(3)硫酸,$\rho=1.84$。

3)步骤

取 100 mL 水样于具塞量筒或比色管中,加入 1 mL10%硫酸锌溶液和0.1~0.2 mL25%氢氧化钠溶液,调节 pH 至 10.5 左右,混匀,放置沉淀。用经无氨水充分洗涤过的中速滤纸过滤,弃去初滤液 20 mL。

2.纳氏试剂光度法

1)方法原理

碘化汞和碘化钾的碱性溶液与氨反应生成淡红棕色胶态化合物,此颜色在较宽的波长内具有强烈吸收的特性。通常测量用波长为 410~425 nm。

2)干扰及消除

脂肪胺、芳香胺、醛类、丙酮、醇类和有机氯胺类等有机化合物,以及铁、锰、镁和硫等无机离子,因产生异色或混浊而引起干扰,水中颜色和浑浊亦影响比色。为此,须经絮凝沉淀过滤或蒸馏预处理,易挥发的还原性干扰物质,还可以在酸性条件下加热以除去。对金属离子的干扰,可加入适量的掩蔽剂加以消除。

3)方法的适用范围

本法最低检出浓度为 0.025 mg/L,测定上限为 2 mg/L。水样做适当的预处理后,本法可适用于地表水、地下水、工业废水和生活污水中氨氮的测定。

4)仪器

(1)分光光度计。

(2)pH 计。

5)试剂

配制试剂用水均为无氨水。

(1)纳氏试剂。称取 16 g 氢氧化钠溶于 50 mL 水中,充分冷却至室温;称取 7 g 碘化钾和10 g碘化汞溶于水，然后将此溶液在搅拌下徐徐注入氢氧化钠溶液中，用水稀释至100 mL，贮于聚乙烯瓶中，密塞保存。

(2)酒石酸钾钠溶液：称取50 g酒石酸钾钠溶于100 mL水中，加热煮沸以除去氨，充分冷却后，定溶至100 mL。

(3)铵标准贮备溶液：称取3.819 g经100 ℃干燥过的优级纯氯化铵(NH_4Cl)溶于水中，移入1 000 mL容量瓶中，稀释至标线。此溶液每毫升含1.00 mg氨氮。

(4)铵标准使用溶液：移取5.00 mL铵标准贮备液于500 mL容量瓶中，用水稀释至标线。此溶液每毫升含0.010 mg氨氮。

6)步骤

(1)校准曲线的绘制。

①分别吸取0、0.50、1.00、3.00、5.00、7.00和10.00铵标准使用溶液于50 mL比色管中，加水至标线，加1.0 mL酒石酸钾钠溶液，混匀；加1.5 mL纳氏试剂，混匀；放置10 min后，在波长420 nm处，用光程20 mm比色皿，以水为参比，测量吸光度。

②由测得的吸光度，减去零浓度空白的吸光度后，得到校正吸光度，绘制以氨氮含量(mg)对校正吸光度的校准曲线。

(2)水样的测定。

分取适量经絮凝沉淀预处理后的水样(使氨氮含量不超过0.1 mg)，加入50 mL比色管中，稀释至标线，加1.0 mL酒石酸钾钠溶液，以下同校准曲线的绘制。

(3)空白试验。

以无氨水代替水样，做全程序空白测定。

7)计算

由水样测得的吸光度减去空白试验的吸收度后，从标准曲线上查得氨氮含量(mg)。

$$\text{氨氮} = \frac{m}{V} \times 1\,000 \quad (\text{mg/L}) \tag{3-35}$$

式中　m——由校准曲线查得的氨氮量，mg；

V——水样体积，mL。

附5　余氯的测定——邻联甲苯胺亚砷酸盐比色法

1.试剂

1)邻联甲苯胺溶液

称取1 g邻联甲苯胺溶于5 mL20%盐酸中(浓盐酸1 mL稀释至5 mL)，将其调成糊状，投加150~200 mL蒸馏水使其完全溶解，置于量筒中补加蒸馏水至505 mL，最后加入20%盐酸495 mL，共1 L。此溶液放在棕色瓶内置于冷暗处保存，温度不得低于0 ℃，以免产生结晶影响比色，也不要使用橡皮塞，该溶液最多能使用半年。

2)亚砷酸钠溶液

称取5 g亚砷酸钠溶于蒸馏水中，稀释至1 L。

3)磷酸盐缓冲溶液

将分析纯无水磷酸氢二钠(Na_2HPO_4)和分析纯无水磷酸二氢钾(KH_2PO_4)放在105~

110 ℃烘箱内，2 h后取出放在干燥器内冷却，前者称取22.86 g，后者称取46.14 g。将此两者同溶于蒸馏水中，稀释至1 L。至少静置4 d，等其中沉淀物析出后过滤。取滤液800 mL加蒸馏水稀释至4 L，即得磷酸盐缓冲液4 L。此溶液的pH为6.45。

4）铬酸钾-重铬酸钾溶液

称取4.65 g分析纯干燥铬酸钾（$K_2Cr_2O_4$）和1.55 g分析纯干燥重铬酸钾（$K_2Cr_2O_7$）溶于磷酸盐缓冲溶液中，并用磷酸盐缓冲液稀释至1 L即得。此溶液相当于10 mg/L余氯与邻联甲苯胺所产生的颜色。

5）余氯标准比色溶液

按表3-19所需的铬酸钾-重铬酸钾溶液，用移液管加到100 mL比色管中，再用磷酸盐缓冲液稀释至刻度，记录其相当于氯的数量，即得余氯标准比色溶液。

表3-19 余氯标准比色溶液的配制

氯（mg/L）	铬酸钾-重铬酸钾（mL）	氯（mg/L）	铬酸钾-重铬酸钾（mL）
0.01	0.1	0.80	8.0
0.02	0.2	0.90	9.0
0.05	0.5	1.00	10.0
0.07	0.7	2.00	19.7
0.10	1.0	3.00	29.0
0.15	1.5	4.00	39.0
0.20	2.0	5.00	48.0
0.30	3.0	6.00	58.0
0.40	4.0	7.00	68.0
0.50	5.0	8.00	77.5
0.60	6.0	9.00	87.0
0.70	7.0	10.00	97.0

2.步骤

（1）取100 mL比色管3支，标注甲、乙、丙。

（2）吸取100 mL水样投加甲管中，立即投加1mL邻联甲苯胺溶液，混匀，迅速投加2 mL亚砷酸钠溶液，混匀，越快越好；2 min后（从邻联甲苯胺溶液混匀后算起）立即与余氯标准比色溶液比色，记录结果A（A表示该水样游离性余氯和干扰物质与邻联甲苯胺迅速混合后所产生的颜色）。

(3)吸取 100 mL 水样投加于乙管中,立即投加 2 mL 亚砷酸钠溶液,混匀,迅速投加 1 mL 邻联甲苯胺溶液,2 min 后与余氯标准比色溶液比色,记录 B_1。待 15 min 后(从加入邻联甲苯胺溶液混匀后算起),再取乙管中水样与标准比色溶液比较,记录结果 B_2(B_1代表干扰物质与邻联甲苯胺溶液迅速混匀后产生的颜色,B_2代表干扰物质与邻联甲苯胺溶液混匀 15 min 后所产生的颜色)。

(4)吸取 100 mL 水样投加于丙管中,并立即投加 1 mL 邻联甲苯胺溶液,混匀,静置 15 min,再与余氯标准比色溶液比色,记录结果 C(C 代表总余氯和干扰物质与邻联甲苯胺溶液混匀 15 min 后所产生的颜色)。

(5)余氯(mg/L) $D=C-B_2$;游离性余氯(mg/L) $E=A-B_1$;化合性余氯(mg/L) $F=D-E$。

3.5.2　臭氧消毒实验

3.5.2.1　实验目的

(1)了解臭氧制备装置,熟悉臭氧消毒的工艺流程。

(2)掌握臭氧消毒的实验方法。

(3)验证臭氧杀菌效果。

3.5.2.2　实验原理

臭氧呈淡蓝色,由 3 个氧原子(O_3)组成,具有强烈的杀菌能力和消毒效果。臭氧作为给水消毒剂的应用在世界上已有数十年的历史。

臭氧杀菌效力高是由于:①臭氧氧化能力强;②穿透细胞壁的能力强;③臭氧破坏细菌有机链状结构,导致细菌死亡。

臭氧处理饮用水作用快、安全可靠。随着臭氧处理过程的进行,空气中的氧也充入水中,因此水中溶解氧的浓度也随之增加。臭氧只能在现场制取,不能贮存。这是臭氧的性质决定的。但可在现场随用随产。臭氧消毒所用的臭氧剂量与水的污染程度有关,通常在 0.5~4.0 mg/L。臭氧消毒不需很长的接触时间,不受水中氨氮和 pH 的影响,消毒后的水不会产生二次污染。

臭氧的缺点是电耗大、成本高。臭氧易分解,尤其温度超过 200 ℃以后,因此不利使用。

对臭氧性质产生影响的因素有露点(-50 ℃)、电压、气量、气压、湿度、电频率等。

臭氧的工业制造方法采用无声放电原理。空气在进入臭氧发生器之前要经过压缩、冷却、脱水等过程,然后进入臭氧发生器进行干燥净化处理,并在发生器内经高压放电,产生浓度为 10~12 mg/L 的臭氧化空气,其压力为 0.4~0.7 MPa。将此臭氧化空气引至消毒设备应用。臭氧化空气由消毒用的反应塔(或称接触塔)底部进入,经微孔扩散板(布气板)喷出,与塔内待消毒的水充分接触反应,达到消毒的目的。反应塔是关键设备,直接影响出水水质。

臭氧消毒后的尾气还可引至混凝沉淀池加以利用。这样,不仅可降低臭氧耗量,还可降低运转费用。因为原水中的胶体物质或藻类可被臭氧氧化,并通过混凝沉淀去除,提高过滤水质。

3.5.2.3　**实验设备与用品**

实验装置包括气源处理装置、臭氧发生器、接触投配装置、检测仪表等部分。

XY-T 型臭氧成套处理装置(上海环保设备仪器厂生产)的工艺流程如图 3-20 所示。

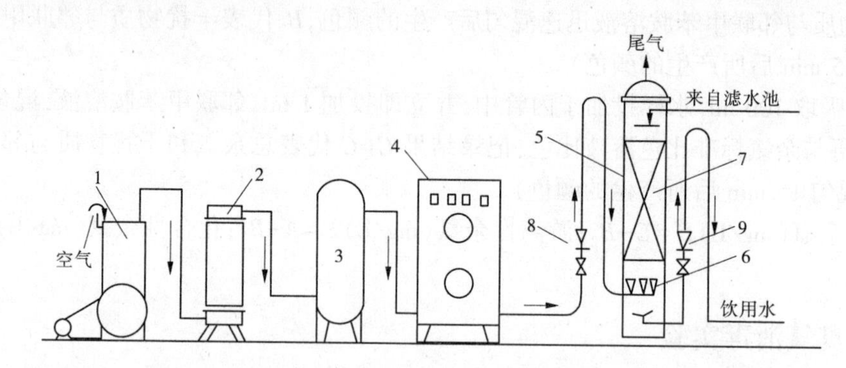

1—无油润滑空压机(可以压缩到 0.6~0.8 MPa);2—冷却器;3—贮气罐;4—XY 型臭氧发生器;
5—反应塔;6—扩散板;7—瓷环填料层;8—气体转子流量计;9—水转子流量计

图 3-20　XY-T 型臭氧成套装置工艺流程示意图

为便于实验对比,该装置的反应塔应设两个,图中装置 1 、2 、3 也可以不用,而代之以氧气瓶,纯氧直接进入臭氧发生器,产生的臭氧质纯,且操作简便,更适于实验室条件应用,如图 3-21 所示。

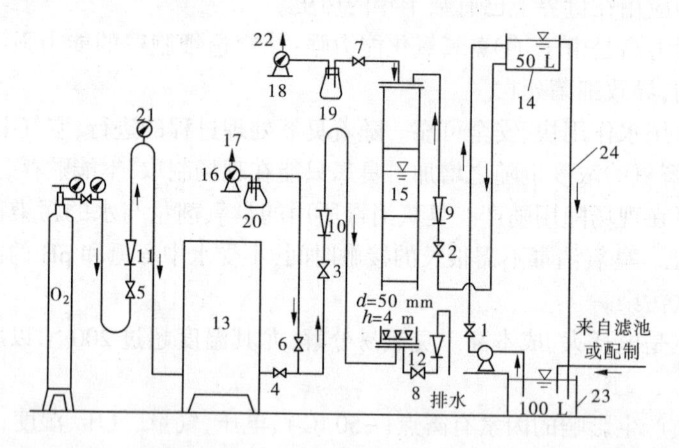

1—高水箱进水阀;2—反应塔进水阀;3—反应塔进气阀;4—发生器出气阀;5—氧气瓶出气阀;
6—测臭氧浓度用阀;7—测臭氧尾气用阀;8—排水阀;9~12—转子流量计;13—臭氧发生器;
14—高水箱;15—反应塔;16、18—煤气表;17—测臭氧浓度;19、20—气体收瓶;
21—压力表;22—测尾气浓度;23—低水箱;24—溢流管

图 3-21　臭氧消毒装置流程图

3.5.2.4　**实验步骤及记录**

(1)将滤池来水(或自配水样)装满低水箱,然后启动微型泵将水送至高水箱(此时开阀门 1);

(2)开阀门 2 将高水箱水源源不断地送入反应塔至预定高度(此时排水阀 8 应为关闭);

(3)与此同时,打开臭氧发生器进出气阀 3 及 4,使臭氧由反应塔底部经布气板进入塔内,与水充分接触(气泡越细越好);

(4)开反应塔排水阀 8 放水(为已消毒的水),并通过调节阀门,将各转子流量计读数调至所需值;

(5)调阀门 3、4 改变臭氧投量,至少 3 次,以便画曲线,并读各转子流量计的读数;

(6)每次读流量值的同时测进气臭氧及尾气臭氧浓度;

(7)取进水及出水水样备检,备检水样置于培养皿内培养基上,在 37 ℃恒温箱内培养 24 h ,测细菌总数。

以上各项读数及测得数值均记入表 3-20 。

表 3-20　臭氧消毒实验记录表

水样编号	停留时间(min)	进水流量(L/h)	进水细菌总数(个/mL)	进气流量 Q_m(L/h)	进气压力 P_m (MPa)	标准状态进气流量 Q_N (L/h)	臭氧浓度(mg/h)		臭氧投量(mg/h)	出水细菌总数(个/mL)	出水臭氧浓度(mg/L)	反应塔内水深(m)	细菌去除率(%)	臭氧利用系数(%)	说明
							进气 C_1	尾气 C_2							
1															
2															
3															
4															
5															
⋮															

【注意事项】

(1)实验时要摸索出最佳 T、H、G、C 值(T 为停留时间(min),H 为塔内水深(m),G 为臭氧投量(mg/h),C 为臭氧浓度(mg/L))。方法有:①固定 T、H,变 G;②:固定 G、H,变 T;③固定 G、T,变 H。一般不变 C 值,而是固定 G、H,变 T 者较多。本实验按①方法进行,也可用正交实验法进行。

(2)臭氧利用系数也称吸收率,其值以进气浓度 C_1 与尾气浓度 C_2 间的关系表示:

$$\text{臭氧利用系数(吸收率)}=\frac{C_1-C_2}{C_1} \tag{3-36}$$

(3)臭氧浓度的测定方法见附 6。

(4)实验前熟悉设备情况,了解各阀门及仪表用途,臭氧有毒性、高压电有危险,要切实注意安全。

(5)实验完毕先切断发生器电源,然后停水,最后停气源和空气压缩机,并关闭各有关阀门。

3.5.2.5 实验数据与整理

(1)按下式计算标准状态下的进气流量：

$$Q_N = Q_m\sqrt{1 + P_m} \tag{3-37}$$

式中 Q_N——标准状态下的进气流量,L/h；

Q_m——压力状态下的进气流量,L/h（进气流量即流量计所示流量）；

P_m——压力表读数,MPa 。

(2)按下式计算臭氧投量。

臭氧投量或者臭氧发生器的产量以 G 表示：

$$G = CQ_N \quad (mg/h) \tag{3-38}$$

式中 C——臭氧浓度,mg/L 。

(3)求臭氧利用系数及细菌去除率。

(4)作臭氧消耗量与细菌总数去除率曲线。

【思考题】

(1)如果用正交法求饮用水消毒的最佳剂量,应选用哪些因素与水平？

(2)臭氧消毒后管网内有无剩余臭氧？是否会产生二次污染 ？

(3)用氧气瓶中氧气或用空气中氧气作为臭氧发生器的气源,各有何利弊 ？

附 6 臭氧浓度的测定

1.原理

臭氧与碘化钾发生氧化还原反应而析出与水样中所含臭氧等量的碘。臭氧含量越多,析出的碘也越多,溶液的颜色就越深,化学反应式如下：

$$O_3 + 2KI + H_2O = I_2 + 2KOH + O_2\uparrow$$

以淀粉作指示剂,用硫代硫酸钠标准溶液滴定,化学反应式如下：

$$I_2 + 2Na_2S_2O_3 = 2NaI + Na_2S_4O_6$$

待完全反应,生成物为无色碘化钠,可根据硫代硫酸钠耗量,计算出臭氧浓度。

2.设备及用具

(1)500 mL 气体吸收瓶；

(2)25 mL 量筒；

(3)湿式煤气表；

(4)气体转子流量计 20~25 L/h；

(5)浓度 20%碘化钾溶液 1 000 mL；

(6)6 N 硫酸溶液 1 000 mL；

(7)0.1 N 硫代硫酸钠标准溶液 1 000 mL；

(8)浓度 1%淀粉溶液 100 mL。

3.测定步骤

(1)用量筒将碘化钾溶液(浓度 20%)20 mL 加入气体收集瓶中；

(2)往气体吸收瓶中加 250 mL 蒸馏水,摇匀；

(3)打开进气阀门,往瓶内通入臭氧化空气 2 L,用湿式气体流量计(控制进气口转子流量计读数为500 mL/min)，平行取2个水样，并加入5 mL的6 N硫酸溶液摇匀后静置5 min。

(4)用0.1 N硫代硫酸钠溶液滴定。待溶液呈淡黄色时，滴入浓度1%的淀粉溶液数滴，溶液呈蓝褐色；

(5)继续用0.1 N硫代硫酸钠溶液滴定至无色，记录其用量。

4.成果整理

计算臭氧浓度 C：

$$C=\frac{24N_2V_2}{V_1}\quad(mg/L) \tag{3-39}$$

式中　N_2——硫代硫酸钠溶液的摩尔浓度；

V_2——硫代硫酸钠溶液的滴定用量(体积)，mL；

V_1——臭氧取样体积，取2 L。

3.6　离子交换软化除盐实验

离子交换软化法在水质工程中有广泛的应用。作为水质工程技术人员，应当掌握离子交换树脂的鉴别方法、交换容量的测定方法并了解软化水装置的操作运行。

3.6.1　树脂类型的鉴别

3.6.1.1　实验目的

(1)加深对离子交换树脂的直观认识。

(2)掌握离子交换树脂的鉴别方法。

3.6.1.2　实验原理

树脂的类型有四种，即强酸性、强碱性、弱酸性和弱碱性。它们各有其特性与用途，不能混淆。离子交换树脂颗粒粒径的大小及均匀度，对数脂的交换容量、交换速度、树脂层水头损失、树脂层反洗膨胀等有一定的影响。在新树脂到货时，应对其性能，如类型、交换能力等进行测定，以免发生误差，影响生产。

3.6.1.3　实验设备与用品

(1)1 mol/L HCl溶液；

(2)10% $CuSO_4$溶液(1%H_2SO_4酸化)；

(3)5 mol/L NH_4OH溶液；

(4)1 mol/L NaOH溶液；

(5)0.1%酚酞、0.1%甲基红各50 mL；

(6)阴、阳树脂各200 g；

(7)100 mL带塞试管。

一般强性树脂的出厂型为盐型，而弱性树脂的出厂型则为H^+或OH^-型。故以出厂型的树脂为准，进行实验，根据实验反应结果能确定树脂类型。四种类型树脂在交换过程中的离子反应方程为：

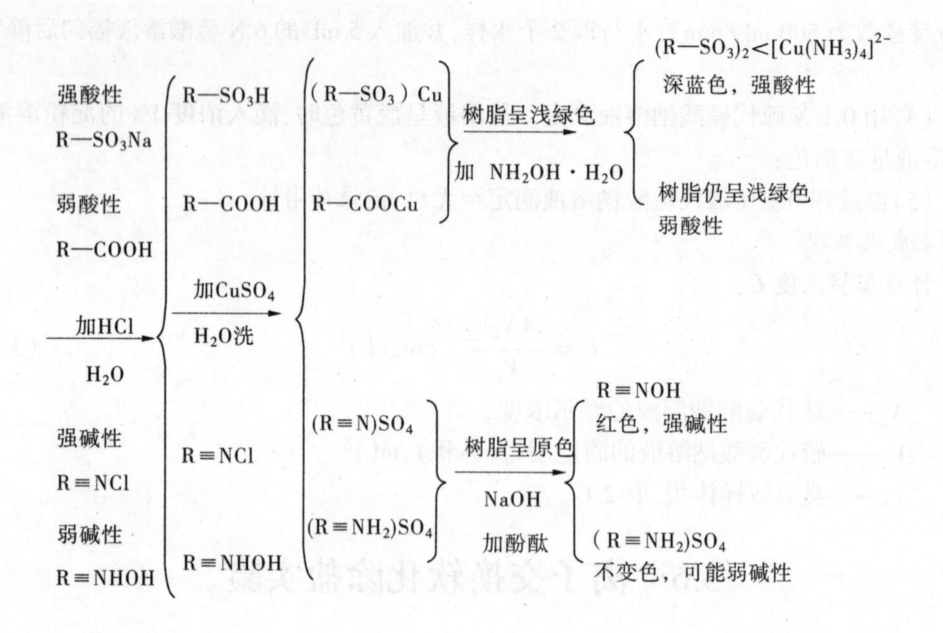

3.6.1.4 实验步骤及记录

1.阳树脂和阴树脂的区分

(1)取 2 mL 左右的树脂样品,置于 30 mL 的试管中,用吸管吸去树脂层面以上的水。

(2)加入浓度为 1 mol/L HCl 溶液 5 mL,摇动 1~2 min,将上部清液吸去,重复此操作 3 次。

(3)加入纯水清洗摆动后,将上部清液吸去,重复操作 2~3 次,除去树脂中过剩的盐酸。

(4)加入 5 mL 10% $CuSO_4$溶液,摇动 1 min,放置 5 min 观察。树脂呈浅绿色的,为阳树脂,不变色的,为阴树脂。

2.强酸性阳树脂和弱酸性阳树脂的区分

在上述区分阳树脂和阴树脂的基础上,将呈浅绿色(阳树脂)的树脂用纯水充分清洗后,再加入浓度为 5 mol/L 氨液(NH_4OH)溶液 2 mL,摇动 1 min 再用纯水充分清洗 2~3 次,树脂颜色变为深蓝色,则为强酸性阳树脂。仍保持原来颜色,则为弱酸性阳树脂。

3.强碱性阴树脂和弱碱性阴树脂的区分

在前述区分阳树脂和阴树脂的基础上,将未变化颜色的树脂(阴树脂),用纯水充分清洗,然后进行下列操作:

(1)加入浓度为 1 mol/L 的烧碱(NaOH)溶液 5mL,摇动 1min,用纯水充分清洗。

(2)加入 5 滴酚酞指示剂,摇动 1 min,用纯水充分清洗,若树脂呈红色,则为强碱性阴树脂,如不变色,则可能为弱碱性阴树脂。

4.确定弱碱性阴树脂

在上述区分强碱性阴树脂和弱碱性阴树脂的基础上,将不变色的树脂(可能为弱碱性阴树脂)按程序进行下述操作:

（1）加入浓度为1 mol/L的盐酸5 mL，摇动1 min，然后用纯水清洗2～3次。

（2）加入5滴甲基红（或甲基橙），摇动1 min后，用纯水充分清洗，若树脂呈桃红色，则可肯定为弱碱阴树脂，若树脂不变色，则表示此种树脂无离子交换能力。

3.6.1.5　实验数据与整理

确定鉴定树脂为________型树脂。

3.6.2　强酸性阳离子交换树脂交换容量的测定

3.6.2.1　实验目的

（1）加深对强酸性阳离子交换树脂交换容量的理解。

（2）掌握测定强酸性阳离子交换树脂交换容量的测定方法。

3.6.2.2　实验原理

交换容量是交换树脂最重要的性能指标，它定量地表示树脂交换能力的大小。树脂交换容量在理论上可以从树脂单元结构式粗略地计算出来。强酸性阳离子交换树脂交换容量的测定需经过树脂预处理，即经过酸、碱轮流浸泡，以去除树脂表面可溶性杂质。测定阳离子交换树脂交换容量常采用碱滴定法，用酚酞作指示剂，按下式计算交换容量：

$$E=\frac{NV}{W\times \text{固体含量}(\%)}(\text{干树脂})\quad (\text{mmol/g}) \tag{3-40}$$

式中　N——NaOH标准溶液的摩尔浓度；

V——NaOH标准溶液的用量，mL；

W——样品湿树脂重，g。

3.6.2.3　实验设备与用品

（1）天平（万分之一精度）；

（2）烘箱；

（3）干燥器；

（4）250 mL三角烧瓶；

（5）10 mL移液管。

3.6.2.4　实验步骤及记录

1.强酸性阳离子交换树脂的预处理

取样品约10 g，以1 mol/L H_2SO_4或2 mol/L HCl与1 mol/L NaOH轮番浸泡，即按酸—碱—酸—碱—酸顺序浸泡5次，每次2h，浸泡液体积为树脂体积的2～3倍。在酸碱互换时应用200 mL去离子水进行洗涤。5次浸泡结束后，用去离子水洗涤到溶液呈中性。

2.测强酸性阳离子交换树脂固体含量（%）

称取双份1.0 g的样品，将其中一份放入105～110 ℃烘箱中约2 h，烘干至恒重后放入氯化钙干燥器中冷却至室温，称重，记录干燥后的树脂重。固体含量计算式如下：

$$\text{固体含量}=\frac{\text{干燥后的树脂重}}{\text{样品重}}\times 100\% \tag{3-41}$$

3.强酸性阳离子交换树脂交换容量的测定

将一份1.0 g的样品置于250 mL三角烧瓶中,投加0.5 mol/L NaCl溶液100 mL摇动5 min,放置2 h后加入1%酚酞指示剂3滴,用0.1 mol/LNaOH溶液进行滴定,至呈微红色且15 s不褪色,即为终点。记录NaOH标准溶液的浓度及用量见表3-21。

表3-21 强酸性阳离子交换树脂交换容量测定记录

湿树脂样品重 W(g)	干燥后的树脂重 W_1(g)	树脂固体含量(%)	NaOH标准溶液的浓度 C(mol/L)	NaOH标准溶液的用量 V(mL)	交换容量 E (mmol/g干树脂重)

3.6.2.5 实验数据与整理

(1)根据实验测定数据,计算树脂固体含量。

(2)根据实验测定数据,计算树脂交换容量。

【思考题】

(1)测定强酸性阳离子交换树脂的交换容量为何用强碱液NaOH滴定?

(2)写出本实验有关化学反应式。

3.6.3 软化实验

3.6.3.1 实验目的

(1)熟悉顺流再生固定床运行操作过程。

(2)加深对钠离子交换基本理论的理解。

3.6.3.2 实验原理

钙离子或镁离子是产生水硬度的主要成分。当含有钙离子或镁离子的水通过装有阳离子交换树脂的交换器时,水中的钙离子和镁离子便与树脂中的可交换离子(钠型树脂中的钠离子,氢型树脂中的氢离子)交换,使水中的钙离子和镁离子含量降低或基本上全部去除,这个过程叫作水的软化。树脂失效后要进行再生,即把树脂上吸附的钙、镁离子置换出来,代之以新的可交换离子。钠离子型交换树脂用食盐(NaCl)再生,氢离子型交换树脂用盐酸(HCl)或硫酸(H_2SO_4)再生。基本反应式如下。

1.钠离子型交换树脂

交换过程:

$$2RNa+Ca\begin{Bmatrix}(HCO_3)_2\\Cl_2\\SO_4\end{Bmatrix}\rightarrow R_2Ca+\begin{Bmatrix}2NaHCO_3\\2NaCl\\Na_2SO_4\end{Bmatrix}\tag{3-42}$$

$$2RNa+Mg\begin{Bmatrix}(HCO_3)_2\\Cl_2\\SO_4\end{Bmatrix}\rightarrow R_2Mg+\begin{Bmatrix}2NaHCO_3\\2NaCl\\Na_2SO_4\end{Bmatrix}\tag{3-43}$$

再生过程:

$$R_2Ca+2NaCl\rightarrow 2RNa+CaCl_2\tag{3-44}$$

$$R_2Mg+2NaCl \rightarrow 2RNa+MgCl_2 \tag{3-45}$$

2.氢离子型交换树脂

交换过程:

$$2RH+Ca\begin{Bmatrix}(HCO_3)_2\\Cl_2\\SO_4\end{Bmatrix} \rightarrow R_2Ca+\begin{Bmatrix}2H_2CO_3\\2HCl\\H_2SO_4\end{Bmatrix} \tag{3-46}$$

$$2RH+Mg\begin{Bmatrix}(HCO_3)_2\\Cl_2\\SO_4\end{Bmatrix} \rightarrow R_2Mg+\begin{Bmatrix}2H_2CO_3\\2HCl\\H_2SO_4\end{Bmatrix} \tag{3-47}$$

再生过程:

$$R_2Ca+\begin{Bmatrix}2HCl\\H_2SO_4\end{Bmatrix} \rightarrow 2RH+\begin{Bmatrix}CaCl_2\\CaSO_4\end{Bmatrix} \tag{3-48}$$

$$R_2Mg+\begin{Bmatrix}2HCl\\H_2SO_4\end{Bmatrix} \rightarrow 2RH+\begin{Bmatrix}MgCl_2\\MgSO_4\end{Bmatrix} \tag{3-49}$$

3.6.3.3　实验设备与用品

(1)软化装置,见图3-22;

(2)100 mL量筒;

(3)秒表(控制再生液流量用);

(4)2 000 mm钢卷尺;

(5)测硬度所需用品;

(6)食盐数百克。

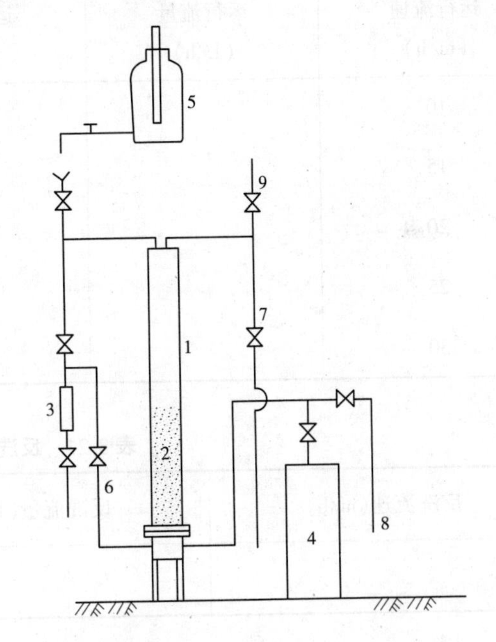

1—软化柱;2—阳离子交换树脂;3—转子流量计;4—软化水箱;5—定量投加再生液瓶;6—反洗进水管;7—反洗排水管;8—清洗排水管;9—排气管

图3-22　软化装置

3.6.3.4　实验步骤及记录

(1)熟悉实验装置,搞清楚每条管路、每个阀门的作用。

(2)测原水硬度(mg/L)参见附7,测量交换柱内径(cm)及树脂层高度(cm)等,数据记入表3-22。

(3)将交换柱内树脂反洗数分钟,反洗流速采用15 min/h,以去除树脂层的气泡。

(4)软化:运行流速采用15 min/h,每隔10 min测一次水硬度。

(5)改变运行流速:流速分别取20 m/h、25 m/h、30 m/h,每个流速下运行5 min,测出水硬度,数据记入表3-23。

(6)反洗:冲洗水用自来水,反洗流速15 m/h。反洗结束将水放至水面高于树脂表面10 cm左右,数据记入表3-24。

(7)根据软化装置树脂工作交换容量(mol/L)、树脂体积(L)、顺流再生钠离子交换

NaCl 耗量(100~120 g/mol)以及食盐 NaCl 含量(海盐 NaCl 含量≥80%~93%),计算再生一次所需食盐量,配制浓度为 10% 的食盐再生液。

(8)再生:再生流速采用 3~5 m/h。调节定量投加再生液瓶出水阀门开启度大小,以控制再生流速。再生液用完时,将树脂在盐液中浸泡数分钟,数据记入表 3-25。

(9)清洗:清洗流速采用 15 m/h,每 5 min 测一次出水硬度,有条件时还可测氯离子,直至出水水质合乎要求。清洗时间约需 50 min,数据记入表 3-26。

(10)清洗完毕结束实验,交换柱内树脂应浸泡在水中。

表 3-22　原水硬度及实验装置有关数据

原水硬度(以 $CaCO_3$ 计)(mg/L)	交换柱内径(cm)	树脂层高度(cm)	树脂名称及型号

表 3-23　交换实验记录

运行流速(m/h)	运行流量(L/h)	运行时间(min)	出水硬度(以 $CaCO_3$ 计)(mg/L)
10		10	
15		10	
20		5	
25		5	
30		5	

表 3-24　反洗记录

反洗流速(m/h)	反洗流量(L/h)	反洗时间(min)

表 3-25　再生记录

再生一次所需食盐量(kg)	再生一次所需浓度 10%的食盐再生液(L)	再生流速(m/h)	再生流量(mL/s)

表 3-26　清洗记录

清洗流速 (m/h)	清洗流量 (L/h)	清洗时间 (min)	出水硬度(以 $CaCO_3$ 计) (mg/L)
15		5	
		10	
		⋮	
		50	

3.6.3.5　实验数据与整理

(1)绘制不同运行流速与出水硬度关系的变化曲线。

(2)绘制不同清洗历时与出水硬度关系的变化曲线。

【思考题】

(1)本实验钠离子交换运行出水硬度是否小于 2.5 mg/L？影响出水硬度的因素有哪些？

(2)影响再生剂用量的因素有哪些？再生液浓度过高或过低有何不利？

附 7　硬度的测定——EDTA 滴定法

1.原理

在 pH 为 10 的条件下,用 EDTA 溶液络合滴定钙离子和镁离子。铬黑 T 作指示剂,与钙和镁生成紫红色或紫色溶液。滴定时,游离的钙离子和镁离子首先与 EDTA 反应,与指示剂络合的钙离子和镁离子随后与 EDTA 反应,最终,溶液的颜色由紫色变为天蓝色。

2.干扰及消除

如试样含铁离子≤30 mg/L,可在临滴定前加入 250 mg 氰化钠或数毫升三乙醇胺掩蔽,氰化物使锌、铜、钴的干扰减至最小;三乙醇胺能减少铝的干扰。加氰化钠前必须保证溶液呈碱性。

如试样含正磷酸盐超出 1 mg/L,在滴定的 pH 条件下可使钙生成沉淀。如滴定速度太慢,或钙含量超出 100 mg/L,会析出碳酸钙沉淀。如上述干扰未能消除,或存在铝、钡、铅、锰等离子干扰,需改用原子吸收法或等离子发射光谱法测定。

3.方法的适用范围

本方法用于测定地下水和地面水中钙和镁含量,不适用于测定含盐量高的水,如海水。本方法测定的溶液最低浓度为 0.05 mmol/L。

4.试剂

(1)缓冲溶液(pH 为 10):称取 1.25 gEDTA 二钠镁($C_{10}H_{12}N_2O_8MgNa_2$)和 16.9 g 氯化铵(NH_4Cl)溶于 143 mL 浓氨水($NH_3 \cdot H_2O$)中,用水稀释至 250 ml。

(2)EDTA 二钠标准溶液(≈10 mmol/L):

①制备:将一份二水合 EDTA 二钠($C_{10}H_{16}N_2Na_2O_8 \cdot 2H_2O$)在 80 ℃干燥 2 h,放入干燥器中冷却至室温,称取 3.725 g 溶于水,在容量瓶中定容至 1 000 mL,盛放在聚乙烯瓶

中,定期校对其浓度。

②标定:按照测定步骤的操作方法,取 20.0 mL 钙标准溶液稀释至 50 mL 标定 EDTA 溶液。

③浓度计算:EDTA 二钠溶液的浓度(C_1),以 mmol/L 表示,用下式计算:

$$C_1=\frac{C_2V_2}{V_1} \tag{3-50}$$

式中 C_2——钙标准溶液的浓度,mmol/L;

V_2——钙标准溶液的体积,mL;

V_1——消耗的 EDTA 二钠溶液体积,mL。

(3)10 mmol/L 钙标准溶液:将一份碳酸钙在 150 ℃干燥 2 h,取出放干燥器中冷却至室温,称取 1.000 g 于 50 mL 锥形瓶中,用水湿润。逐滴加入 4 mol/L 盐酸至碳酸钙全部溶解,避免滴入过量酸。加 200 mL 水,煮沸数分钟驱除二氧化碳,冷至室温,加入数滴甲基红指示液(0.1 g 溶于 100 mL60%乙醇中),逐滴加入 3 mol/L 氨水直至变为橙色,在容量瓶中定容至 1 000 mL。此溶液 1.00 mL 含 0.400 8 mg(0.01 mmol)钙。

(4)铬黑 T 指示剂:将 0.5 g 铬黑 T($HOC_{10}H_6N:N_{10}H_4(OH)(NO_2)SO_3Na$)),溶于 100 mL 三乙醇胺($N(CH_2CH_2OH)_3$),可最多用 25 mL 乙醇($CH_3CH_2OH$)代替三乙醇胺,以减少溶液的黏性,盛放在棕色瓶中。或者配成铬黑 T 指示剂干粉,称取 0.5 g 铬黑 T 与 100 g 氯化钠(NaCl),充分混合,研磨后通过 40~50 目筛,盛放在棕色瓶中,紧塞。

(5)2 mol/L 氢氧化钠溶液:将 8 g 氢氧化钠(NaOH)溶于 100 mL 新鲜蒸馏水中,盛放在聚乙烯瓶中,避免空气中二氧化碳的污染。

(6)三乙醇胺($N(CH_2CH_2OH)_3$)。

5.仪器

常用实验室仪器及 50 mL 滴定管。

6.步骤

1)试样的制备

当试样含钙和镁含量超过 3.6 mmol 时,应稀释至低于此浓度,记录稀释因子(F)。

如试样经过酸化保存,可用计算量的氢氧化钠溶液中和。计算结果时,应把样品或试样由于加酸或碱的稀释考虑在内。

2)测定

吸取 50.0 mL 试样于 250 mL 锥形瓶中,加 4 mL 缓冲溶液和 3 滴铬黑 T 指示剂溶液或 50~100 mg 干粉指示剂,此时溶液应呈紫红或紫色,其 pH 应为 10.0±0.1。为防止产生沉淀,应立即不断振摇,开始滴定时速度宜稍快,接近终点时应稍慢,至溶液由紫红或紫色变为蓝色,记录消耗的 EDTA 二钠溶液体积。

计算公式如下:

$$硬度=\frac{C_1V_1}{V_0}\times 100.1\quad(以\ CaCO_3\ 计,mg/L) \tag{3-51}$$

式中 C_1——EDTA 二钠溶液浓度,mmol/L;

V_1——消耗 EDTA 二钠溶液的体积,mL;

V_0——试样体积，mL；

3.6.4 离子交换除盐实验

有些工业（如电子工业、制药工业）对水中含盐量要求很高，需经除盐制备纯水或高纯水。离子交换法是除盐的主要方法。除盐时还经常使用电渗析器。作为给水质工程技术人员，熟悉并掌握离子交换除盐实验和电渗析实验是必要的。

3.6.4.1 实验目的

（1）了解并掌握离子交换法除盐实验装置的操作方法。

（2）加深对复床除盐基本理论的理解。

3.6.4.2 实验原理

水中各种无机盐类经电离生成阳离子和阴离子，经过氢型离子交换树脂时，水中的阳离子被氢离子所取代，形成酸性水，酸性水经过氢氧型离子交换树脂时，水中的阴离子被氢氧根离子所取代，进入水中的氢离子与氢氧根离子组成水分子（H_2O），从而达到去除水中无机盐类的目的。氢型树脂失效后，用盐酸（HCl）或硫酸（H_2SO_4）再生，氢氧型树脂失效后用烧碱（NaOH）液再生，以氯化钠（NaCl）代表水中无机盐类，水质除盐的基本反应式如下：

1.氢离子交换（阳离子型）

交换：

$$RH+NaCl \rightarrow RNa+HCl$$

再生：

$$2RNa+\left\{\begin{matrix} 2HCl \\ H_2SO_4 \end{matrix}\right\} \rightarrow 2RH+Na_2\left\{\begin{matrix} Cl_2 \\ SO_4 \end{matrix}\right\}$$

2.氢氧根离子交换（阴离子型）

交换：

$$ROH+HCl \rightarrow RCl+H_2O$$

再生：

$$RCl+NaOH \rightarrow ROH+NaCl$$

3.6.4.3 实验设备与用品

（1）除盐装置，见图3-23；

（2）酸度计；

（3）电导率仪；

（4）测硬度所需用品；

（5）100 mL 量筒，秒表，控制再生液流量用；

（6）2 m 钢卷尺；

（7）温度计；

（8）工业盐酸（HCl 含量≥31%）几千克；

（9）固体烧碱（NaOH 含量≥95%）几百克。

3.6.4.4 实验步骤及记录

（1）熟悉实验装置，搞清楚每条管路、每个阀门的作用。

（2）测原水温度、硬度、电导率及 pH，测量交换柱内径及树脂层高度，所得数据记入表3-27 。

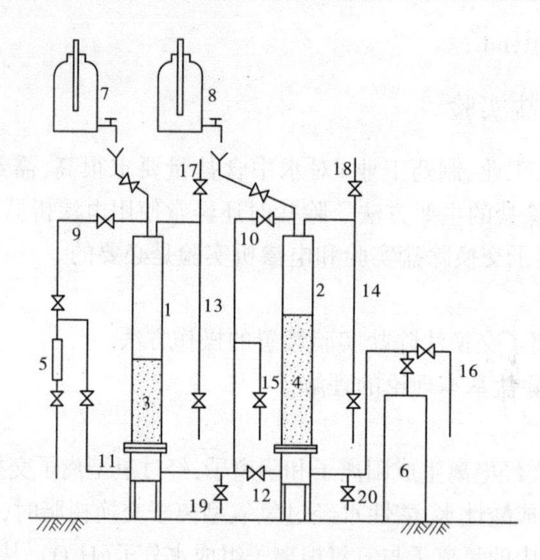

1—阳离子交换柱；2—阴离子交换柱；3—阳离子交换树脂；4—阴离子交换树脂；5—转子流量计；6—除盐水箱；7—定量投 HCl 液瓶；8—定量投 NaOH 液瓶；9—阳离子交换柱进水管；10—阴离子交换柱进水管；11—阳离子交换柱反洗进水管；12—阴离子交换柱反洗进水管；13—阳离子交换柱反洗排水管；14—阴离子交换柱反洗排水管；15—阳离子交换柱清洗排水管；16—阴离子交换柱清洗排水管；17—阳离子交换柱排气管；18—阴离子交换柱排气管；19—阳离子交换柱放空管；20—阴离子交换柱放空管

图 3-23　除盐装置

表 3-27　原水水质及实验装置有关数据

原水分析		交换柱名称	阳离子交换柱	阴离子交换柱
温度(℃)		树脂名称		
硬度(以 $CaCO_3$ 计)(mg/L)		树脂型号		
电导率(μS/cm)		交换柱内径(cm)		
pH		树脂层高度(cm)		

(3)用自来水将阳离子交换柱内树脂反洗数分钟，反洗流速为 15 m/h，以去除树脂层的气泡。

(4)阳离子交换柱运行流速为 10 m/h ，每隔 10 min 测出水硬度及 pH。硬度低于 2.5 mg/L(以 $CaCO_3$ 计)时，可用此软化水反洗阴离子交换树脂几分钟，将树脂层中气泡赶出。

(5)开始实验。原水先经阳离子交换柱，再进入阴离子交换柱，运行流速 15 m/h。每隔 10 min 测阳离子交换柱出水硬度及 pH、阴离子交换柱出水电导率及 pH，测两次并加以比较。

(6)改变运行流速，流速分别取 10 m/h、15 m/h、20 m/h、25 m/h、30 m/h，每种流速运行 10 min，阳离子交换柱出水测硬度及 pH，阴离子交换柱出水测电导率及 pH，数据记入表 3-28 。

(7)根据除盐装置树脂工作交换容量,计算再生一次用酸量(100%HCl)及再生一次用碱量(100%NaOH),盐酸配成浓度 3%~4% 溶液(HCl 浓度 4% 时相对密度为1.018),装入定量投 HCl 液瓶中;烧碱配成浓度 2%~3% 溶液(NaOH 浓度 3%时相对密度为1.032),装入定量投 NaOH 液瓶中。

(8)阴离子交换柱反洗、再生、清洗。

①反洗:用阳离子交换柱出水反洗阴离子交换柱,反洗流速 10 m/h,反洗 15 min,反洗完毕将柱内水面放至高于树脂层表面 10 cm 左右,反洗数据记入表 3-29。

表 3-28　交换记录

运行流速(m/h)	运行流量(L/h)	运行时间(min)	阳离子交换柱出水硬度(以 $CaCO_3$ 计)(mg/L)	阳离子交换柱出水 pH	阴离子交换柱出水电导率(μS/cm)	阴离子交换柱出水 pH
10						
15						
20						
25						
30						

表 3-29　反洗记录

反洗流速(m/h)		反洗流量(L/h)		反洗时间(min)	
阴离子交换柱	阳离子交换柱	阴离子交换柱	阳离子交换柱	阴离子交换柱	阳离子交换柱

②再生:阴离子交换柱再生流速 4~6 m/h。再生液用毕时,将树脂在再生液中浸泡数分钟,再生数据记入表 3-30 。

③清洗:用阳离子交换柱出水清洗阴离子交换柱,清洗流速 15 m/h,每 5 min 测一次阴离子交换柱出水的电导率,直至合格。清洗水耗为 10~12 m^3/m^3 树脂,清洗数据记入表 3-31。

表 3-30　阴离子交换柱再生记录

再生一次所需固体烧碱用量(g)	再生一次所用 NaOH 溶液的用量(L)	再生流速(m/h)	再生流量(mL/s)

表 3-31　阴离子交换柱清洗记录

清洗流速(m/h)	清洗流量(L/h)	清洗历时(min)	出水电导率(μS/cm)
15		5	
		10	
		⋮	
		60	

(9)阳离子交换柱反洗、再生、清洗。

①反洗:用自来水反洗阳离子交换柱,反洗流速为 15 m/h,历时 15 min,反洗完毕将柱内水面放至高于树脂层表面 10 cm 左右,反洗数据记入表 3-29。

②再生:阳离子交换柱再生流速采用 4~6 m/h。HCl 再生液用完时,将树脂在再生液中浸泡数分钟,再生数据记入表 3-32。

表 3-32　阳离子交换柱再生记录

再生一次所需工业盐酸用量(g)	再生一次所用 HCl 溶液的用量(L)	再生流速(m/h)	再生流量(mL/s)

③清洗:用自来水清洗阳离子交换柱,清洗流速 15 m/h,每 5 min 测一次阳离子交换柱出水硬度及 pH,直至合格。清洗水耗 5~6 m^3/m^3 树脂,清洗数据记入表 3-33。

(10)阳离子交换柱清洗完毕结束实验,交换柱内树脂均应浸泡在水中。

表 3-33　阳离子交换柱清洗记录

清洗流速(m/h)	清洗流量(L/h)	清洗历时(min)	出水硬度(以 $CaCO_3$ 计)(mg/L)	出水 pH
15				

【注意事项】

(1)注意不要将再生液装错投药瓶。

(2)定量投药瓶中有一部分再生液流不出来,配再生液时应多配一些。

(3)阴离子交换树脂(强碱树脂)的湿真密度只有 1.1 g/mL,反洗时易将树脂带走,应小心控制反洗流量。

3.6.4.5　实验数据与整理

(1)绘制不同运行流速与出水电导率关系曲线。

(2)绘制阴离子交换柱清洗时不同历时出水电导率关系曲线。

【思考题】

(1)如何提高除盐实验出水水质?

(2)强碱阴离子交换床为何一般都设置在强酸阳离子交换床的后面?

3.7　电渗析除盐实验

3.7.1　实验目的

(1)了解电渗析设备的构造、组装及实验方法。

(2)掌握在不同进水浓度或流速下,电渗析极限电流密度的测定方法。

(3)求定电流效率及除盐率。

3.7.2　实验原理

电渗析是一种膜分离技术,已广泛地应用于工业废液回收及水处理领域(例如除盐或浓缩等)。

电渗析膜由高分子合成材料制成,在外加直流电场的作用下,对溶液中的阴阳离子具有选择透过性,使溶液中的阴阳离子在由阴膜及阳膜交错排列的隔室中产生迁移作用,从而使溶质与溶剂分离。

离子选择透过是膜的主要特性,应用道南平衡理论于离子交换膜,可把离子交换膜与溶液的界面看成是半透膜,当电渗析法用于处理含盐量不大的水时,膜的选择透过性较高。一般认为,电渗析法适用于含盐量在 3 500 mg/L 以下的苦咸水淡化。

在电渗析器中,一对阴阳膜和一对隔板交错排列,组成最基本的脱盐单元,称为膜对。电极(包括共电极)之间由若干组膜对堆叠一起,称为膜堆。电渗析器由一至数组膜堆组成。

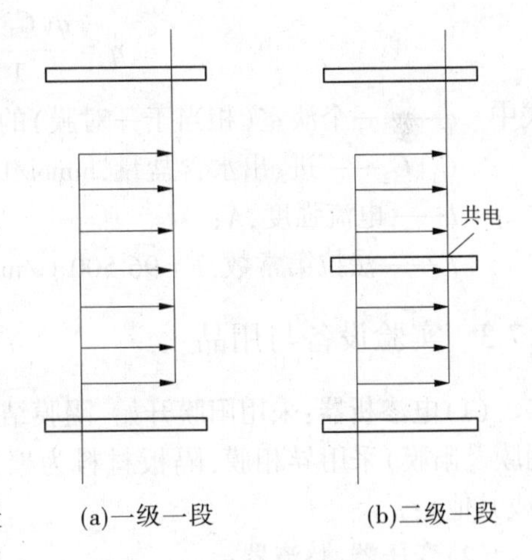

图 3-24　电渗析器的组装方式

电渗析器的组装方法常用“级”和“段”来表示。一对电极之间的膜堆称为一级,一次隔板流程称为一段。一台电渗析器的组装方式可分为一级一段、多级一段、一级多段和多级多段。一级一段是电渗析器的基本组装方式(见图 3-24)。

电渗析器运行中,通过电流的大小与电渗析器的大小有关。因此,为便于比较,采用电流密度这一指标,而不采用电流的绝对值。电流密度即单位除盐面积上所通过的电流,其单位为 mA/cm^2。

若逐渐增大电流强度(密度)i,则淡水隔室膜表面的离子浓度 C' 必将逐渐降低。当 i 达到某一数值,$C'\to 0$ 时,此时的 i 值称为极限电流。如果再稍稍提高 i 值,则由于离子来不及扩散,而在膜界面处引起水分子的大量离解,成为 H^+ 和 OH^-。它们分别透过阳膜和阴膜传递电流，导致淡水室中水分子的大量离解，这种膜界面现象称为极化现象。此时的电流密度称为极限电流密度，以 $i_{\lim}$ 表示。

极限电流密度与流速、浓度之间的关系见式(3-52)，此式也称为威尔逊公式。

$$i_{\lim} = KCv^n \tag{3-52}$$

式中 v——淡水隔板流水道中的水流速度，cm/s；

C——淡水室中水的平均浓度，实际应用中采用对数平均浓度，mmol/L；

K——水力特性系数；

n——流速系数，$n=0.8\sim1.0$。

其中 n 值的大小受格网形式的影响。

极限电流密度及系数 n、K 值的确定，通常采用电压电流法，该法是在原水水质、设备、流量等条件不变的情况下，给电渗析器加上不同的电压 U，得出相应的电流密度，作图求出这一流量下的极限电流密度，然后改变溶液浓度或流速，在不同的溶液浓度或流速下，测定电渗析器的相应极限电流密度。将通过实验所得的若干组 $i_{\lim}$、C、v 值，代入威尔逊公式中，解此方程，就可得到水力特性系数 K 值及流速系数 n 值，K 值也可通过作图求出。

所谓电渗析器的电流效率，系指实际析出物质的量与应析出物质的量的比值，即单位时间实际脱盐量 $q(C_1-C_2)/1\ 000$ 与理论脱盐量 I/F 的比值，故电流效率也就是脱盐效率，按下式计算：

$$\eta = \frac{q(C_1 - C_2)F}{1\ 000I} \times 100\% \tag{3-53}$$

式中 q——一个淡室(相当于一对膜)的出水量，L/s；

C_1、C_2——进、出水含盐量，mmol/L；

I——电流强度，A；

F——法拉第常数，$F=96\ 500$ C/mol。

3.7.3 实验设备与用品

(1)电渗析器：采用阳膜开始、阴膜结束的组装方式，用直流电源。离子交换膜(包括阴膜及阳膜)采用异相膜，隔板材料为聚氯乙烯，电极材料为经石蜡浸渍处理后的石墨(或其他)；

(2)变压器、整流器；

(3)转子流量计：0.5 m^3/h；

(4)水压表：0.5 MPa；

(5)50 mL、100 mL 滴定管，1 000 mL 烧杯，1 000 mL 量筒；

(6)电导仪、万用表；

(7)秒表；

(8)进水水质要求。

①总含盐量与离子组成稳定；

②浊度 1~3 mg/L；

③活性余氯<0.2 mg/L;

④总铁<0.3 mg/ L;

⑤锰<0.1 mg/L;

⑥水温 5~40 ℃,要稳定;

⑦水中无气泡。

实验装置如图 3-25 所示,采用人工配水,水泵循环,浓水、淡水均用同一水箱,以减小设备容积及用水量,对实验结果无影响。

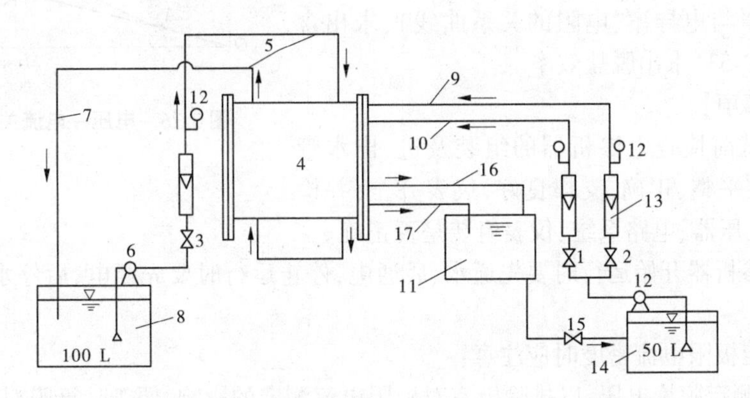

1、2、3、15—阀门;4—电渗析器;5—极水;6—水泵;7—极水循环;
8—极水池;9—进淡水室;10—进浓水室;11—出水储水池;12 —压力表;
13—流量计;14—循环水箱;16—淡水室出水;17—浓水室出水

图 3-25　电渗析实验装置

3.7.4　实验步骤及记录

(1)启动水泵,缓慢开启进水阀门 1、2,逐渐使其达到最大流量,排除管道和电渗析器中的空气。注意浓水系统和淡水系统的原水进水阀门 1 、2 应同时开关。

(2)调节流量控制阀门 1、2,使浓水、淡水流速均保持在 50~100 mm/s(一般不应大于 100 mm/s),并保持进口压力稳定,以淡水压力稍高于浓水压力为宜($\Delta P = 0.01 \sim 0.02$ MPa)。稳定 5 min 后,记录淡水、浓水、极水的流量、压力。

(3)测定原水的电导率(或称电阻率)、水温、总含盐量,必要时测 pH。

(4)接通电源,调节作用于电渗析膜上的操作电压至一稳定值(如 0.3V/对),读电流表指示数,然后逐次提高操作电压。

在图 3-26 中,曲线 *OAD* 段,每次电压以 0.1~0.2 V/对的数值递增(依隔板厚度、流速大小决定,流速小、板又薄时取低值,反之,取高值),每段取 4~6 个点,以便连成曲线,在 DE 段,每次以电压 0.2~0.3 V/对的数值逐次递增,同上取 4~6 个点,连成一条直线,整个 *OADE* 连成一条平滑曲线。

之所以取 *DE* 段电压高于 *OAD* 段,是因为极化沉淀使电阻不断增加,电流不断下降,导致测试误差增大。

(5)边测试边绘制电压—电流关系曲线图(见图 3-26),以便及时发现问题。改变流量(流速)重复上述实验步骤。

(6)每台装置应测 4~6 个不同流速的数值,以便求 K 和 n 值。在进水压力不大于 0.3 MPa 的条件下,应包括 20 cm/s、15 cm/s、10 cm/s 及 5 cm/s 这几个流速。

(7)测定进水及出水含盐量,先用电导仪测定电导率,然后由含盐量—电导率对应关系曲线(见附8　含铅量与电导率、电阻的关系曲线),求出含盐量,按式(3-53)求出脱盐效率。

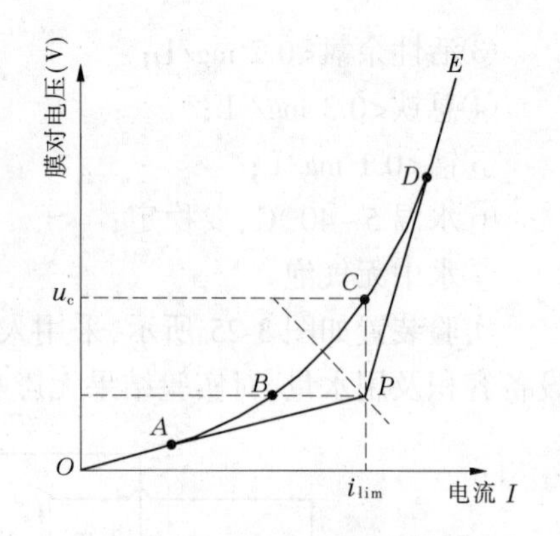

图 3-26　电压—电流关系曲线

【注意事项】

(1)测试前检查电渗析器的组装及进、出水管路,要求组装平整、正确,支撑良好,仪表齐全,并检查整流器、变压器、电路系统、仪表组装是否正确。

(2)电渗析器开始运行时要先通水、后通电,停止运行时要先断电、后停水,并应保证膜的湿润。

(3)测定极限电流密度时应注意:

①直接测定膜堆电压,以排除极室对极限电流测定的影响,便于计算膜对电压。

②以平均膜对电压绘制电压—电流曲线(见图 3-26),以便于比较和减小测绘过程中的误差。

③当存在极化过渡区时,电压—电流曲线由 *OA* 直线、*ABCD* 曲线、*DE* 直线三部分组成, *OA* 直线通过坐标原点。

④作 4~6 个或更多流速的电压—电流曲线。

(4)每次升高电压后的间隔时间,应等于水流在电渗析器内停留时间的 3~5 倍,以利电流及出水水质的稳定。

(5)注意每测定一个流速得到一条曲线后,要倒换电极极性,使电流反向运行,以消除极化影响,反向运行时间为测试时间的 1.5 倍。测完每个流速后断电停水。如表 3-34 所示。

表 3-34　极限电流测试记录

测定时间	进口流量(L/s)			进口压力(MPa)			淡水室含盐量		电流		电压(V)			pH		水温(℃)	说明
	淡	浓	极	淡	浓	极	进口电导率(μΩ/cm)	出口(mol/L)	电流(A)	电流密度(mA/cm²)	总	膜堆	膜对	淡水	浓水		

3.7.5　实验数据与整理

3.7.5.1　求极限电流密度

1.求电流密度 i

根据测得的电流数值及测量所得的隔板流水道有效面积 S(膜的有效面积)用下列公式求 i:

$$\text{电流密度}\ i=\frac{I}{S}10^3 \quad (\text{mA/cm}^2) \tag{3-54}$$

式中　I——电流,A;

S——隔板有效面积,cm^2。

2.求极限电流密度 i_{lim}

极限电流密度 i_{lim} 的数值,采用绘制电压—电流曲线方法求出。以测得的膜对电压为纵坐标,相应的电流密度为横坐标,在直角坐标纸上作图。

(1)点出膜对电流—电压对应点。

(2)通过坐标原点及膜对电压较低的 4~6 个点作直线 OA。

(3)通过膜对电压较高的 4~6 个点作直线 DE,延长 DE 与 OA,使二者相交于 P 点,如图 3-26 所示。

(4)将 AD 间各点连成平滑曲线,得拐点 A 及 D。

(5)过 P 点作水平线与曲线相交,得 B 点,过 P 点作垂线与曲线相交,得 C 点,C 点即为标准极化点,C 点所对应的电流即为极限电流。

3.7.5.2　求电流效率及除盐率

1.电压—电导率曲线

(1)以出口处淡水的电导率为横坐标,膜对电压为纵坐标,在直角坐标纸上作图。

(2)描出电压—电导率对应点,并连成平滑曲线,如图 3-27 所示。

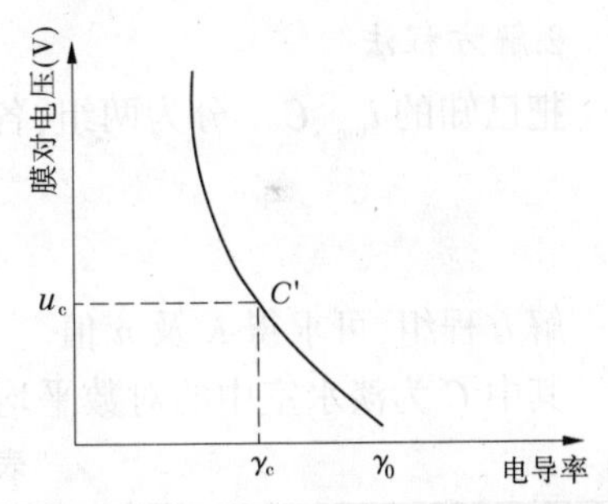

图 3-27　电压—电导率关系曲线

根据电压—电流曲线(见图 3-26)上 C 点所对应的膜对电压 u_c,在图 3-27 电压—电导率关系曲线上确定 u_c 对应点,由 u_c 作横坐标轴的平行线与曲线相交于 C' 点,然后由 C' 点作垂线与横坐标交于 γ_c 点,该点即为所求得的淡水电导率,并根据电导率—含盐量关系曲线(见附 8),求出 γ_c 点对应的出口处淡水总含盐量(mmol/L)。

2.求电流效率及除盐率

1)电流效率

根据表 3-34 极限电流测试记录中的有关数据,利用式(3-53)求电流效率。

上述有关电流效率的计算都是针对一对膜(或一个淡水室)而言的,这是因为膜的对数只与电压有关,而与电流无关,即膜对增加,电流保持不变。

2)除盐率

除盐率是指去除的盐量与进水含盐量之比,即:

$$除盐率=\frac{C_1-C_2}{C_1}\times 100\% \tag{3-55}$$

式中　C_1、C_2——进、出水含盐量，mmol/L。

3.7.5.3　常数 K 及流速系数 n 的确定

一般均采用图解法或解方程法，当要求有较高的精度时，可采用数理统计中的线性回归分析，以求定 K、n 值。

1.图解法

(1)将实测整理后的数据填入表 3-35中 。表中序号指应有 4～6 次的实验数据，实验次数不能太少。

(2)在双对数坐标纸上，以 $i_{\lim}/C$ 为纵坐标，以 v 为横坐标，根据实测数据绘点，可以近似地连成直线，如图 3-28 所示。

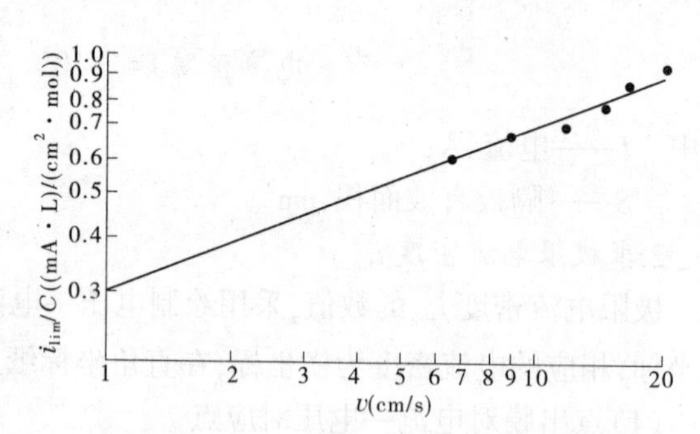

图 3-28　流速 v 与 $i_{\lim}/C$ 关系曲线(双对数坐标)

K 值可由直线在纵坐标上的截距确定，K 值求出后，代入极限电流密度公式，求得 n 值，n 值即为其直线斜率。

2.解方程法

把已知的 $i_{\lim}$、C、v 分为两组，各求出平均值，分别代入公式 $i_{\lim}=KCv^n$ 的对数式：

$$\lg\frac{i_{\lim}}{C}=\lg K+n\lg v \tag{3-56}$$

解方程组，可求得 K 及 n 值。

其中 C 为淡水室中的对数平均含盐量，单位为 mmol/L。

表 3-35　K、n 系数计算表

序号	实验号	$i_{\lim}$ (mA/cm^2)	v (cm/s)	C (mmol/L)	$\frac{i_{\lim}}{C}$	$\lg(\frac{i_{\lim}}{C})$	$\lg v$
1							
2							
3							
4							
5							
6							

【思考题】

(1)试对作图法与解方程法所求 K 值进行分析比较。

(2)利用含盐量与水的电导率计算图，以水的电导率换算含盐量，其准确性如何？

(3)电渗析法除盐与离子交换法除盐各有何优点？适用性如何？

附 8 含盐量与电导率、电阻的关系曲线

含盐量与电导率、电阻的关系曲线见图 3-29。

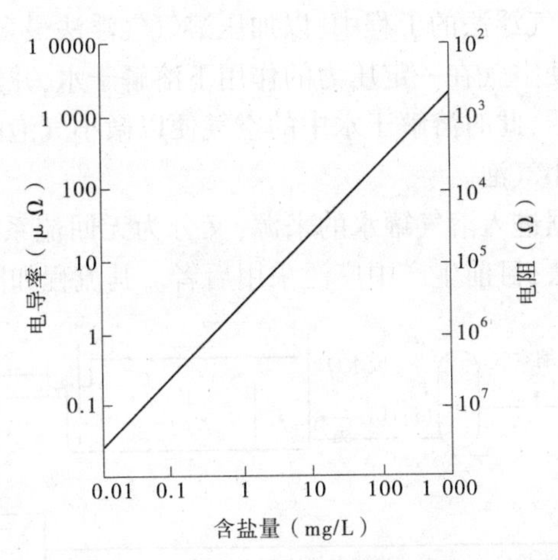

图 3-29 含盐量与电导率、电阻的关系曲线

3.8 气浮实验

气浮实验是研究相对密度接近于 1 或小于 1 的悬浮颗粒与气泡黏附上升,从而起到水质净化的作用的规律。测定工程中所需的有关设计参数,如药剂种类、加药量等,以便为设计运行提供一定的理论依据。

1.实验目的

(1)进一步了解和掌握气浮方法的原理及其工艺流程。

(2)掌握气浮法设计参数气固比及释气量的测定方法及整个实验的操作技术。

2.实验原理

气浮法是使空气以微小气泡的形式出现于水中,并慢慢自下而上地上升,在上升过程中,气泡与水中污染物质接触,并把污染物质黏附于气泡上(或气泡附于污染物上),从而形成相对密度小于水的气水结合物浮升到水面,使污染物质从水中分离出去。

产生相对密度小于水的气水结合物的主要条件是:

(1)水中污染物质具有足够的憎水性。

(2)加入水中的空气所形成气泡的平均直径不宜大于 70 μm。

(3)气泡与水中污染物质应有足够的接触时间。

气浮净水方法是目前水质工程中日益广泛应用的一种水处理方法。该法主要用于处理水中相对密度小于或接近于 1 的悬浮杂质,如乳化油、羊毛脂、纤维以及其他各种有机或无机的悬浮絮体等。因此,气浮法在自来水厂、城市污水处理厂以及炼油厂、食品加工厂、造纸厂、毛纺厂、印染厂、化工厂等的处理中都有所应用。

气浮法具有处理效果好、周期短、占地面积小以及处理后的浮渣中固体物质含量较高

等优点。但也存在设备多、操作复杂、动力消耗大的缺点。

气浮法按水中气泡产生的方法可分为布气气浮法、加压溶气气浮法和电解气浮法3种。由于布气气浮一般气泡直径较大,气浮效果较差,而电解气浮气泡直径虽不大,但耗电较大,因此在目前应用气浮法的工程中,以加压溶气气浮法最多。

加压溶气气浮法是使空气在一定压力的作用下溶解于水,并达到饱和状态,然后使加压水的压力突然减到常压,此时溶解于水中的空气便以微小气泡的形式从水中逸出,可产生供气浮用的合格的微小气泡。

加压溶气气浮法根据进入溶气罐水的来源,又分为无回流系统加压溶气气浮法与有回流系统加压溶气气浮法,目前生产中广泛采用后者。其流程如图3-30所示。

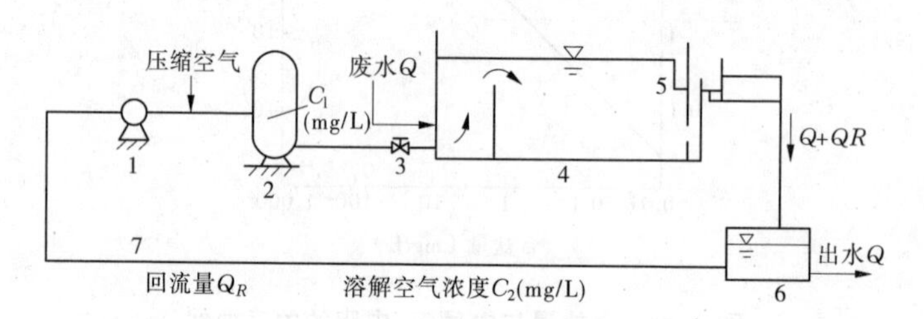

1—加压泵;2—溶气罐;3—减压阀;4—气浮池;5—浮渣槽;6—贮水池;7—回流水管

图3-30 有回流系统加压溶气气浮法

影响加压溶气气浮的因素很多,如空气在水中的溶解量、气泡直径的大小、气浮时间、水质、药剂种类、加药量、表面活性物质种类和数量等。因此,采用气浮法进行水质处理时,需通过实验测定一些有关的设计运行参数。

本实验主要介绍由加压溶气气浮法求设计参数气固比以及测定加压水中空气溶解效率的释气量的实验方法。

3.8.1 气固比实验

3.8.1.1 实验原理

气固比($\frac{A_a}{S}$)是设计气浮系统时经常使用的一个基本参数,是溶解空气质量(A_a)与原水中悬浮固体物质量(S)的比值,无量纲。定义为:

$$a=\frac{A_a}{S}=\frac{\text{减压释放的气体量(kg/d)}}{\text{进水的固体总量(kg/d)}}$$

对于有回流系统的加压溶气气浮法,其气固比可表示如下:

(1)气体以质量浓度$C(C_1、C_2)$(mg/L)表示时:

$$\frac{A_a}{S}=R\left(\frac{C_1-C_2}{S_0}\right) \tag{3-57}$$

(2)气体以体积浓度C_s(cm³/L)表示时:

$$\frac{A_a}{S}=R\frac{1.2C_s(fP-1)}{S_0} \tag{3-58}$$

式中　C_1、C_2——系统中 2、7 处气体在水中浓度，mg/L；

R——回流比；

S_0——进水悬浮物浓度，mg/L；

C_s——空气在水中溶解度，以 cm^3/L 计，$C=C_s\gamma_a$；

γ_a——空气密度，当 20 ℃1 个大气压时，γ_a =1 205 mg/L；

P——溶气罐内绝对压力，MPa；

f——比值因素，在溶气罐内压力为 P=(0.2~0.4)MPa、温度为 20 ℃时，f=0.5。

气固比不同，水中空气量不同，不仅影响出水质(SS 值)，而且也影响处理成本费用。本实验是改变不同的气固比 A_a/S，测出水 SS 值，并绘制出 A_a/S 与出水 SS 关系曲线。由此可根据出水 SS 值，确定气浮系统的 A_a/S 值，如图 3-31、图 3-32 所示。

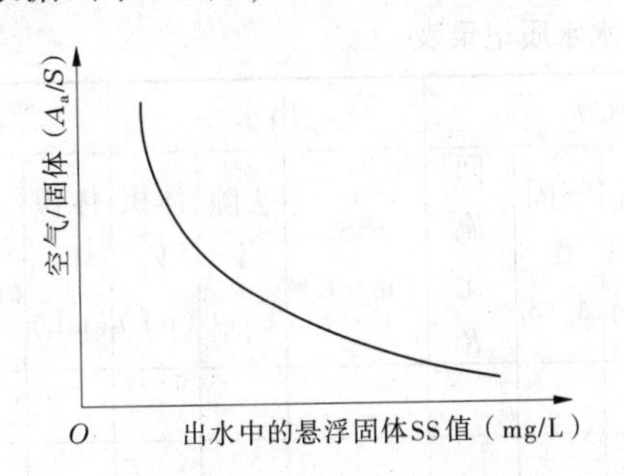

图 3-31　A_a/S 与 SS 关系曲线

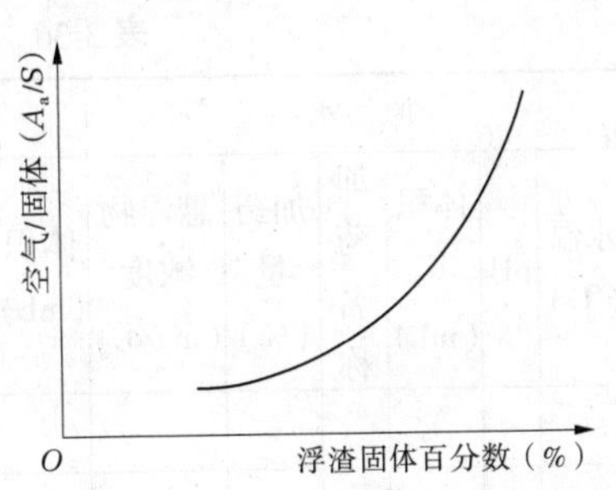

图 3-32　A_a/S 与浮渣 η 关系曲线

3.8.1.2　实验设备与用具

实验装置如图 3-33 所示。

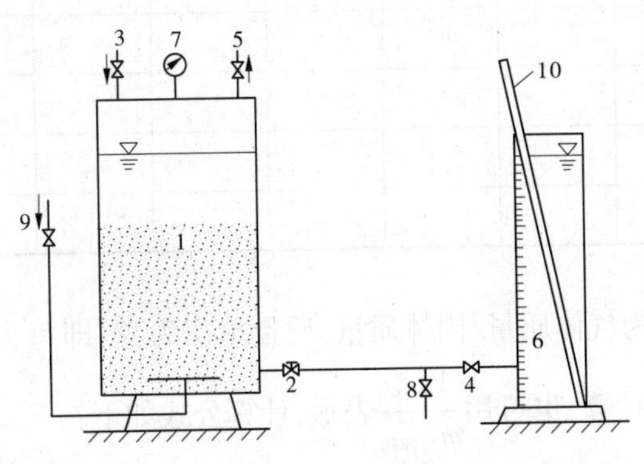

1—压力溶气罐；2—减压阀或释放器；3—加压水进水口；4—入流阀；5　排气口；6—反应量筒(1 000~1 500 mL)；7—压力表(1.5 级 0.6 MPa)；8—放空阀；9—压缩空气进气阀；10—搅拌棒

图 3-33　气固比实验装置

3.8.1.3　实验步骤及记录

(1)将某污水加混凝剂沉淀，然后取压力溶气罐 2/3 体积的上清液加入压力溶气罐。

(2)开进气阀门使压缩空气进入加压溶气罐，待罐内压力达到预定压力(一般为 0.3~0.4 MPa)时，关进气阀门并静置 10 min，使罐内溶解空气达到饱和。

(3)测定加压溶气水的释气量，以确定加压溶气水是否合格(一般释气量与理论饱和值之比为 0.9 以上即可)。

(4)将 500 mL 已加药并混合好的某污水倒入反应量筒(加药量按混凝实验定),并测原污水中的悬浮物浓度。

(5)当反应量筒内已见微小絮体时,开减压阀(或释放器)按预定流量往反应量筒内加溶气水(其流量可根据所需回流比而定),同时用搅拌棒搅拌 0.5 min,使气泡分布均匀。

(6)观察并记录反应量筒中随时间而上升的浮渣界面高度 h,并求其分离速度。

(7)静置分离约 10~30 min 后分别记录清液 V_1 与浮渣 V_2 的体积。

(8)打开排放阀门,分别排出清液和浮渣,并测定清液和浮渣中的悬浮物浓度。

(9)按几个不同回流比重复上述实验,即可得出不同的气固比与出水水质关系。

实验记录见表 3-36 和表 3-37。

表 3-36 气固比与出水水质记录表

实验号	原污水						压力溶气水					出水			浮渣	
	水温(℃)	pH	体积 V_1(mL)	加药名称	加药量(%)	悬浮物浓度(mg/L)	体积(mL)	压力(MPa)	释气量(mL)	气固比 A_a/S	回流比 R	SS(mg/L)	去除率(%)	体积 V_1(mL)	体积 V_2(mL)	SS(mg/L)

表 3-37 浮渣高度与分离时间记录表

t(min)							
h(cm)							
$H-h$(cm)							
V_2(L)							
$V_2/V_1\times100\%$							

表 3-36 中气固比为气体质量/固体质量,质量单位为克,即每去除 1 g 固体所需的气体重量,一般为了简化计算,也可用$\frac{V_{气体}}{m_{悬浮物}}$表示,计算公式如下:

$$\frac{A_a}{S}=\frac{V\cdot a}{SS\cdot Q} \tag{3-59}$$

式中 A_a——总释气量,L;

S——总悬浮物量,g;

a——单位溶气水的释气量,L 气/L 水;

V——溶气水的体积,L;

SS——原水中的悬浮物浓度,g/L;

Q——原水体积,L。

3.8.1.4 实验数据与整理

(1)绘制气固比与出水水质关系曲线,并进行回归分析。

(2)绘制气固比浮渣中固体浓度关系曲线。

3.8.2 释气量实验

影响加压溶气气浮的因素很多,其中溶解空气量的多少、释放的气泡直径大小是重要的影响因素。空气的加压溶解过程虽然遵从亨利定律,但是由于溶气罐形式的不同,溶解时间、污水性质的不同,其过程也有所不同。此外,由于减压装置的不同,溶解气体释放的数量,气泡直径的大小也不同。因此,进行释气实验对溶气系统、释气系统的设计、运行均具有重要意义。

3.8.2.1 实验设备与用具

实验装置如图3-34所示。

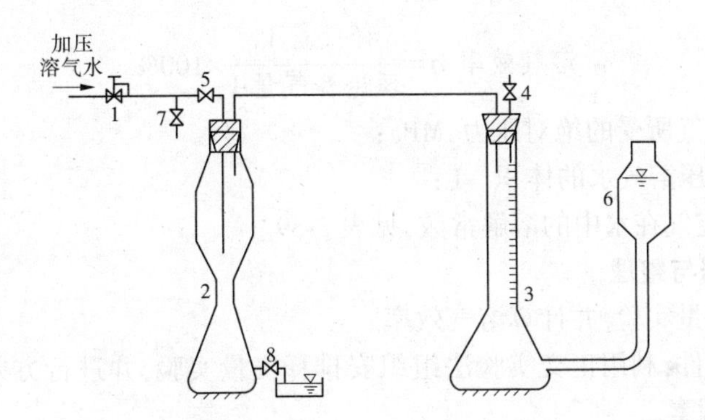

1—减压阀或释放器;2—释气瓶;3—气体计量瓶;4—排气阀;5—入流阀;
6—水位调节瓶;7—分流阀;8—排放阀

图3-34 释气量实验装置示意图

3.8.2.2 实验步骤及记录

(1)打开气体计量瓶的排气阀,将释气瓶注入清水至计量刻度,上下移动水位调节瓶,将气体计量瓶内液位调至零刻度,然后关闭排气阀。

(2)当加压溶气罐运行正常后,打开减压阀分流阀,使加压溶气水从分流口流出,在确认流出的加压溶气水正常后,打开入流阀,关闭分流阀,使加压溶气水进入释气瓶内。

(3)当释气瓶内增加的水达到100~200 mL后,关减压阀和入流阀并轻轻摇晃释气瓶,使加压溶气水中能释放出的气体全部从水中分离出来。

(4)打开释气瓶的排放阀,使气体计量瓶中液位降回到计量刻度,同时准确计量排出液的体积。

(5)上下移动水位调节瓶,使调节瓶中液位与气体计量瓶中的液位处于同一水平线上,此时记录的气体增加量即为排入释气瓶中加压溶气水的释气量V_1。

释气量实验记录见表3-38。

表 3-38　释气量实验记录

实验号	加压溶气水			释气		
	压力(MPa)	体积(mL)	水温(℃)	理论释气量 V(mL/L)	释气量 V_1(mL)	溶气效率 η(%)

表 3-39　不同温度时的 K_T 值

温度(℃)	0	10	20	30	40	50
K_T	0.038	0.029	0.024	0.021	0.018	0.016

注：表中理论释气量 $V=K_TP$，释气量 $V_1=K_TPV$(mL)。

$$溶气效率\ \eta=\frac{释气量\ V_1}{理论释气量\ V}\times100\% \tag{3-60}$$

式中　P——空气所受的绝对压力，MPa；

V——加压溶气水的体积。L；

K_T——空气在水中的溶解常数，见表 3-39。

3.8.2.3　实验数据与整理

(1)完成释气量实验，并计算溶气效率。

(2)如果有条件，利用正交实验法组织安排释气量实验，并进行方差分析，指出影响溶气效率的主要因素。

【思考题】

(1)气浮法与沉淀法有什么相同之处？有什么不同之处？

(2)气固比成果分析中的两条曲线各有什么意义？

(3)当选定了气固比和工作压力以及溶气效率时，试推出回流比 R 的公式。

3.9　活性污泥活性测定实验

在活性污泥法的净化功能中，起主导作用的是活性污泥。活性污泥性能的优劣，对活性污泥系统的净化功能有决定性的作用。活性污泥是由大量微生物凝聚而成的，具有很大的表面积，性能优良的活性污泥应具有很强的吸附性能和氧化分解有机污染物的能力，并具有良好的沉淀性能，因此活性污泥的活性即指吸附性能、生物降解能力和污泥凝聚沉淀性能。

由于污泥凝聚沉淀性能可由污泥容积指数和污泥成层沉降的沉速反映，故本节只考虑活性污泥的活性吸附性能与生物降解能力的测定。

3.9.1　吸附性能测定实验

进行污泥吸附性能的测定，不仅可以判断污泥再生效果，不同运行条件、方式、水质等状况下污泥性能的好坏,还可以选择污水处理运行方式,确定吸附段、再生段适宜比值,在科研及生产运行中具有重要的意义。

3.9.1.1　**实验目的**

(1)加深理解污水生物处理及吸附再生式曝气池的特点,吸附段与污泥再生段的作用。

(2)掌握活性污泥吸附性能的测定方法。

3.9.1.2　**实验原理**

任何物质都有一定的吸附性能,活性污泥由于单位体积的表面积很大,特别是再生良好的活性污泥具有很强的吸附性能,故此污水与活性污泥接触初期由于吸附作用,而使污水中底物得以大量去除,即所谓初期去除;随着外酶作用,某些被吸附物质经水解后,又进入水中,使污水中底物浓度又有所上升,随后由于微生物对底物的降解作用,污水中底物浓度随时间而逐渐缓慢地降低,整个过程如图 3-35 所示。

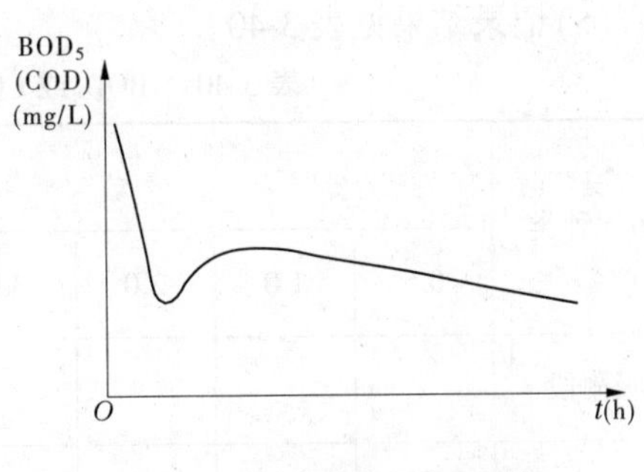

图 3-35　活性污泥吸附曲线

3.9.1.3　**实验设备和用品**

(1)有机玻璃反应罐 2 个,如图 3-36 所示;

(2)100 mL 量筒及烧杯、三角瓶、秒表、玻璃棒、漏斗等;

(3)离心机、水分快速测定仪;

(4)COD 回流装置或 BOD_5测定装置。

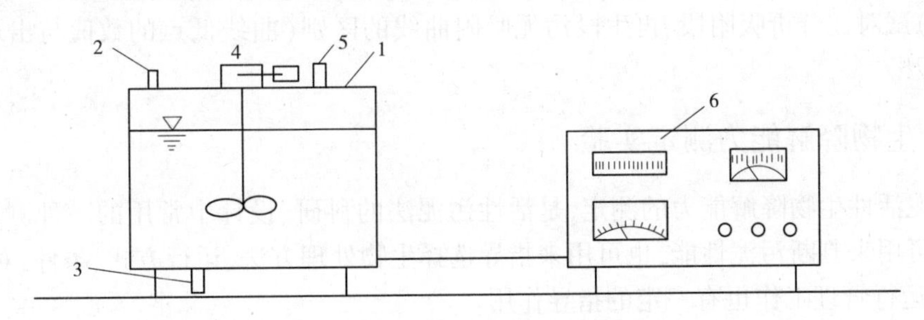

1—反应罐;2—进样孔;3—取样及放空孔; 4—搅拌器;5—通气管;6—控制仪表

图 3-36　吸附性能测定装置

3.9.1.4　**实验步骤及记录**

(1)制取活性污泥。

①取运行曝气池再生段末端及回流污泥,或普通空气曝气池与氧气曝气池回流污泥,经离心机脱水,倾去上清液。

②称取一定质量的污泥(配制罐内混合液浓度 MLSS = 2 ~ 3 g/L),在烧杯中用待测水搅匀。

(2)取待测定水样,注入反应罐内,容积在 15L 左右,同时取原水样测定 COD 或 BOD_5值。

(3)打开搅拌开关,同时记录时间,在 0.5min、1.0 min、2.0 min、3.0 min、5.0 min、10 min、20 min、40 min、70 min,分别取出一个 200 mL 左右混合液和一个 100mL 混合液。

(4)将上述所取水样静沉 30 min 或过滤,取其上清液或滤液,测定其 COD 或 BOD_5等值,用 100 mL 混合液测其污泥浓度。

(5)记录结果见表 3-40。

表 3-40　BOD_5或 COD(mg/L)吸附性能测定记录

污泥种类	吸附时间(min)								
	0.5	1.0	2.0	3.0	5.0	10	20	40	70
吸附段									
再生段									

3.9.1.5　实验数据与整理

以吸附时间为横坐标,以水样 BOD_5或 COD 值为纵坐标绘图。

【思考题】

(1)活性污泥的吸附性能指什么?它对污水底物的去除有何影响,试举例说明。

(2)影响活性污泥吸附性能的因素有哪些?

(3)简述测定活性污泥吸附性能的意义。

(4)试对比分析吸附段、再生段污泥吸附曲线的区别(曲线低点的数值与出现时间)及其原因。

3.9.2　生物降解能力测定实验

污泥活性生物降解能力的测定,是活性污泥法的科研、设计中常用的一种测试方法。它不仅可用来判断污泥性能,也可用来指导选择生物处理方法、运行方式、条件,对生产厂(站)的运行管理工作也有一定的指导作用。

在底物与氧气充足的条件下,由于微生物的新陈代谢作用,将不断地消耗污水中底物,使其数量逐渐减少,活性良好的、污泥降解能力强的底物降低得快。因此,用单位时间、单位质量污泥,对底物降解的数量——活性污泥降解力,可以反映评价活性污泥活性,即生物降解能力,同样,本实验也可用来判断污水的可生化性。

3.9.2.1　实验目的

(1)加深对活性污泥性能,特别是污泥活性的理解。

(2)掌握摇床法测定活性污泥活性的方法。

3.9.2.2　实验设备和用品

(1)康氏振荡器或磁力搅拌器;

(2)离心机、水分快速测定仪;

(3)分析天平;

(4)纱布、三角瓶、烧杯等有关玻璃器皿;

(5)COD 或 BOD_5及其他指标所需的分析仪器及试剂药品;

3.9.2.3　实验步骤及记录

(1)活性污泥的制备取不同曝气方式或不同运行方式的活性污泥系统的回流污泥,用纱布过滤,而后用离心机脱水。

(2)测定脱水后污泥质量。

(3)用分析天平称取干重为 0.20 g(可根据需要增减),经上述处理后的污泥放入 250 mL 三角瓶中,加入一定量待处理的污水,配制成相同污泥负荷的混合液,负荷为 0.2~0.03 kg/(kg · d)。

(4)将三角瓶放到摇床上,振荡 1~2 h(或将上述混合液放到烧杯内,在磁力搅拌器上搅拌),实验时温度保持在 20~30 ℃。

(5)将振荡水样静沉 30 min,取其上清液。

(6)测定实验前后水样的 COD 值(见附 9),或其他有关指标(BOD_5 的测定见附 10)。

3.9.2.4　实验数据与整理

计算活性污泥对底物的降解能力 G:

$$G=\frac{(C_1-C_2)\cdot V}{q\cdot t}\cdot 10^{-6}\quad (\mathrm{kg/(kg\cdot h)})\tag{3-61}$$

式中　C_1、C_2——污水实验前后 COD 或 BOD_5等指标的浓度, mg/L;

V——底物的体积,mL;

q——活性污泥干重,g;

t——振荡时间,h。

【思考题】

(1)何为活性污泥的活性?通过什么方法测定比较?

(2)你还能找出另外的方法,来定性和定量地说明鼓风曝气与表面曝气两种不同曝气方式污泥降解底物的快慢吗?

(3)影响污泥活性的因素有哪些?

附 9　COD 的测定

化学需氧量(COD)是指在一定条件下,用强氧化剂处理水样时所消耗氧化剂的量,以氧的单位 mg/L 来表示。COD 反映了水中受还原性物质污染的程度。还原性物质包括有机物、亚硝酸盐、亚铁盐、硫化物等,因此 COD 也作为有机物相对含量的指标之一。水样的 COD 可因加入氧化剂的种类及浓度、反应溶液的酸度、反应温度和时间以及催化剂的有无而获得不同的结果。因此,COD 也是一个条件性指标,必须严格按操作步骤进行。

1.方法原理

水样在强酸并加热条件下,以重铬酸钾作氧化剂氧化水样中的还原性物质,过量的重铬酸钾以试亚铁灵作指示剂,用硫酸亚铁铵溶液回滴,根据所消耗的重铬酸钾的量计算出水样的 COD 。

$$2Cr_2O_7^{2-}+3C+16H^+=4Cr^{3+}+3CO_2+8H_2O$$

$$6Fe^{2+}+Cr_2O_7^{2-}+14H^+=6Fe^{3+}+2Cr^{3+}+7H_2O$$

计量点时：　$Fe(Cl_2H_8N_2)_3{}^{3+} \rightarrow Fe(Cl_2H_8N_2)_3{}^{2+}$

（蓝色）　　　（红色）

2.实验试剂

(1)重铬酸钾标准榕液($1/6K_2Cr_2O_7=0.250\ 0$ mo1/L):称取预先在 120℃ 烘干 2h 的基准或优级纯重铬酸钾 12.258 g 溶于水中,移入 1 000 mL 容量瓶,稀释至标线,摇匀。

(2)试亚铁灵指示液:称取 1.485 g 邻菲罗啉($C_{12}H_8N_2 \cdot H_2O$)、0.695 g 硫酸亚铁($FeSO_4 \cdot 7H_2O$)溶于水中,稀释至 100 mL,贮于棕色瓶中。

(3)硫酸亚铁铵标准溶液[$(NH_4)_2Fe(SO_4)_2 \cdot 6H_2O \approx 0.1$ moL/L]:称取 39.5 g 硫酸亚铁铵溶于水中,边搅拌边缓慢加入 20 mL 浓硫酸,冷却后移入 1 000 mL 容量瓶中,加水稀释至标线,摇匀。临用前用重铬酸钾标准溶液标定。

标定方法为准确吸取 10.00 mL 重铬酸钾标准溶液于 500 mL 锥形瓶中,加水稀释至 110 mL 左右,缓慢加入 30 mL 浓硫酸,混匀。冷却后,加入 3 滴(约 0.15 mL)试亚铁灵指示液,用硫酸亚铁铵溶液滴定,溶液的颜色由黄色经蓝绿色至红褐色即为终点。

$$C[K(NH_4)_2Fe(SO_4)_2]=\frac{0.250\ 0 \times 10.00}{V} \quad (3\text{-}62)$$

式中　$C[K(NH_4)_2Fe(SO_4)_2]$——硫酸亚铁铵标准溶液的浓度,mol/L;

V——硫酸亚铁铵标准溶液滴定的用量,mL 。

(4)硫酸-硫酸银溶液:在 2 500 mL 浓硫酸中加入 25 g 硫酸银,放置 1~2 d,不时摇动使其溶解。

(5)硫酸汞:结晶粉末。

3.主要仪器及设备

(1)回流装置:带 250 mL 锥形瓶的全玻璃回流装置,见图 3-37。

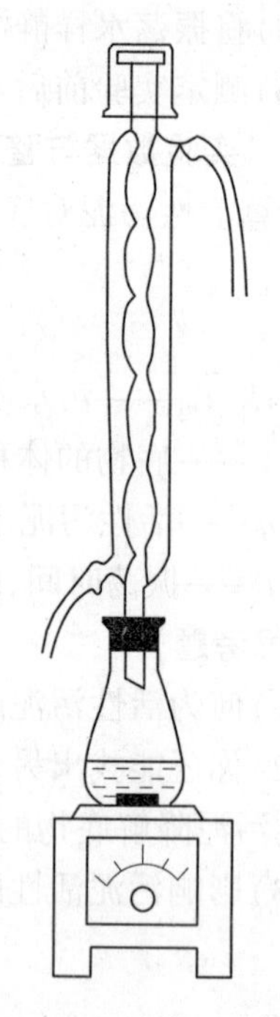

图 3-37　重铬酸钾法测定 COD 的回流装置

(2)加热装置:变阻电炉。

(3)50 mL 酸式滴定管、锥形瓶、移液管、容量瓶等。

4.实验步骤

(1)取 20 mL 混合均匀的水样(或适量水样稀释至 20 mL)置于 250 mL 磨口锥形瓶中,准确加入 10 mL 重铬酸钾标准溶液及小玻璃珠或沸石数粒,连接磨口回流冷凝管,从冷凝管上口慢慢加入 30 mL 硫酸-硫酸银溶液,轻轻摇动锥形瓶使溶液混匀,加热回流 2h(自开始沸腾时计时)。当废水中氯离子含量超过 30 mg/L 时,应先把 0.4 g 硫酸汞加入回流锥形瓶中,再加 20 mL 废水(或适量废水稀释至 20 mL),摇匀。

(2)冷却后,用 90 mL 水冲洗冷凝管壁,取下锥形瓶。溶液总体积不得少于 140 mL,否则因酸度太大,滴定终点不明显。

(3)溶液再度冷却后,加 3 滴试亚铁灵指示液,以硫酸亚铁铵标准溶液滴定,溶液的颜色由黄色经蓝绿色至红褐色即为终点,记录硫酸亚铁铵标准溶液的用量 V_1。

(4)测定水样的同时做空白实验,吸取 20.00 mL 蒸馏水,按同样操作步骤做空白实验。记录滴定空白时硫酸亚铁铵标准溶液的用量 V_0。

$$COD_{Cr} \frac{(V_0 - V_1) \times C \times 8 \times 1\,000}{V} \quad (mg/L) \tag{3-63}$$

式中　C——硫酸亚铁铵标准溶液的浓度,mol/L;

V_0——滴定空白时硫酸亚铁铵标准溶液的用量,mL;

V_1——滴定水样时硫酸亚铁铵标准溶液的用量,mL;

V——水样体积,mL 。

【注意事项】

(1)注意取样的均匀性,尤其对浑浊及悬浮物较多的水样,应避免较大误差。

(2)无机还原性物质如亚硝酸盐、硫化物及二价铁盐将使结果增加,将其需氧量作为水样 COD 值的一部分是可以接受的。本方法主要干扰物为氯离子。使用 0.4 g 硫酸汞,络合氯离子最高量可达 40 mg,如取用 20.00 mL 水样,即最高可络合 2 000 mg/L 氯离子浓度的水样。若氯离子浓度较低,亦可少加硫酸汞,保持硫酸汞∶氯离子 = 10∶1 (W/W)。若出现少量氧化汞沉淀,并不影响测定。当氯离子含量超过 1 000 mg/L 时,COD 的最低允许值为 250 mg/L,低于此值的样品测定结果的准确度就不可靠。

(3)对于化学需氧量小于 50 mg/L 的水样,应改用 0.025 0 mol/L 重铬酸钾标准溶液。回滴时用 0.01 lmol/L 硫酸亚铁铵标准溶液。

(4)该方法对未经稀释的水样其测定上限为 700 mg/L,超过此限时必须经稀释后测定。

附 10　BOD_5的测定

1.方法原理

生化需氧量 BOD 是指在有溶解氧的条件下,好氧微生物分解水中的有机物所进行的生物化学氧化过程中消耗的溶解氧量。BOD 是反映水体受有机物污染程度的综合指标,也是研究废水的可生化降解性和生化处理效果的重要参数。

微生物分解水中有机物是一个缓慢的过程,要将有机物全部分解常需 20 d 以上的时间。微生物的活动与温度有关,测定生化需氧量时,常以 20 ℃作为标准温度。一般而言,在第 5 d 消耗的氧量约是总需氧量的 70%。为便于测定,目前国内外普遍采用 20 ℃培养 5 d 所需要的氧作为指标,以氧的 mg/L 表示,简称 BOD_5。

稀释法测定 BOD_5是将水样经过适当稀释后,使其中含有足够的溶解氧供微生物 5 日生化需氧之用。将此水样分成两份,一份测定培养前的溶解氧,另一份放入 20 ℃培养 5 d 后测定溶解氧,两者之差即为 BOD_5。

水样用稀释水稀释,确定合适的倍数非常重要。稀释倍数太大或太小,则 5 d 培养后剩余的溶解氧太多或太少,甚至为零,都不能得到可靠的结果。稀释的程度应使 5 d 培养中所消耗的溶解氧大于 2 mg/L,而剩余溶解氧在 1 mg/L 以上。在此前提条件下,稀释倍数可以估算,也可以依据经验值法来确定。

水中有机物越多,消耗氧也越多,但水中溶解氧有限,因此需用含有一定养分和饱和溶解氧的水稀释,使培养后减少的溶解氧占培养前的溶解氧的 40%~70%为宜。

水体发生生化过程必须具备:水体中存在能降解有机物的好氧微生物,对难降解有机物,必须进行生物菌种驯化,有足够的溶解氧,因此稀释水要充分曝气至溶解氧近饱和。有微生物生长所需的营养物质,实验中应加入磷酸盐、钙盐、镁盐和铁盐。

2.实验试剂

(1)磷酸盐缓冲溶液:将 8.5 g 磷酸二氢钾(KH_2PO_4)、21.75 g 磷酸氢二钾(K_2HPO_4)、33.4 g 七水合磷酸氢二钠($Na_2HPO_4 \cdot 7H_2O$)和 1.7 g 氯化铵(NH_4Cl)溶于水中,稀释至 1 000 mL。此缓冲溶液的 pH 应为 7.2。

(2)硫酸镁溶液:将 22.5 g 七水硫酸镁($MgSO_4 \cdot 7H_2O$)溶于水中,稀释至 1 000 mL。

(3)氯化钙溶液:将 27.5 g 无水氯化钙($CaCl_2$)溶于水,稀释至 1 000 mL。

(4)氯化铁溶液:将 0.25 g 六水合氯化铁($FeCl_3 \cdot 6H_2O$)溶于水,稀释至 1 000 mL。

(5)氢氧化钠溶液(0.5 mol/L):将 20 g 氢氧化钠(NaOH)溶于水,稀释至 1 000 mL。

(6)盐酸溶液(0.5 mol/L):将 40 mL(ρ=1.18 g/mL)盐酸(HCl)溶于水,稀释至 1 000 mL。

(7)亚硫酸钠溶液($1/2Na_2SO_3$=0.025 mol/L):将 1.575 g 亚硫酸钠溶于水,稀释至 1 000 mL。此溶液不稳定,需每天配制。

(8)葡萄糖-谷氨酸标准溶液:将葡萄糖($C_6H_{12}O_6$)和谷氨酸($HOOC-CH_2-CH_2-CHNH_2-COOH$)在 103 ℃干燥 1 h 后,各称取 150 mg 溶于水中,移入 1 000 mL 容量瓶内并稀释至标线,混合均匀。此标准溶液临用前配制。

(9)稀释水:在 5~20 L 玻璃瓶内装入一定量的纯水曝气 2~8 h,使稀释水的溶解氧接近饱和;停止曝气后瓶口盖上两层干净纱布,置于 20 ℃培养箱中放置数小时,使水中溶解氧含量达 8 mg/L 左右。临用前每升水中加入氯化钙溶液、氯化铁溶液、硫酸镁溶液、磷酸盐缓冲溶液各 1 mL ,并混合均匀。稀释水的 pH 应为 7.2,其 BOD_5应小于 0.2 mg/L。

(10)接种液:如被检验样品本身不含有足够的适应性微生物,应采取下述方法获得接种液(接种温度应为(20±1) ℃)。

①城市污水,一般采用生活污水,过滤后在 20 ℃培养箱内放置一昼夜,取上清液作为接种水。

②表层土壤浸出液,取 100 g 花园土或植物生长土壤,加入 1 L 水,混合并静置 10 min,取上清液作为接种水。

③用含城市污水的河水或湖水。

④污水处理厂的出水或待测样品经生化处理构筑物的出水。

⑤当工业废水中含有难降解有机物时,取该工业废水排放口下游 3~8 km 处的水样作为废水的驯化接种液;如无此种水源,采用驯化菌种的方法在实验室培养含有适用于待测样品的接种水,建议采用如下方法:取中和或适当稀释后的该水样进行连续曝气,每天

加少量新鲜水样。同时加入适量表层土壤、花园土壤或生活污水,使能适应水样的微生物大量繁殖。当水中出现大量絮状物或分析其化学需氧量的降低值出现突变时,表明适应的微生物已经繁殖,可用做接种水。一般驯化过程需要3~8 d 。

(11)接种稀释水:根据需要和接种水的来源,每升稀释水中接种液加入量为:生活污水1.0~10.0 mL或表层土壤浸出液20~30 mL或河水、湖水10~100 mL。

接种稀释水的pH应为7.2,BOD_5应在0.3~1.0 mg/L。接种稀释水配制后应立即使用。

3.主要仪器及设备

(1)生化培养箱,温度控制在(20±1)℃;

(2)充氧设备,充氧动力常采用无油空气压缩机(或隔膜泵或氧气瓶或真空泵);

(3)5~20 L细口玻璃瓶;

(4)1 000~2 000 mL量筒;

(5)玻璃搅棒,棒的长度应比所用量筒高度长200 mm。在棒的底端固定一个直径比量筒底小,并带有几个小孔的硬橡胶板;

(6)250 mL溶解氧瓶;

(7)虹吸管,供分取水样和添加稀释水用;

(8)50 mL滴定管;

(9)1 mL 、25 mL 、100 mL移液管;

(10)10 mL、100 mL量筒,250 mL碘量瓶。

4.实验步骤

1)水样预处理

当水样的pH不在6.5~7.5时,先做单独试验,确定需要的盐酸或氢氧化钠溶液体积,再中和样品,不管有无沉淀形成。当水样的酸度或碱度很高时,可改用高浓度碱或酸进行中和,确保用量不超过水样体积的0.5%。含有少量游离氯的水样,一般放置1~2 h后,游离氯即可消失。对于游离氯在短时间内不能消失的水样,可加入适量的亚硫酸钠溶液,以除去游离氯。从水温较低的水体中或富营养化的湖泊中采集的水样,应迅速升温至20 ℃左右,以赶出水样中过饱和的溶解氧。否则,会造成分析结果偏低。从水温较高的水体中或废水排放口取样,应迅速使其冷却至20 ℃左右。否则,会造成分析结果偏高。

若待测水样没有微生物或微生物活性不足,要对样品进行接种,诸如以下几种工业废水:

(1)未经生化处理过的工业废水。

(2)高温高压或经卫生杀菌的废水,特别要注意食品加工工业的废水和医院生活污水。

(3)强酸、强碱性的工业废水。

(4)高BOD_5值的工业废水。

(5)含铜、锌、铅、砷、镉、铬、氰等有毒物质的工业废水。

以上的工业废水都需采用具有足够微生物的接种稀释水进行接种。

2)测试

(1)不经稀释水样的测定。

溶解氧含量较高、有机物含量较少的地表水,可不经稀释,而直接以虹吸法,将约20 ℃的混匀水样转移入两个溶解氧瓶内,转移过程中应注意不使其产生气泡。以同样的操作使两个溶解氧瓶充满水样后溢出少许,加塞,瓶内不应留有气泡。其中一个瓶随即测定溶解氧,另一个瓶的瓶口进行水封后,放入培养箱中,在(20 ±1) ℃ 培养 5 d。在培养过程中注意添加封口水。从开始放入培养箱算起,经过 5 昼夜后弃去封口水,测定剩余的溶解氧。

(2)需经稀释水样的测定。

①稀释倍数的确定。根据实践经验,提出下述计算方法,供稀释时参考。

地表水由测得的高锰酸盐指数与一定的系数的乘积,即求得稀释倍数,见表 3-41 。

表 3-41 高锰酸盐指数与系数的关系

高锰酸盐指数(mg/L)	系数	高锰酸盐指数(mg/L)	系数
<5	—	10~20	0.4、0.6
5~10	0.2、0.3	>20	0.5、0.7、1.0

工业废水由重铬酸钾法测得的 COD 值来确定,通常需做三个稀释比。

使用稀释水时,由 COD 值分别乘以系数 0.075、0.15、0.225,即获得三个稀释倍数。使用接种稀释水时,则分别乘以 0.075、0.15、0.25 三个系数。

②稀释操作。按照选定的稀释比例,用虹吸法沿筒壁先引入部分稀释水(或接种稀释水)于 1 000 mL 量筒中,加入需要量的均匀水样,再加入稀释水(或接种稀释水)至 800 mL ,用带胶板的玻璃棒小心地上下搅匀。搅拌时勿使搅拌棒的胶板露出水面,防止产生气泡。

按照与不经稀释水样的测定相同的步骤操作,进行装瓶,测定当天溶解氧和培养 5 d 后的溶解氧。

另取两个溶解氧瓶,用虹吸法装满稀释水(或接种稀释水)作为空白试验,测定 5 d 前后的溶解氧。

③溶解氧的测定。溶解氧的测定方法用碘量法(叠氮化钠修正法),具体操作步骤见附 11。

5.数据处理

(1)不经稀释直接培养的水样:

$$BOD_5 = C_1 - C_2 \tag{3-64}$$

式中 C_1——水样在培养前的溶解氧浓度,mg/L;

C_2——水样在培养 5 d 后的溶解氧浓度,mg/ L 。

(2)经稀释后培养的水样:

$$BOD_5 = \frac{(C_1 - C_2) - (B_1 - B_2) f_1}{f_2} \tag{3-65}$$

式中　B_1——稀释水(或接种稀释水)在培养前的溶解氧浓度,mg/L;

B_2——稀释水(或接种稀释水)在培养5 d后的溶解氧浓度,mg/L;

f_1——稀释水(或接种稀释水)在培养液中所占比例;

f_2——水样在培养液中所占比例。

【注意事项】

(1)根据废水浓度高低及毒性大小确定使用稀释水、接种水还是稀释接种水,若稀释比大于100,将分两步或几步进行稀释。

(2)在整个操作过程中,要注意防止气泡产生。

(3)在两个或三个稀释比的样品中,凡消耗溶解氧大于2 mg/L和剩余溶解氧大于1 mg/L都有效,计算结果应取平均值。若剩余的溶解氧小于1 mg/L,甚至为零时,应加大稀释比。

(4)空白的BOD_5结果应在0.3~1.0 mg/L。

(5)培养时要注意避光,防止藻类生长影响测定结果。

附11　溶解氧的测定——碘量法(叠氮化钠修正法)

1.方法原理

水样中加入硫酸锰和碱性碘化钾,水中溶解氧将低价锰氧化成高价锰,生成四价锰的氢氧化物棕色沉淀。加酸后,氢氧化物沉淀溶解并与碘离子反应释放出游离碘。以淀粉作指示剂,用硫代硫酸钠滴定释放出的碘,可计算溶解氧的含量。

当水样中亚硝酸盐氮含量高于0.05 mg/L,二价铁低于1 mg/L时,采用碘量法(叠氮化钠修正法)。此法适用于多数污水及生化处理水。

2.水样的采集与保存

用碘量法测定水中溶解氧,水样常采集到溶解氧瓶中。采集水样时,要注意不使水样曝气或有气泡残存在采样瓶中。可用水样冲洗溶解氧瓶后,沿瓶壁直接倾注水样或用虹吸法将细管插入溶解氧瓶底部注入水样,至溢流出瓶容积的1/3~1/2。

水样采集后,为防止溶解氧的变化,应立即加固定剂于样品中,并存于冷暗处,同时记录水温和大气压力。

3.仪器

250~300 mL溶解氧瓶。

4.试剂

(1)硫酸锰溶液:称取480 g硫酸锰($MnSO_4 \cdot 4H_2O$)或364 g $MnSO_4 \cdot H_2O$溶于水,用水稀释至1 000 mL。此溶液加至酸化过的碘化钾溶液中,遇淀粉不得产生蓝色。

(2)碱性碘化钾-叠氮化钠溶液:溶解500 g氢氧化钠于300~400 mL水中;溶解150 g碘化钾(或135 gNaI)于200 mL水中;溶解10 g叠氮化钠于40 mL水中。待氢氧化钠溶液冷却后,将上述三种溶液混合,加水稀释至1 000 mL。储于棕色瓶中,用橡皮塞塞紧,避光保存,

(3)40%氟化钾溶液:称取40 g氟化钾($KF \cdot 2H_2O$)溶于水中,用水稀释至100 mL,贮于聚乙烯瓶中。

(4)(1+5)硫酸溶液。

(5) 1%淀粉溶液：称取 1 g 可溶性淀粉，用少量水调成糊状，再用刚煮沸的水冲稀至 100 mL。冷却后，加入 0.1 g 水杨酸或 0.4 g 氯化锌防腐。

(6)重铬酸钾标准溶液 $C(1/6K_2Cr_2O_7)$ 0.025 0 mol：称取于 105～110 ℃烘干 2 h，并用冷却的优级纯重铬酸钾 1.225 8 g，溶于水，移入 1 000 mL 容量瓶中，用水稀释至标线，摇匀。

(7)硫代硫酸钠溶液：称取 3.2 g 硫代硫酸钠($Na_2S_2O_3 \cdot 5H_2O$)溶于煮沸放冷的水中，加入 0.2 g 碳酸钠，用水稀释至 1 000 mL。储于棕色瓶中。使用前用 0.025 mol/L 重铬酸钾标准溶液标定，标定方法如下：

于 250 mL 碘量瓶中，加入 100 mL 水和 1 g 碘化钾，加入 10.00 mL 0.025 0 mol/L 重铬酸钾标准溶液、5 mL(1+5)硫酸溶液，密塞，摇匀。于暗处静置 5 min 后，用硫代硫酸钠溶液滴定至溶液呈淡黄色，加入 1 mL 淀粉溶液，继续滴定至蓝色刚好褪去，记录用量。

$$M = \frac{10 \times 0.025\ 0}{V} \tag{3-66}$$

式中　M——硫代硫酸钠溶液的浓度，mol/L；

V——滴定时消耗硫代硫酸钠溶液的体积，mL。

5.步骤

1)溶解氧的固定

用吸管插入溶解氧瓶的液面下，加入 1 mL 硫酸锰溶液、2 mL 碱性碘化钾-叠氮化钠溶液，盖好瓶塞，颠倒混合数次，静置。待棕色沉淀物降至瓶内一半时，再颠倒混合一次，等沉淀物下降到瓶底。如水样中含有 Fe^{3+} 干扰测定，则在水样采集后，用吸管插入液面下加入 1 mL40%氟化钾溶液，1 mL 硫酸锰溶液和 2 mL 碱性碘化钾-叠氮化钠溶液，盖好瓶盖，混匀。一般在取样现场固定。

2)析出碘

轻轻打开瓶塞，立即用吸管插入液面下加入 2.0 mL 硫酸。小心盖好瓶塞，颠倒混合摇匀至沉淀物全部溶解，放置暗处 5 min。

3)滴定

移取 100.0 mL 上述溶液于 250 mL 锥形瓶中，用硫代硫酸钠溶液滴定至溶液呈淡黄色，加入 1 mL 淀粉溶液，继续滴定至蓝色刚好褪去，记录硫代硫酸钠溶液用量。

6.计算

$$溶解氧(O_2) = \frac{MV \times 8 \times 1\ 000}{100} \quad (\text{mg/L}) \tag{3-67}$$

式中符号意义同前。

【注意事项】

叠氮化钠是一种剧毒、易爆试剂，不能将碱性碘化钾-叠氮化钠溶液直接酸化，否则可能产生有毒的叠氮酸雾。

3.10　曝气充氧实验

曝气是活性污泥系统的一个重要环节，它的作用是向池内充氧，保证微生物生化作用所需之氧，同时保持池内微生物、有机物、溶解氧，即泥、水、气三者的充分混合，为微生物创造有利条件。因此，了解掌握曝气设备充氧性能，不仅对工程设计人员，而且对污水处理厂运行管理人员也至关重要。此外，二级生物处理厂中，曝气充氧电耗占全厂动力消耗的60%~70%，因此高效节能型曝气设备的研制是当前污水生物处理技术领域面临的一个重要课题。本实验是水处理实验中一个重要的实验项目。

3.10.1　实验目的

(1)加深理解曝气充氧的机制及影响因素。

(2)掌握曝气设备清水充氧性能测定的方法。

(3)测定几种不同形式的曝气设备氧的总转移系数 $K_{La(20)}$、充氧能力 E_L、氧利用率 E_A、动力效率 E_P 等，并进行比较。

3.10.2　实验原理

曝气的作用是向液相供给溶解氧。氧由气相转入液相的机制常用双膜理论来解释。双膜理论是基于气液两相界面存在两层膜(气膜和液膜)的物理模型。气膜和液膜对气体分子的转移产生阻力。氧在膜内总是以分子扩散方式转移的，其速度总是慢于混合液内发生的对流扩散方式的转移。所以只要液体内氧未饱和，则氧分子总会从气相转移到液相。

氧传递基本方程为：

$$\frac{dC}{dt}=K_{La}(C_s-C) \tag{3-68}$$

式中　$\frac{dC}{dt}$——液体中溶解氧浓度变化速率，($kgO_2/(m^3\cdot h)$)；

K_{La}——氧的总转移系数，1/h；

C_s——饱和溶解氧浓度，mg/L；

C——相应于某一时刻 t 的溶解氧浓度，mg/L。

各种温度下饱和溶解值可参考附12表3-43选取。

将式(3-68)积分整理后得曝气设备氧总转移系数 K_{La}：

$$K_{La}=\frac{1}{t-t_0}\ln\frac{C_s-C_0}{C_s-C_t} \tag{3-69}$$

式中　C_0——曝气开始时池内溶解氧浓度($t_0=0$ 时，$C_0=0$ mg/L)；

C_t——曝气某一时刻 t 时，池内液体溶解氧浓度，mg/L；

t_0、t——曝气开始、结束时间，min。

当用自来水进行试验时,将待曝气之水以无水亚硫酸钠为脱氧剂,氯化钴为催化剂,使水中溶解氧降到零,然后再曝气,直至溶解氧升高到接近饱和水平。通过试验测得 C_s 和相应于每一时刻 t 的溶解氧 C_t 值后,绘制 $\ln \dfrac{C_s-C_0}{C_s-C_t}$ 与 $(t-t_0)$ 的关系曲线,其斜率即 K_{La} 值。

影响氧总转移系数 K_{La} 的因素很多,除了曝气设备本身结构尺寸、运行条件,还与水质、水温等有关。为了进行相互比较,以及向设计、使用部门提供产品性能,故产品给出的充氧性能均为清水、标准状态下,即清水(一般多为自然水)、一个标准大气压、20 ℃下的充氧性能,而实际过程中曝气充氧的条件并非是 1 个大气压、20 ℃,故引入了压力、温度修正系数。

对温度修正后的 $K_{La(20)}$ 为:

$$K_{La(20)} = K_{La(T)} \cdot 1.024^{(20-T)} \tag{3-70}$$

式中　T——试验时的水温,℃;

$K_{La(T)}$——水温为 T 时测得的总传递系数,1/h;

$K_{La(20)}$——水温 20 ℃时的总传递系数,1/h。

此为经验式,它考虑了水温对水的黏滞性和饱和溶解氧值的影响,国内外大多采用此式,本实验也以此式进行温度修正。

由于水中饱和溶解氧值受其中压力和所含无机盐种类和数量的影响,所以式(3-69)中的饱和溶解氧最好用实测值,即曝气池内的溶解氧达到稳定时的数值。另外,也可以用理论公式对饱和溶解氧标准值进行修正。

用埃肯菲尔德公式进行修正:

$$P = \frac{P_b}{0.206} + \frac{Q_t}{42} \tag{3-71}$$

式中　P_b——空气释放点处的绝对压力;$P_b = P_a + 9.8\times10^3 H$;

P_a——大气压力,Pa;

H——空气释放点距水面高度,m;

Q_t——空气中氧的质量百分比,$Q_t = \dfrac{21(1-E_A)}{79+21(1-E_A)}\times100\%$;

E_A——曝气设备氧的利用率(%)。

式(3-69)中饱和溶解氧值 C_s 用下式求得:

$$C_{sm} = C_s \cdot P \tag{3-72}$$

式中　C_{sm}——清水充氧实验池内经修正后的饱和溶解氧值,mg/L;

C_s——1 个大气压、某温度下氧饱和度理论值,mg/L;

P——压力修正系数。

氧总转移系数 $K_{La(20)}$ 是指在标准状态下单位传质推动力的作用下,在单位时间向单位曝气液体中所充入的氧量。它的倒数 $1/K_{La(20)}$ 的单位是时间,表示将满池水从溶解氧为零充到饱和值时所用时间,因此 $K_{La(20)}$ 是反映氧传递速率的一个重要指标。此外,表示空气扩散装置技术性能的主要指标有充氧能力(E_L)、动力效率(E_p)和氧转移效率(E_A)。

充氧能力是反映曝气设备在单位时间内向单位液体中充入的氧量，E_L可用式(3-73)计算：

$$E_L = K_{La(20)} C_s \tag{3-73}$$

式中　$K_{La(20)}$——水温为 20 ℃,标准状态下的氧总转移系数,1/h;

C_s——1 个大气压,20 ℃时的氧饱和值,$C_s = 9.17$ mg/L。

动力效率将曝气供氧与消耗的动力联系在一起,是一个经济评价指标,它的高低影响到活性污泥处理厂的运行费用,动力效率 E_p 可用式(3-74)计算：

$$E_p = \frac{E_L \cdot V}{N} \tag{3-74}$$

式中　N——理论功率,即不计管路损失、风机和电机的效率,只计算曝气充氧所耗有用功,kW;

V——曝气池有效体积, m^3。

$$N = \frac{rQH}{102 \times 3\ 600} \tag{3-75}$$

式中　H——风压,m;

r——空气密度,kg/m^3;

Q——供气量,m^3/h。

采用转子流量计时应参照流量计说明书对流量计度数进行修正;由于供风时计量条件与所用转子流量计标定时的条件相差较大,因而进行如上修正。氧的利用率 E_A 指通过鼓风曝气转移到混合液中的氧量占总供氧量的百分比(%)：

$$E_A = \frac{E_L \cdot V}{Q \times 0.28} \times 100\% \tag{3-76}$$

$$Q = \frac{Q_b \cdot P_b \cdot T_a}{T_b \cdot P_a} \tag{3-77}$$

式中　Q——标准状态下(1 个大气压 、293 K 时)的气量;

P_a——1 个大气压;

T_a——293 K。

标准状态下 1 m^3空气中所含氧的质量为 0.28 kg。

3.10.3　实验设备与用品

(1)平板叶轮表面曝气清水充氧实验装置见图 3-38,为保持曝气叶轮转速在实验期间恒定不变,电动机要接在稳压电源上;鼓风曝气清水充氧实验装置见图 3-39。其中,穿孔管及微孔曝气器如图 3-40、图 3-41 所示。

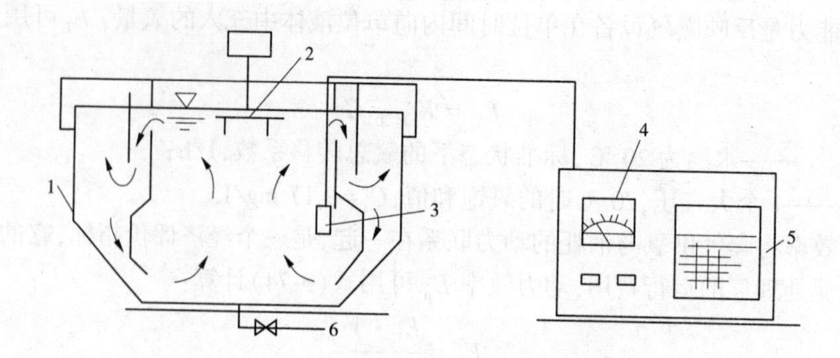

1—完全混合合建式曝气池;2—平板叶轮;3—探头;4—溶解氧浓度测定仪;5—记录仪;6—放空管

图 3-38　平板叶轮表面曝气清水充氧实验装置

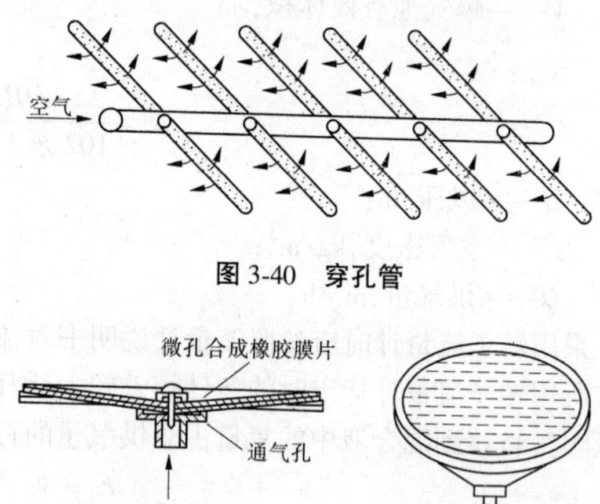

图 3-40　穿孔管

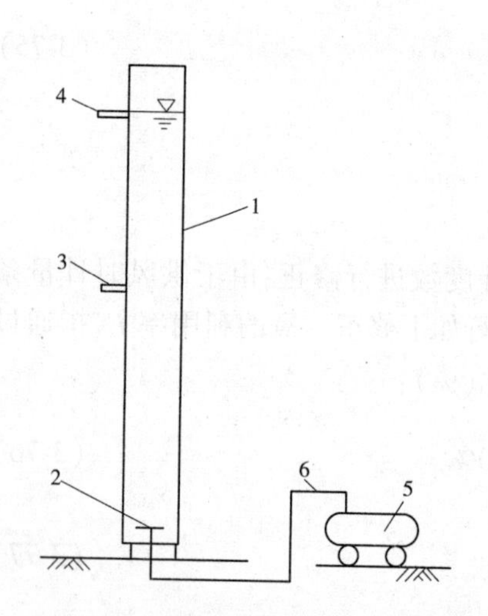

1—有机玻璃曝气柱;2—穿孔管或微孔曝气器;
3—取样孔或探头插口;4—溢流孔;
5—空压机;6—进气管

图 3-39　鼓风曝气清水充氧实验装置

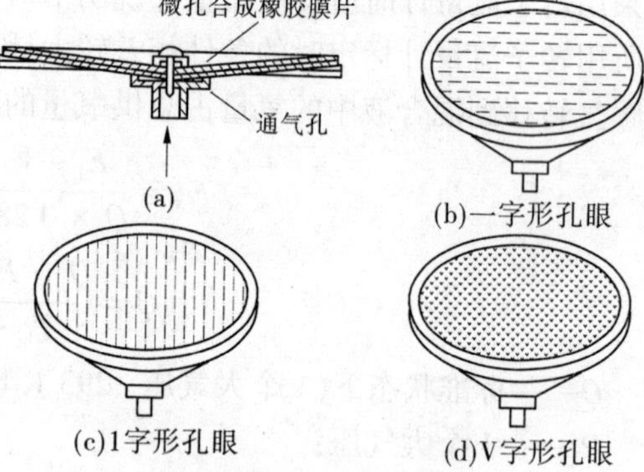

图 3-41　微孔曝气器

(2)溶解氧测定仪;

(3)秒表;

(4)无水亚硫酸钠、氯化钴。

3.10.4　实验步骤及记录

(1)向曝气池注入清水,测定其溶解氧值,并计算池内溶解氧含量 $G=DO\times V$。

(2)计算投药量。

①无水亚硫酸钠：

$$2Na_2SO_3+O_2=2Na_2SO_4 \tag{3-78}$$

从此反应式可以知道，每去除1 mg溶解氧需要投加8 mgNa_2SO_3。根据自来水的溶解氧浓度可以算出Na_2SO_3的理论需要量。实际投加量应为理论值的110%～150%。计算方法如下：

$$W_1=8\times G\times(1.1\sim1.5)$$

②氯化钴。催化剂采用氯化钴，投加浓度为0.1 mg/L。

(3)将Na_2SO_3和$CoCl_2$溶液投入清水中，约10 min后，取水样测其溶解氧浓度。

(4)待溶解氧降到零时，启动电机(或空压机)进行曝气，同时进行计时，每隔1min测其溶解氧，并记录于表3-42，直至水中溶解氧不再增长，达到饱和。

表3-42　清水曝气充氧实验记录

t_0=		C_0=		C_s=	T=
t(min)	C_t(mg/L)	C_s-C_0	C_s-C_t	$\ln\dfrac{C_s-C_0}{C_s-C_t}$	$t-t_0$
1					
2					
3					
4					
5					
⋮					

3.10.5　实验数据与整理

(1)以$\ln\dfrac{C_s-C_0}{C_s-C_t}$为纵坐标，以$(t-t_0)$为横坐标，用表3-42数据描点作关系曲线，其斜率即为K_{La}。

(2)计算$K_{La}(20)$。

(3)计算充氧能力、动力效率和氧的利用率。

【思考题】

(1)曝气充氧原理及其影响因素是什么？

(2)常用曝气设备类型、动力效率及各自的优缺点是什么？

(3)曝气设备充氧性能指标为何均是清水？标准状态下的值是多少？

(4)鼓风曝气设备与机械曝气设备充氧性能指标有何不同？

附12　各种温度下饱和溶解氧值

各种温度下，氧在水中的饱和溶解浓度见表3-43。

表 3-43　各种温度下饱和溶解氧值

温度(℃)	饱和溶解氧(mg/L)	温度(℃)	饱和溶解氧(mg/L)
0	14.64	18	9.46
1	14.22	19	9.27
2	13.82	20	9.08
3	13.44	21	8.90
4	13.09	22	8.73
5	12.74	23	8.57
6	12.42	24	8.41
7	12.11	25	8.25
8	11.81	26	8.11
9	11.53	27	7.96
10	11.26	28	7.82
11	11.01	29	7.69
12	10.77	30	7.56
13	10.53	31	7.43
14	10.30	32	7.30
15	10.08	33	7.18
16	9.86	34	7.07
17	9.66	35	6.95

3.11　间歇式活性污泥法(SBR)实验

3.11.1　实验目的

(1)了解 SBR 法系统的特点。

(2)理解污水生物脱氮原理,掌握 SBR 脱氮工艺的运行操作过程。

(3)通过污泥性能指标的测定和生物相的观察,加深对活性污泥系统的了解。

3.11.2　实验原理

间歇式活性污泥法,又称序批式活性污泥法(Sequence Bath Reactor Activated Sludge Process,简称 SBR)是一种不同于传统的连续活性污泥法的活性污泥处理工艺。SBR 法实际上并不是一种新工艺,1914 年英国的 Alden 和 Lockett 首创活性污泥法时,采用的就是间歇式。当时由于曝气器和自控设备的限制,该法未能广泛应用。随着计算机的发展和自动控制仪表、阀门的广泛应用,近年来该法又得到了重视和应用。

SBR工艺作为活性污泥法的一种,其中去除有机物的机制与传统的活性污泥法相同,即都是通过活性污泥的絮凝、吸附、沉淀等过程来实现有机物的去除,所不同的只是其运行方式。SBR法具有工艺简单、运行方式较灵活、脱氮除磷效果好、SVI值较低、污泥易于沉淀、可防止污泥膨胀、耐冲击负荷和所需费用较低、不需要二沉池和回流设备等优点。

SBR法系统包含预处理池、一个或几个反应池及污泥处理设施。反应池兼有调节池和沉淀池的功能。该工艺被称为序批间歇式,它有两个含义:①其运行操作在空间上按序排列;②每个SBR的运行操作在时间上也是按序进行。

SBR工作过程通常包括5个阶段,即进水阶段(加入基质)、反应阶段(基质降解)、沉淀阶段(泥水分离)、排放阶段(排上清液)、闲置阶段(恢复活性)。这5个阶段都是在曝气池内完成,从第一次进水开始到第二次进水开始,称为一个工作周期。每一个工作周期中的各阶段的运行时间、运行状态可根据污水性质、排放规律和出水要求等进行调整。为了实现脱氮,可以在反应阶段采取特殊手段,如在反应阶段采用曝气和搅拌相结合的方式,实现好氧硝化和缺氧反硝化。SBR法典型的运行模式见图3-42。

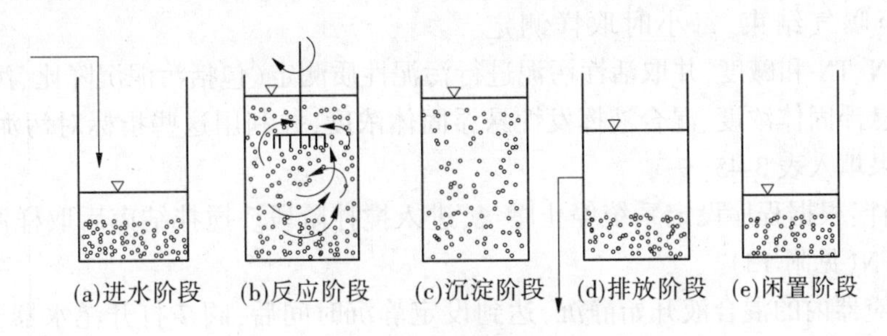

图3-42　SBR法典型的运行模式

3.11.3　实验设备及用具

(1)SBR法实验装置及计算机控制系统1套,如图3-43所示;
(2)水泵;
(3)水箱;
(4)空气压缩机;
(5)电子显微镜;
(6)便携式溶氧仪;
(7)COD测定仪或测定装置及相关药剂;
(8)NH_3-N和TN测定装置及相关药剂。

3.11.4　实验步骤及记录

3.11.4.1　活性污泥的培养和驯化

(1)取已建污水处理厂的活性污泥或带菌土壤为菌种,在SBR反应器内以生活污水为营养,培养活性污泥。

(2)污泥培养初期,每天闷曝 22 h、静置 2 h,排出 1/3 废水,再加入新鲜废水。

(3)培养数天后如发现污泥呈黄褐色,絮凝和沉淀性能良好,上清液清澈透明,泥水界面清晰,镜检菌胶团密实,生物相丰富,说明污泥已培养成功。

3.11.4.2　SBR 脱氮实验

打开计算机,设置各阶段控制时间,填入表 3-44 中,启动控制程序。研究曝气和搅拌周期对脱氮的影响:

(1)进水:原污水进入 SBR 反应器,测定原水的 COD、NH_3-N 和 TN。

(2)曝气:程序进入曝气阶段,自动开启进气阀门,启动鼓风机,进行曝气。从曝气开始至曝气结束,每小时取样测定 COD、NH_3-N、TN 和碱度,并取活性污泥进行污泥性质测定(包括污泥沉降比、污泥容积指数、混合液悬浮固体浓度、混合液挥发性悬浮固体浓度,并利用这些指标对污泥的性能作出判断,结果填入表 3-45。

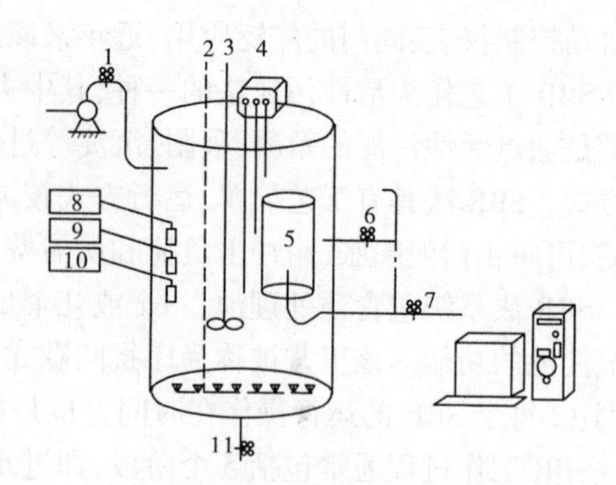

1—进水阀门;2—曝气管;3—搅拌器;4—水位继电器;5—滗水器;6、7—电磁阀;8、9、10—pH、DO、ORP 测定探头;11—放空管;其中 1~10 均为计算机控制

图 3-43　SBR 计算机自动控制系统

(3)搅拌:根据程序设定系统停止曝气,进入搅拌阶段。搅拌结束后取样测定 COD、NH_3-N 和 TN(见附 13)。

(4)反应器内的混合液开始静沉,达到设定静沉时间后,阀 7 打开滗水器开始工作,关闭阀 7 打开阀 6,排出反应器内的上清液。

(5)滗水器停止工作,反应器处于闲置阶段。

(6)对各反应阶段的污泥进行生物相的观察,并进行比较

(7)准备开始进行下一个工作周期。

表 3-44　SBR 法实验记录

进水时间(h)	曝气时间(h)	搅拌时间(h)	静沉时间(h)	滗水时间(h)	闲置时间(h)	进水 COD(mg/L)	出水 COD(mg/L)	进水 NH_3-N(mg/L)	出水 NH_3-N(mg/L)	进水 TN(mg/L)	出水 TN(mg/L)

表 3-45　曝气阶段污泥性能指标测定

污泥沉降比 SV（%）	污泥容积指数 SVI（mL/g）	混合液悬浮固体浓度 MLSS（mg/L）	混合液挥发性悬浮固体浓度 MVLSS（mg/L）

3.11.5　实验数据与整理

（1）计算在给定条件下 SBR 法的有机物、NH_3-N 和 TN 去除率 η：

$$\eta = \frac{S_a - S_e}{S_a} \times 100\% \tag{3-79}$$

式中　S_a——进水中有机物、NH_3-N 或 TN 的浓度，mg/L；

S_e——出水有机物、NH_3-N 或 TN 的浓度，mg/L。

（2）生物相的描述（包括污泥的颜色、生物相是否丰富、菌胶团是否致密、边界是否明显和是否有典型的微生物等）。

【思考题】

（1）简述 SBR 法与传统活性污泥法的异同。

（2）简述 SBR 法工艺上的特点及滗水器的作用。

（3）如果对脱氮除磷有要求，应怎样调整各阶段的控制时间？

附 13　TN 的测定——过硫酸钾氧化紫外分光光度法

1.方法原理

在 60 ℃以上的水溶液中，过硫酸钾按如下反应式分解，生成氢离子和氧。

$$K_2S_2O_8+H_2O \rightarrow 2KHSO_4+\frac{1}{2}O_2$$

$$KHSO_4 \rightarrow K^++HSO_4^-$$

$$HSO_4^- \rightarrow H^++SO_4^{2-}$$

加入氢氧化钠用以中和氢离子，使过硫酸钾分解完全。

在 120~124 ℃的碱性介质条件下，用过硫酸钾作氧化剂，不仅可将水样中的氨氮和亚硝酸盐氮氧化为硝酸盐，同时将水样中大部分有机氮化合物氧化为硝酸盐。而后，用紫外分光光度法分别于波长 220 nm 与 275 nm 处测定其吸光度，按 $A=A_{220}-2A_{275}$，计算硝酸盐氮的吸光度值，从而计算总氮的含量。其摩尔吸光系数为 1.47×10^3 L/（mol · cm）。

2.干扰及消除

（1）当水样中含有六价铬离子及三价铁离子时，可加入 5%盐酸羟胺溶液 1~2 mL 以消除其对测定的影响。

（2）碘离子及溴离子对测定有干扰，当测定 20 μg 硝酸盐氮时，碘离子含量相对于总氮含量的 0.2 倍无干扰，溴离子含量相对于总氮含量的 3.4 倍无干扰。

(3)碳酸盐及碳酸氢盐对测定的影响,在加入一定量的盐酸后可消除。

(4)硫酸盐及氯化物对测定无影响。

3.方法的适用范围

该法主要适用于湖泊、水库、江河水中总氮的测定。方法检测下限为 0.05 mg/L,测定上限为 4 mg/L。

4.仪器

(1)紫外分光光度计;

(2)压力蒸汽消毒器或民用压力锅,压力为 1.1~1.3 kg/cm^2,相应温度为 120~124 ℃。

(3)25 mL 具塞玻璃磨口比色管。

5.试剂

(1)无氨水:每升水中加入 0.1 mL 浓硫酸,蒸馏。收集馏出液于玻璃容器中或用新制备的去离子水。

(2)20%氢氧化钠溶液:称取 20 g 氢氧化钠溶于无氨水中,稀释至 100 mL。

(3)碱性过硫酸钾溶液:称取 40 g 过硫酸钾($K_2S_2O_8$),15 g 氢氧化钠溶于无氨水中,稀释至 1 000 mL。溶液存放在聚乙烯瓶内,可储存一周。

(4)(1+9)盐酸。

(5)硝酸钾标准溶液:

①标准储备液:称取 0.721 8 g 经 105~110 ℃ 烘干 4 h 的优级纯硝酸钾(KNO_3)溶于无氨水中,移至 1 000 mL 容量瓶中,定容。此溶液每毫升含 100μg 硝酸盐氮。加入 2 mL 三氯甲烷为保护剂,至少可稳定 6 个月。

②硝酸钾标准使用液:将贮备液用无氨水稀释 10 倍而得,此溶液每毫升含 10μg 硝酸盐氮。

6.步骤

1)校准曲线的绘制

(1)分别吸取 0 mL、0.50 mL、1.00 mL、2.00 mL、3.00 mL、5.00 mL、7.00 mL、8.00 mL 硝酸钾标准使用溶液于 25 mL 比色管中,用无氨水稀释至 10 mL 标线。

(2)加入 5 mL 碱性过硫酸钾溶液,塞紧磨口塞,用纱布及纱绳裹紧管塞,以防迸溅出。

(3)将比色管置于压力蒸汽消毒器中,加热 0.5h,放气使压力指针回零,然后升温至 120~124 ℃开始计时(或将比色管置于民用压力锅中,加热至顶压阀吹气开始计时),使比色管在过热水蒸气中加热 0.5 h。

(4)自然冷却,开阀放气,移去外盖,取出比色管并冷至室温。

(5)加入(1+9)盐酸 1 mL,用无氨水稀释至 25 mL 标线。

(6)在紫外分光光度计上,以无氨水作参比,用 10 mm 石英比色皿分别在 220 nm 及 275 nm 波长处测定吸光度,用校正的吸光度绘制校准曲线。

2)样品测定步骤

取 10 mL 水样,或取适量水样(使氮含量为 20~80 μg),按校准曲线绘制步骤②~⑥操作,然后按校正吸光度,在校准曲线上查出相应的总氮量,用下列公式计算总氮含量:

$$总氮 = \frac{m}{V} \quad (mg/L) \tag{3-80}$$

式中　m——从校准曲线上查得的含氮量，μg；

V——所取水样体积，mL。

【注意事项】

(1)参考吸光度比值 $A_{275}/A_{220} \times 100\%$ 大于 20%时，应予鉴别。

(2)玻璃具塞比色管的密合性应良好。当使用压力蒸汽消毒器时，冷却后放气要缓慢；当用民用压力锅时，要充分冷却，方可揭开锅盖，以免比色管塞蹦出。

(3)玻璃器皿可用 10%盐酸浸洗，用蒸馏水冲洗后再用无氨水冲洗。

(4)当使用高压蒸汽消毒器时，应定期校核压力表；当使用民用压力锅时，应检查橡胶密封圈，使不致漏气而减压。

(5)当测定悬浮物较多的水样时，在过硫酸钾氧化后可能出现沉淀。遇此情况，可吸取氧化后的上清液进行紫外分光光度法测定。

3.12　膜生物反应器(MBR)实验

3.12.1　实验目的

(1)通过膜生物反应器模拟实验，掌握膜生物反应的构造和原理。

(2)通过对试验数据的分析，深入理解膜生物反应器运行效果的影响因素及运行控制条件。

3.12.2　实验原理

膜生物反应器是由膜分离技术与污水处理工程中的生物反应器相结合组成的反应器系统(Membrane Biological Reactor，简称 MBR)。它综合了膜分离技术与生物处理技术的优点，以超、微滤膜组件代替传统生物处理系统的二沉池，以实现泥水分离，被超滤、微滤膜截留下来的活性污泥混合液中的微生物絮体和相对较大分子质量的有机物又重新回流至生物反应器内，使生物反应器内获得高浓度的生物量，延长了微生物的平均停留时间，提高了微生物对有机物的氧化速率。膜生物反应器的出水水质很好，尤其对悬浮固体的去除率更高，甚至可达到深度处理出水的要求。

根据膜组件和生物反应器的组合方式不同，膜生物反应器可分为分置式和一体式两大类，如图 3-44 所示。

3.12.3　实验设备及用具

(1)一体式膜生物反应器和分置式膜生物反应器实验装置各 1 套，如图 3-45 所示；

(2)水箱；

(3)水泵；

(4)空气压缩机；

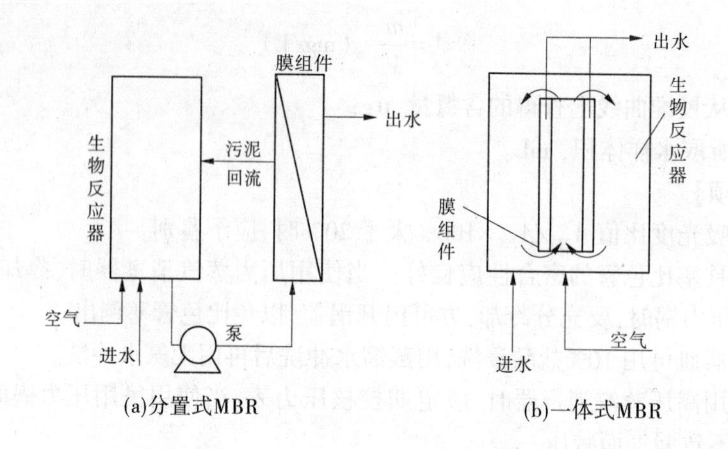

图 3-44　膜生物反应器示意图

(5)水和气体转子流量计；

(6)时间继电器、电磁阀；

(7)100 mL 量筒、秒表；

(8)DO 仪；

(9)污泥浓度计或天平、烘箱；

(10)COD 测定仪或测定装置及相关药剂。

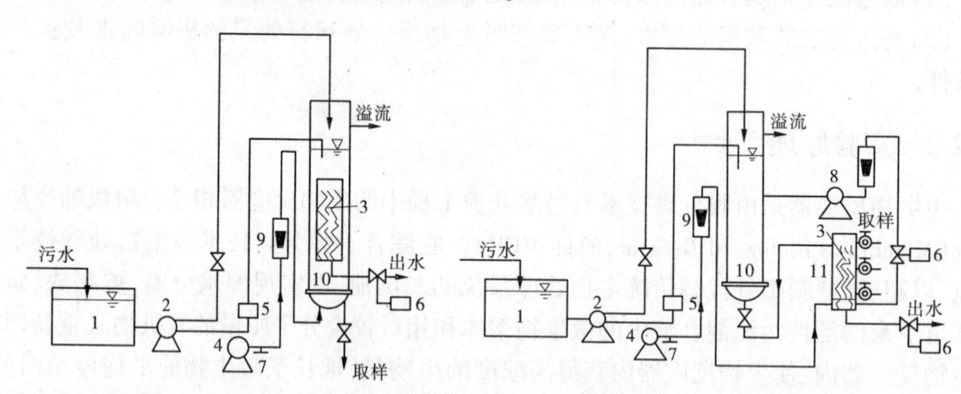

1—调节水箱；2—进水泵；3—膜组件；4—空气压缩机；5—液位自控仪；6—流量自控装置；
7—减压阀；8—循环水泵；9—气体流量计；10—生物反应器；11—膜分离器

图 3-45　膜生物反应器实验装置

3.12.4　实验步骤及记录

(1)测定清水中膜的透水量：用容积法测定不同时间膜的透水量。

(2)活性污泥的培养与驯化，污泥达到一定浓度后即可开始实验。

(3)根据一定的气水比、循环水流量和污泥负荷运行条件，测定分置式和一体式膜生物反应器在不同时间膜的透水量及COD值和MLSS值。

(4)改变循环水流量,当运行稳定后,测定分置式膜生物反应器膜的透水量、COD值和MLSS值。

(5)改变气水比,当运行稳定后,测定一体式膜生物反应器膜的透水量、COD值和MLSS值。

(6)实验数据分别填入表3-46中。

表3-46　MBR实验数据

时间(min)	进水COD(mg/L)	一体式MBR		分置式MBR	
		透水量(mL/s)	出水COD(mg/L)	透水量(mL/s)	出水COD(mg/L)
说明		气水比: MLSS=　　g/L DO=　　mg/L		循环流量比: MLSS=　　g/L DO=　　mg/L	

3.12.5　实验数据与整理

(1)根据表3-46中的实验数据绘制透水量与时间的关系曲线。

(2)根据表3-46中的实验数据绘制COD去除率与时间的关系曲线。

【思考题】

(1)简述分置式MBR与一体式MBR在结构上有何区别?各有何优缺点?

(2)影响分置式MBR透水量的主要因素有哪些?

(3)影响一体式MBR透水量的主要因素有哪些?

(4)膜受到污染、透水量下降后,如何恢复其透水量?

3.13　升流式厌氧污泥床(UASB)厌氧消化实验

3.13.1　实验目的

(1)加深对厌氧消化机制的理解。

(2)加深对升流式厌氧污泥床工作原理的理解,掌握其构造和主要组成。

(3)掌握厌氧消化实验方法及各项指标的测定分析方法。

3.13.2　实验原理

厌氧消化是在无氧条件下,借助于厌氧菌的新陈代谢使有机物被分解,整个消化过程分两个阶段、三个过程进行,即酸性发酵阶段和碱性发酵阶段。酸性发酵阶段包括两个过程,水解过程和酸化过程。水解过程,在微生物外酶作用下将不溶有机物水解成溶解的小分子有机物;酸化过程,在产酸菌作用下将复杂的有机物分解为低级有机酸。碱性发酵阶段,在甲烷菌作用下,将酸性发酵阶段的产物有机酸等分解为 CH_4、CO_2 等最终产物,这个过程因最终产物是气态的甲烷和二氧化碳等,故又称为气化过程。在连续式厌氧消化反应器内,酸性和碱性发酵处于平衡状态。

升流式厌氧污泥床(UASB)的底部有一个高浓度、高活性的污泥层区,由于产生消化气体在污泥层的上部可形成一个悬浮污泥层。反应器的上部为澄清区,设有三相分离器,实现沼气、污水和污泥的三相分离。

UASB 反应器在运行过程中,废水通过配水系统以一定的流速从反应器的底部进入反应器(水流在反应器中的上升流速一般为 0.5~1.5 m/h),水流依次经过污泥床区、悬浮污泥层区和三相分离器。污水与污泥床和悬浮污泥层中的微生物充分混合接触并进行厌氧分解。三相分离器是 UASB 反应器最有特点和最重要的装置,由沉淀区、回流缝和气封组成。气、水、泥三相混合液上升至三相分离器中,气体遇到挡板后折向集气室而被有效地分离排出;污泥和水进入上部的沉淀区,在重力的作用下,泥水发生分离,污泥沿着回流缝自动重新回到污泥区。

3.13.3　实验设备与用品

(1)升流式厌氧污泥床(UASB)反应器,如图 3-46 所示。

(2)酸度计、烘箱、坩埚、马弗炉。

(3)气体分析器。

(4)挥发性脂肪酸、COD、BOD_5、SS 等分析仪器、玻璃器皿及化学药品等。

3.13.4　实验步骤及记录

(1)人工配制实验用污水或取某高浓度有机废水。

(2)由运行正常的 UASB 或 IC 反应器中取熟污泥作为种泥,放入消化反应器内。以絮体污泥为种泥的启动负荷为 1 kgCOD/(m^3 · d),以颗粒污泥为种泥的启动负荷宜为 3 kgCOD/(m^3 · d)。出 COD 去除率达到 80%以上,或出水挥发性脂肪酸的浓度低于 200 mg/L后,可逐步提高进水容积负荷,负荷的提高幅度宜控制在设计负荷的 20%~30%,直到达到设计负荷和设计去除率。反应器中的温度控制在(35±1)℃。

(3)反应器运行稳定后,调整水力停留时间 t 约为 6 h、12 h、18 h、24 h、36 h、72 h,以考察停留时间对有机物去除率和产气量的影响。在每一水力停留时间下,应保证反应器稳定运行 7 d 以上。

每天记录、分析进、出水 pH、COD(或 BOD_5)、产气量、甲烷(CH_4)含量等。注意池内

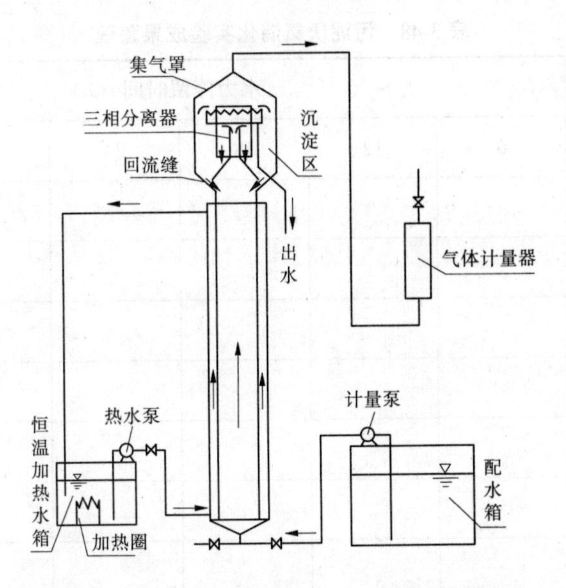

图 3-46　升流式厌氧污泥床(UASB)反应器实验装置

pH 变化,当 pH<6.6 时,应加碱调整 pH,记录项目见表 3-47。

表 3-47　某一水力停留时间下厌氧消化记录

项目内容	时间 t(d)							
	1	2	3	4	5	6	7	8
进水量(L/d)								
进水 COD(mg/L)								
出水 COD(mg/L)								
混合液 MLSS(mg/L)								
混合液 MLVSS(mg/L)								
产气量(L/d)								
甲烷(CH_4)含量(%)								

3.13.5　实验数据与整理

(1)将实验数据整理分析后,按表 3-48 进行计算分析。

表 3-48　污泥厌氧消化实验成果整理

项目内容	水力停留时间 t(h)					
	6	12	18	24	36	72
进水量(L/d)						
进水 COD(mg/L)						
出水 COD(mg/L)						
混合液 MLSS(mg/L)						
混合液 MLVSS(mg/L)						
产气量(L/d)						
甲烷(CH_4)含量(%)						

(2)分析有机物分解率、产气率、CH_4成分随水力停留时间的变化。

【思考题】

(1)影响厌氧消化的因素有哪些？实验中如何加以控制，才能保证正常运行？

(2)试分析有机物分解率、产气率、CH_4成分随水力停留时间的变化规律及其原因。

(3)分析影响三相分离器分离效果的因素。

(4)影响颗粒污泥形成的因素有哪些？

3.14　污泥脱水性能实验

比阻与滤叶虽然是小型实验，但对工程实践却具有重要意义。通过这一实验能够测定污泥脱水性能，以此作为选定脱水工艺流程和脱水机械型号的根据，也可作为确定药剂种类、用量及运行条件的依据。

3.14.1　实验目的

(1)进一步加深理解污泥比阻的概念。

(2)评价污泥脱水性能。

(3)选择污泥脱水的药剂种类、浓度、投药量。

3.14.2　实验原理

污泥经重力浓缩或消化后，含水率约为 97%，体积大、不便于运输。因此，一般多采用机械脱水，以减小污泥体积。常用的脱水方法有真空过滤、压滤、离心等。污泥机械脱水是以过滤介质两面的压力差作为动力，达到泥水分离、污泥浓缩的目的。根据压力差来源的不同，可分为真空过滤法(抽真空造成介质两面压力差)、压缩法(介质一面对污泥加压,造成两面压力差)。

影响污泥脱水的因素较多,主要有:

(1)污泥浓度,取决于污泥性质及过滤前浓缩程度。

(2)污泥性质、含水率。

(3)污泥预处理方法。

(4)压力差大小。

(5)过滤介质种类、性质等。

经过实验推导出过滤基本方程式:

$$\frac{t}{V}=\frac{\mu r\omega}{2PA^2}\cdot V+\frac{\mu R_f}{PA} \tag{3-81}$$

式中 t——过滤时间,s;

V——滤液体积,m^3;

P——过滤压力,kg/m^2;

A——过滤面积,m^2;

μ——滤液的动力黏滞度,$(kg\cdot s)/m^2$;

ω——滤过单位体积的滤液在过滤介质上截流的固体质量,kg/m^3;

r——污泥比阻,s^2/g 或 m/kg;

R_f——过滤介质阻抗,1/m。

式(3-83)给出了在一定压力的条件下过滤,滤液的体积 V 与时间 t 的函数关系,指出了过滤面积 A、压力 P、污泥性能 μ 、r 值等对过滤的影响。污泥比阻 r 是表示污泥过滤特性的综合指标。其物理意义是:单位质量的污泥在一定压力下过滤时,在单位过滤面积上的阻力,即单位过滤面积上滤饼单位干重所具有的阻力,其大小根据过滤基本方程有:

$$r=\frac{2PA^2}{\mu}\cdot\frac{b}{\omega} \tag{3-82}$$

由上式可知,比阻是反映污泥脱水性能的重要指标。但由于上式是由实验推导而来的,参数 b 、ω 均要通过实验测定,不能用公式直接计算。而 b 为过滤基本方程式(3-83)中$\frac{t}{V}$与 V 直线的斜率:

$$b=\frac{\mu r\omega}{2PA^2} \tag{3-83}$$

故以一定压力下抽滤实验为基础,测定一系列的 t—V 数据,即测定不同过滤时间 t 时滤液体积 V,并以滤液体积 V 为横坐标,以$\frac{t}{V}$为纵坐标,所得直线斜率即为 b。

根据定义,按下式可求得 ω 值

$$\omega=\frac{(Q_0-Q_y)\cdot C_g}{Q_y} \tag{3-84}$$

式中 Q_0——污泥量, mL;

Q_y——滤液量, mL;

C_g——滤饼中固体物浓度,g/mL。

由式(3-82)可求得 r 值,一般认为比阻为 $10^9 \sim 10^8\ s^2/g$ 的污泥最为难过滤的,在 $(0.5\sim0.9)\times10^9\ s^2/g$ 的污泥为中等,比阻小于 $0.4\times10^9\ s^2/g$ 的污泥则易于过滤。

在污泥脱水中,往往需要进行化学调节,即向污泥中投加混凝剂的方法,降低污泥比阻 r 值,达到改善污泥脱水性能的目的。而影响化学调节的因素,除污泥本身的性质外,一般还有混凝剂的种类、浓度、投加量和化学反应时间。在相同实验条件下,采用不同药剂、浓度、投量、反应时间,可以通过污泥比阻实验选择最佳条件。

3.14.3 实验设备与用品

(1)比阻实验装置如图 3-47 所示;

(2)水分快速测定仪;

(3)秒表、滤纸;

(4)烘箱;

(5)$FeCl_3$、$FeSO_4$、$Al_2(SO_4)_3$ 混凝剂。

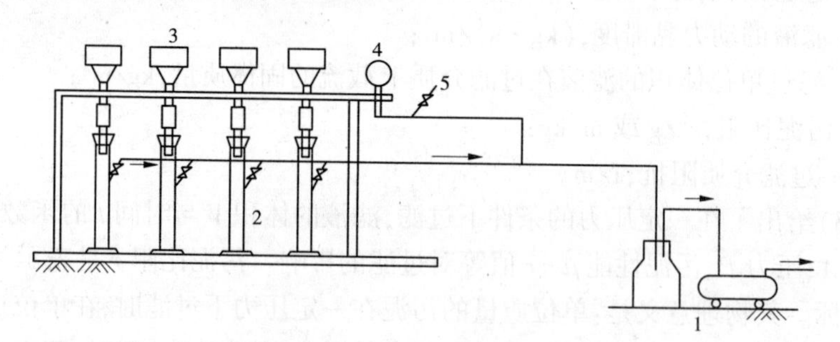

1—真空泵或电动吸引器;2—量筒;3—布氏漏斗;4—真空表;5—放气阀

图 3-47 比阻实验装置图

3.14.4 实验步骤及记录

(1)准备待测污泥(消化后的污泥);

(2)按表 3-49 利用 $L_9(3^4)$ 正交表安排污泥比阻实验。

表 3-49 测定某消化污泥比阻的因素水平表

水平	因素			
	混凝剂种类	加药浓度质量百分比(%)	加药体积(mL)	反应时间(s)
1	$FeCl_3$	10	9	20
2	$FeSO_4$	5	5	40
3	$Al_2(SO_4)_3$	15	1	60

(3)按正交表给出的实验内容进行污泥比阻测定,步骤如下:

①测定污泥含水率，求其污泥浓度；

②布氏漏斗中放置滤纸，用水喷湿。开动真空泵，使量筒中成为负压，滤纸紧贴漏斗关闭真空泵；

③把100 mL调节好的泥样倒入漏斗，再次开动真空泵，使污泥在一定条件下过滤脱水；

④记录不同过滤时间 t 的滤液体积 V 值；

⑤记录当过滤到泥面出现皲裂，或滤液达到85 mL时，所需要的时间 t，此指标也可以用来衡量污泥过滤性能的好坏；

⑥测定滤饼浓度；

⑦污泥比阻实验记录见表3-50。

表3-50 污泥比阻实验记录

时间 t (s)	计量管内滤液体积 V_1 (mL)	滤液量 $V=V_1-V_0$ (mL)	$\frac{t}{V}$ (s/mL)

【注意事项】

(1)滤纸烘干称重，放到布氏漏斗内，要先用蒸馏水湿润，而后再用真空泵抽吸一下，滤纸一定要贴紧，不能漏气。

(2)污泥倒入布氏漏斗内，有部分滤液流入量筒，所以在正常开始实验时，应记录量筒内滤液体积 V_0 值。

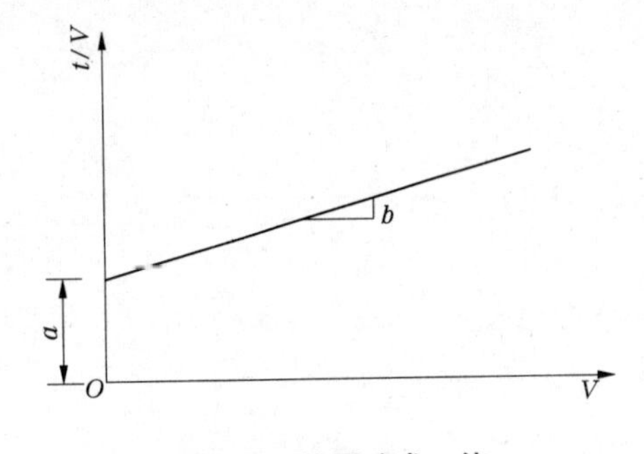

图3-48 作图法求 b 值

3.14.5 实验数据与整理

(1)将实验记录进行整理，t 与 t/V 相对应。

(2)以 V 为横坐标，以 t/V 为纵坐标绘图，求 b 值，如图3-48所示，或利用线性回归求解 b 值。

(3)根据 $\omega=\frac{C_0 \cdot C_b}{C_b-C_0}$ 或 $\omega=\frac{(Q_0-Q_y) \cdot C_b}{Q_y}$ 求 ω 值,其中 C_b 为滤饼浓度(g/mL),C_0 为原污泥浓度(g/mL)。

(4)按式(3-84)求各组污泥比阻值。

(5)对正交实验结果进行直观分析与方差分析,找出影响的主要因素和较佳条件。

【思考题】

(1)判断生污泥、消化污泥脱水性能好坏,分析其原因。

(2)在上述实验结果条件下,重新编排一张正交表,以便通过实验能得到更好的污泥脱水条件。

第4章 综合性实验

4.1 改进型 Carrousel 氧化沟脱氮除磷实验

4.1.1 概述

传统氧化沟的推流是利用机械曝气设备(如转刷、转碟或倒伞型表曝机等)来实现的,此时曝气设备起充氧和推流的双重作用,因此在实际运转操作中很难独立控制充氧量和混合液流速,从而保证较好的处理效果和防止底部积泥。

针对转刷或者转碟氧化沟的种种不足,不少工程设计研究人员推出了兼有传统氧化沟和传统推流式工艺特点的改进型 Carrousel 氧化沟工艺,该工艺利用鼓风曝气和水下推进器相结合,即鼓风曝气充氧、水下推进器搅拌推流的方式,充氧及搅拌由两个完全独立的设备完成,分别控制流速及溶解氧,并能够高效、简单地运行操作,同时也达到节能的目的。

4.1.2 实验材料与方法

4.1.2.1 实验装置

本实验装置由前置选择池和厌氧池的改进型 Carrousel 氧化沟和沉淀池组成,模型均为有机玻璃制成,实验装置如图 4-1 所示。

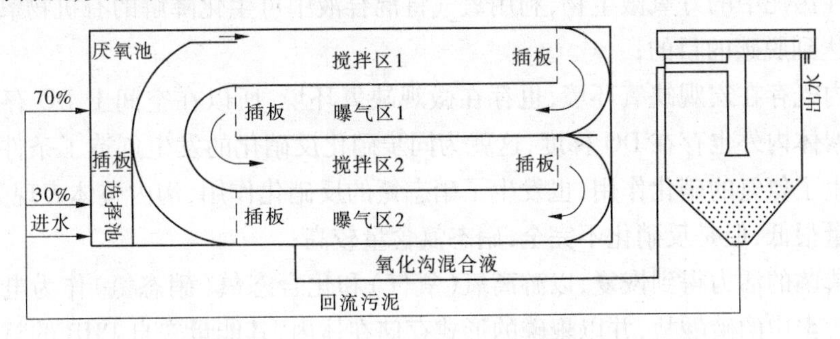

图 4-1 改进型 Carrousel 氧化沟工艺实验装置示意图

该系统的工艺流程:进水连同部分回流污泥用蠕动泵打入选择池中,其余回流污泥打入厌氧池。混合液从厌氧池的狭缝自流进入氧化沟。曝气区利用黏性砂头进行微孔曝气,转子流量计控制曝气量。非曝气区采用搅拌器搅拌推流,以防止污泥下沉。为了实现沿程溶解氧梯度,曝气区和搅拌区用插板分割,插板上留有 2 个直径为 25 mm 的孔,从而既可以保证氧化沟的完全混合,又实现了其推流的特征。模型中安装了 DO、ORP 及 pH

探头连续检测氧化沟各区,主要是出水端的溶解氧、氧化还原电位及酸碱度。氧化沟出水口设在曝气区 2 段,反应后的混合液自流进入二次沉淀池进行泥水分离。

反应器各部分工艺参数如表 4-1 所示。

表 4-1　改进型 Carrousel 氧化沟工艺的技术参数

反应工序	有效容积(L)	反应工序	有效容积(L)
选择池	4.5 ~ 6	搅拌区 2	38 ~ 53
厌氧池	17 ~ 19	曝气区 2	48 ~ 63
搅拌区 1	52 ~ 67	沉淀池	100 ~ 150
曝气区 1	38 ~ 53		

反应器各区功能原理如下:

(1)选择池是一个预缺氧区,回流污泥与进水混合,能够去除其中的溶解氧和硝酸盐,以利于后续厌氧释放磷。而且此区污泥负荷高,有利于菌胶团细菌成为优势菌种,防止丝状菌过量繁殖,从而抑制污泥膨胀的发生。

(2)在厌氧区,为了保证其中的污泥浓度,将一部分污泥回流至其中。在厌氧环境中,聚磷菌吸收溶解性的有机物 VFAs(挥发性有机酸),同化成细胞内的能量储存物 PHB(聚 - β - 羟基丁酸)。这一过程导致聚磷细菌细胞内的聚磷水解和释放,因此厌氧池就像一个"生物选择器",优先选择了聚磷细菌这种具有特殊代谢机能的微生物。此外,在厌氧池中也进行了有机氮化合物的氨化水解反应。

(3)在氧化沟内,因为搅拌区和曝气区交替设置,从而创造出了宏观的缺氧和好氧交替的条件,在沟内主要发生以下 3 种作用:

①活性污泥中的好氧微生物,利用氧气将混合液中可生化降解的有机物氧化分解,去除 BOD_5,达到脱碳的目的;

②沟内既存在宏观缺氧环境,也存在微观缺氧环境,所以在空间上 DO 存在梯度,而且微生物絮体内外也存在 DO 梯度,这就为同步硝化反硝化的发生创造了条件,在这个过程中既发生了氨氮的硝化作用,也发生了硝态氮的反硝化作用,沟内整体表现为硝化完全即氨氮含量很低,但是反硝化不完全,硝态氮含量较高;

③聚磷菌的活力得到恢复,以游离氧(氧气)和化合态氧(硝态氮)作为电子受体,过量地吸收污水中的磷酸盐,并以聚磷的形式存储在体内,其能量来自 PHB 的氧化代谢,从而使磷酸盐从污水中去除,产生的富磷污泥(新的聚磷菌细胞)将在沉淀池中通过剩余污泥的形式排放,从而将磷从系统中除去。

4.1.2.2　主要仪器和设备

主要仪器和设备见表 4-2。

表 4-2　主要仪器和设备

序号	仪器和设备名称	序号	仪器和设备名称
1	电磁式空气压缩机	11	电热恒温干燥箱
2	溶解氧测定仪	12	蠕动泵
3	温度控制仪	13	精密天平
4	pH 计	14	生化恒温培养箱
5	气体流量计	15	TOC 测定仪
6	悬浮物/界面分析仪	16	离子色谱仪
7	电动搅拌器	17	马弗炉
8	COD 快速测定仪	18	生物显微镜
9	稳压器	19	压力蒸汽灭菌锅
10	分光光度计	20	电导仪

4.1.2.3　分析项目及检测方法

实验分析项目与检测方法见表 4-3。

表 4-3　分析项目与检测方法

分析项目	检测方法	分析项目	检测方法
pH	精密酸度计法	NH_3-N	纳氏试剂分光光度法
DO	溶解氧测定仪法	NO_3^--N	酚二磺酸光度法;离子色谱法
COD	重铬酸钾法	NO_2^--N	N-(1-奈基)-乙二胺光度法;离子色谱法
BOD_5	稀释接种法	TN	过硫酸钾氧化-紫外分光光度法
MLSS	重量法	TOC	TOC 测定仪
SV	沉降法	PO_4^{3-}	钼锑抗分光光度法
碱度	酸碱滴定法	TP	钼锑抗分光光度法
生物相	显微镜观察法	ORP	ORP 仪法

4.1.3　实验内容与方案

4.1.3.1　对有机物(COD)的去除研究

主要以生活污水或者人工配水为处理对象,考察改进型 Carrousel 氧化沟对污水中有机物的去除效果。

4.1.3.2 对总氮(TN)的去除研究

考察该工艺的硝化效果、总氮的去除效果,着重对氧化沟内同步硝化反硝化的现象进行观察和分析研究。

4.1.3.3 对总磷(TP)的去除研究

考察系统内各反应区 TP 浓度的变化,探讨厌氧池释磷现象与氧化沟内好氧和缺氧吸磷现象。

4.1.3.4 该工艺的影响因素分析

在系统稳定的基础上,探讨 COD/TN、溶解氧(DO)、污泥浓度(MLSS)、水温、污泥回流比及其分配的比例、前置区停留时间等因素对系统脱氮除磷效果的影响,从而找出对系统影响较大的因素。

1. 探讨 COD/TN 对脱氮除磷的影响

在废水生物脱氮除磷过程中,有机碳源既是细菌代谢必须的物质和能量来源,又是反硝化、厌氧释磷过程得以有效进行的必备条件。对于同步硝化反硝化体系,由于有氧环境与缺氧环境的一体化以及硝化反硝化反应的同时发生,使得有机碳源对整个反应体系的影响尤为重要。

目前,国内很多的城市污水处理厂都面临着进水 COD/TN 较低,造成反硝化及厌氧释磷过程中碳源不足的问题。而且由于氧化沟循环量通常是进水量的几十倍甚至上百倍,反应器进水到沟道内即被稀释,造成沟内利用内碳源同步反硝化的能力降低,因此提高进水 COD/TN 不仅可以提高前置区的外源反硝化,而且能够提高细胞内 PHB 的含量,为后续同步硝化反硝化和好氧吸磷提供更多的电子供体。

实验可以通过在原水中投加乙酸钠、甲醇或者淀粉等有机物,调整进水 COD/TN 为 3.0、4.0、5.0、6.0 等几个梯度,考察不同 COD/TN 对系统脱氮除磷的影响,从而找出系统运行最佳的 COD/TN。

2. 调整曝气量,改变 DO,考察 DO 对系统脱氮的影响

在活性污泥法中,曝气主要起供氧和扰动混合的作用,曝气提供的氧被微生物用来氧化有机物并合成细胞。反应器中的溶解氧(DO)浓度是重要的运行参数,曝气池中 DO 偏低,好氧微生物不能正常生长和代谢;曝气池中 DO 过高,不仅能耗增加,而且细菌的活力也会降低。一般要求曝气池中 DO 不低于 2 mg/L,但在实践中常常会出现曝气强度过高的情况。因而有必要通过有效手段将 DO 控制在适当的水平,既不影响微生物的正常生长和有机物的去除,又避免耗能过多。传统观点认为,低 DO 条件会促进丝状菌生长,破坏污泥絮体的沉降性能;同时,微生物硝化活性有明显降低。近年来,人们对低 DO 条件下微生物的活性有了一些新的认识。

通过改变曝气量,调节不同的 DO 浓度来考察 DO 变化对系统脱氮的影响。

3. 调整 MLSS,考察污泥浓度对系统脱氮除磷影响

对脱氮而言,MLSS 是重要的影响因素,氧化沟工艺通常在延时曝气条件下使用,污泥浓度较高,基本上维持在 4 000 ~6 000 mg/L,正因为较高的污泥浓度,更容易出现缺氧的微环境,因而具有同步硝化反硝化的潜能。

对除磷而言, MLSS 的影响也较大,从聚磷菌的数量来说,MLSS 越高,聚磷菌的含量

越多,在生物除磷过程中所发挥的作用越大,越有利于除磷。但是,从另一个方面来说,MLSS 越高,在进水底物浓度变化不大的情况下,有机负荷(N_s)会越低,会导致总磷去除率下降。这是因为低负荷运行导致的好氧延时曝气使细胞内的储存物质(特别是 PHB)发生变化,PHB 将被部分或全部消耗掉。而细胞内的糖原在好氧条件下的转化因受 PHB 数量减少的影响而降低,由于糖原的减少进而影响到厌氧条件下磷的释放及对挥发性脂肪酸的吸收,PHB 的合成亦进一步减少。总之,由于生物除磷在好氧条件下的吸磷速率和吸磷量受细胞内 PHB 含量的影响,PHB 的减少导致磷吸收速率和吸磷量的下降,使聚磷菌无法有效地吸收细胞外的磷酸盐合成聚磷,周而复始,导致生物除磷能力下降。

考察 MLSS 从 2 300 ~ 6 600 mg/L 的变化过程中系统的脱氮除磷效果。

4. 进行连续流间歇曝气实验,设置 4 种不同曝气/停气周期,考察间歇曝气周期对系统营养物质去除的影响

当原水的 C/N 太低时,系统因为缺少碳源而反硝化能力下降,同时由于原水 COD 较低,因此在缺氧区和厌氧区合成的内碳源(PHB) 较少,这样在后续的氧化沟内发生同步硝化反硝化(SND)的效率就较低。在这样的情况下,系统的 TN 往往不能达标排放。鉴于此,设计了连续流间歇曝气实验,这样在非曝气阶段(停气阶段)原水直接进入氧化沟内,系统可以利用原水中的外碳源进行同步反硝化,进而提高脱氮效率。这种实验运行方式是将连续流工艺和 SBR 法相结合的实验方式。通过设计不同的曝气/停气时间周期,所采用的曝气时间/停气时间可以分别为 1.5 h/1.5 h、1 h/2 h、2 h/2 h、1.5 h/2.5 h,标定为阶段 Ⅰ、Ⅱ 、Ⅲ 、Ⅳ,总循环周期(t_c)分别为 3 h、3 h、4 h、4 h,曝气率(f_a)分别为 0.5、0.33、0.5、0.38 。

探讨间歇曝气周期对改进型 Carrousel 氧化沟工艺脱氮除磷的影响。

4.1.3.5　反应器各区 DO、ORP 和 pH 变化规律

DO 是反应系统曝气量水平的参数,控制曝气区的 DO 浓度尤为重要,因为 DO 是影响氧化沟同步硝化反硝化的重要因素。因此,在实际运行中可以通过在线检测出水端 DO 浓度来控制曝气量的大小,一方面可以节约能耗,另一方面可以实现良好的脱氮效果。

许多文献已经证,实脱氮过程中曝气结束时 ORP 值(铅/AgCl 电极)接近 +200 mV,投加大量铁盐时 ORP 值(铂/AgCl 电极)接近 -130 mV,硫化氢产生时 ORP 值(铂/AgCl 电极)的范围大致为 -300 ~ -250 mV。ORP 值与活性污泥法中的生物化学反应释放的能量有关,因此 ORP 值随电子受体(氧、硝酸盐和硫酸盐等)及反应物和产物的浓度而增减,然而这种变化与浓度不成比例,而与浓度的对数成比例。大量实验和实际运行考察表明,ORP 与 NO_x、磷以及氨氮之间存在良好的相关关系。ORP 值的变化规律可用于优化硝化和反硝化周期,以保证脱氮,对有机物浓度变化做出响应。

pH 反映的是物质的酸碱性,在污水处理中,硝化作用消耗碱度,pH 下降,而反硝化产生碱度,pH 上升。但在氧化沟内缺氧和好氧区交替设置,而且流速较快,所以 pH 变化较小。

4.1.4　实验结果与分析

(1)整理上述实验过程中的实验数据。

(2)分析 Carrousel 氧化沟工艺对有机物、总氮、总磷的去除效果。

(3)分析碳氮比(COD/TN)、溶解氧(DO)、污泥浓度(MLSS)、间歇曝气周期对系统营养物质去除的影响。

(4)总结反应器各区 DO、ORP 和 pH 变化规律,解释参数变化与生化反应过程的相关关系。

4.2　MUCT 处理城市污水的反硝化除磷脱氮实验

4.2.1　概述

南非开普敦大学(University of Cape Town)工艺,简称 UCT 工艺,是最早应用于生物脱氮除磷的工艺之一。该工艺是针对普通除磷工艺中回流到厌氧区的污泥带有硝酸根离子,影响生物厌氧释磷能力而开发的。这种工艺在厌氧和好氧区之间增加一缺氧区,目的是使吸磷后的污泥先进行反硝化脱氮,以免好氧区的硝酸盐直接进入厌氧区而影响聚磷菌的释磷。其优点在于保证厌氧区是真正的厌氧状态,从而提高了系统的除磷能力。由于工艺可承受进水 TKN/ COD 值小于 0.08,当进水 TKN/COD 值较高时,缺氧区无法实现完全的脱氮,仍有部分硝酸盐进入厌氧区。1900 年,开普敦大学在 UCT 基础上又提出了改进的 UCT 工艺(MUCT),进一步解决回流污泥中的硝酸盐对厌氧释磷的影响。具体做法是将 UCT 工艺的缺氧段分为两大部分:前一个接受二沉池回流污泥,后一个接受好氧区硝化混合液,进一步减少了硝酸盐进入厌氧区的可能。MUCT(Modified University of Cape Town)工艺是传统 UCT 的改良,其广泛地用于同时去除污水中的有机物、氮和磷。

4.2.2　实验材料与方法

4.2.2.1　实验装置

MUCT 工艺流程见图 4-2。城市生活污水被水泵提升至储水箱,在进水蠕动泵的提升和控制下,原水进入一体化设备,顺次流经厌氧池(1)、缺氧 1 池(2)、缺氧 2 池(3)、好氧 1 池(4)、好氧 2 池(5)和脱氧池(6),最后进入到二沉池。该工艺设有(3)个回流:Q_A 为缺氧(1)池到厌氧池的回流,Q_B 为脱氧池到缺氧 2 池的回流,Q_C 为沉淀池到缺氧 1 池的污泥回流。厌氧池为释磷提供了良好的环境。污泥回流到缺氧 1 池使回流污泥尽可能保持小的硝酸盐浓度。将缺氧 1 池的混合液回流到厌氧池,实现了对厌氧环境的最小影响,同时保证了厌氧段的污泥浓度。脱氧池体积虽然很小,但是将从好氧 2 池出水中的高溶解氧耗尽,从而保证硝化混合液回流不会因为溶解氧对反硝化产生影响,为缺氧吸磷创造了条件。

反应器各部分尺寸见表 4-4。

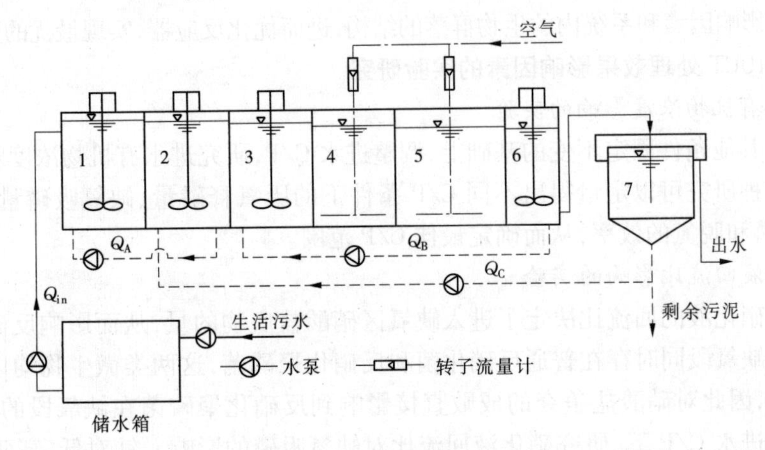

1—厌氧池;2—缺氧 1 池;3—缺氧 2 池;4—好氧 1 池;5—好氧 2 池;6—脱氧池;7—二沉池

图 4-2　MUCT 工艺流程

表 4-4　MUCT 工艺的技术参数

反应器	有效容积(L)	反应器	有效容积(L)
厌氧池	23.1	好氧 2 池	27.0
缺氧 1 池	11.9	脱氧池	8.0
缺氧 2 池	17.2	沉淀池	42.0
好氧 1 池	17.8	贮水箱	157.5

针对生活污水,MUCT 的处理潜能与工艺的优化参数总结于表 4-4。

表 4-5　MUCT 优化参数范围

项目	范围	项目	范围
C/P	50 ~ 80	硝化液回流比	1.0 ~ 1.8
C/N	5 ~ 9	污泥回流比	0.8 ~ 1.2
厌氧 HRT(h)	2 ~ 4	非好氧区体积占的比(%)	50 ~ 70
缺氧 HRT(h)	5 ~ 8	厌氧区硝酸盐浓度(mg/L)	<1
好氧 HRT(h)	5 ~ 9	好氧区溶解氧浓度(mg/L)	1.1 ~ 2.0
缺氧至厌氧回流比	0.6 ~ 1.0	SRT(d)	12 ~ 15

4.2.2.2　主要仪器和设备

实验所用仪器和设备参见表 4-2。

4.2.2.3　分析项目及检测方法

实验理化分析项目与检测方法见表 4-3。

4.2.3　实验内容与方案

以 MUCT 为主反应器进行生活污水营养物去除效能的实验研究,并在此基础上考察反硝化除磷的影响因素和系统内的生物群落的结构，进而优化反应器，实现最优的处理效果。

4.2.3.1　MUCT 处理效果影响因素的实验研究

1. 进水有机物浓度影响的实验

实验在其他条件固定不变的基础上，调整进水 C/P，研究进水有机物浓度对处理效果的影响。这种研究可以定量得出不同 C/P 条件下的厌氧释磷量、缺氧吸磷量、好氧吸磷量，以及除磷和脱氮的效率，从而确定最佳 C/P 范围。

2. 硝化液回流比影响的实验

系统内硝化液的回流比决定了进入缺氧区硝酸盐底物的量，从而影响反硝化聚磷行为。由于在缺氧段同时存在普通反硝化菌和反硝化聚磷菌，这两类微生物均以硝酸盐作为电子受体，因此对硝酸盐争夺的成败直接影响到反硝化聚磷菌在缺氧段的吸磷能力。实验在不同进水 C/P 下，研究硝化液回流比对缺氧吸磷的影响。针对低、高两组 C/P 条件，研究不同回流比条件下的 MUCT 处理效果。

3. 厌氧段硝酸盐浓度影响的实验

硝酸盐不仅影响缺氧磷的吸收，同时也影响厌氧磷的释放。这也是聚磷菌（PAOs）与反硝化菌竞争的结果。在厌氧区聚磷菌与反硝化菌竞争表现为对易降解有机酸的争夺。当厌氧段引入硝酸盐后，普通反硝化菌同时具备电子受体与供体，进行反硝化，消耗了大部分甚至全部低级脂肪酸，造成聚磷菌无法合成 PHB 而中止释磷。由于在 MUCT 系统内，进入厌氧的硝酸盐是通过缺氧至厌氧的回流实现的，研究通过改变缺氧至厌氧的回流比调整厌氧区硝酸盐浓度分别为 1 mg/L、3 mg/L 和 5 mg/L 左右，研究 3 个硝酸盐负荷条件下的系统运行，确定厌氧区硝酸盐浓度对厌氧释磷的具体影响，并定量其相关关系。

4. 进水中总氮浓度影响的实验

在 MUCT 内，脱氮主要是靠反硝化除磷菌在缺氧区实现的。因此，在这样的一个单污泥系统内，氮的去除和磷的去除紧密联系起来。如果系统能保持高的厌氧释磷量，那就意味着可大大促进缺氧吸磷。缺氧吸磷的电子受体为硝酸盐，所以在一定程度上保证缺氧吸磷量就意味着保证了系统的脱氮能力。但是，如果系统的脱氮能力恶化，将直接危害除磷的能力。而实际上，MUCT 系统处理效果恶化多数都是由系统的脱氮能力恶化造成的。原因在于，如果系统的反硝化能力受到阻碍，沉淀池内的上清液中将含有大量的硝酸盐。由于沉淀池的污泥直接回流到缺氧 1 段，造成缺氧 1 段硝酸盐浓度的积累。而高浓度的硝酸盐又将通过缺氧 1 段至厌氧段的回流进入到厌氧段，导致厌氧段的硝酸盐浓度的升高。当厌氧段硝酸盐达到一定浓度后，厌氧释磷将不断减少，甚至发生缺氧吸磷，直接导致除磷系统的崩溃。

在保证系统一定反硝化能力的条件下，系统的除磷效果就和进水总氮直接相关。实验可以测试不同进水 C/N 条件下磷的去除情况，包括厌氧释磷量、缺氧吸磷量和好氧吸磷量变化趋势，探究系统可以承受的最小 C/N 比。

5. 水力停留时间影响的实验

在 MUCT 内，保证 C/P 和 C/N 不变的条件下，另一个影响处理效果的因素为水力停留时间。实验在确定的 C/P 和 C/N 范围内测试不同水力停留时间对厌氧释磷、缺氧吸磷和系统整体处理效果的影响。这样的研究可以实现最佳水力停留时间的控制，保证出水水质,降低能耗和减少占地。

6. 温度影响的实验

温度是影响微生物活性的重要环境条件之一。当温度低于一定值时,细胞膜呈现凝胶状态,营养物质的跨膜运输受阻,细胞因"饥饿"而停止生长。随着温度的升高,细胞生化反应加快,细菌生长速率加快。实验可以通过一系列的温度控制,研究不同温度下的系统脱氮除磷效果。

4.2.3.2　MUCT 生物种群分析的实验

1. 生物手段确定种群结构

在 MUCT 强化生物除磷的单污泥系统内,聚磷菌、硝化菌群和反硝化菌群没有被分离。因此,处理效率不仅仅是工艺问题,也是微生物生态结构问题。当系统处理效果良好和效果恶化时,通过采用分子生物学手段或传统的培养方法对生物种群的构成和动态变化进行调查。

2. 通过实验计算反硝化聚磷菌在除磷菌中所占比例

很多研究发现 PAOs 中的一个分支可以在缺氧环境下吸磷。现在普遍的假设认为,生物除磷种群至少包含两类种群,一类为反硝化聚磷菌,能够利用氧或者硝酸盐作为电子受体吸磷;另一类为好氧聚磷菌,只能利用氧进行吸磷。反硝化聚磷菌对除磷的贡献可以通过计算缺氧吸磷速率和好氧吸磷速率的比例求得。这样的计算是基于反硝化聚磷菌在好氧和缺氧条件下吸磷速率基本相同,而好氧聚磷菌在缺氧环境下无法吸磷的事实。

在此研究中,磷的缺氧和好氧吸收速率的测定使用同一厌氧段污泥分别在两个单独的序批反应器内进行。当厌氧释磷结束后,悬浮污泥被分成两部分,分别置于两个容积相同的 SBR 反应器内。其中一个以氧作为电子受体在好氧环境下运行,另一个投加硝酸盐作为电子受体在缺氧环境下运行。在这两个反应器内分别测定好氧和缺氧条件下吸磷速率,计算反硝化聚磷菌在除磷菌中所占比例,从而对除磷系统内微生物的大致组成有一定的了解。

4.2.4　实验结果与分析

(1)对所取得的实验数据及发现的实验现象进行综合分析。

(2)造成系统处理能力恶化的原因有哪些?为什么在实验中会出现脱氮很好,但是除磷恶化的现象?

(3)调整回流比的本质作用是什么?缺氧1段到厌氧段回流比会对系统处理效果产生怎样的影响?

(4)实现最大反硝化除磷能力的影响因素有哪些?具体的作用体现在哪些方面?

(5)厌氧、好氧和缺氧水力停留时间过长有哪些不利影响?

(6)为什么在不同 C/P 条件下,不同的回流比对系统的处理效果表现不一致?

(7)如何对反硝化聚磷菌在总除磷菌中所占的比例做定量分析?

4.3　连续流分段进水生物脱氮工艺实验

4.3.1　概述

目前的生物脱氮除磷处理工艺,例如 A^2/O、MUCT 和改良的 Bardenpho 工艺,厌氧和好氧区必须顺序排列,用以去除氮磷,且需要把硝化液回流到缺氧区,以增强总氮的去除率,这种方法必然需要额外的能量以进行硝化液内回流,且缺氧区需要投加外碳源,以完成反硝化。另外,由于好氧区自养菌的生长消耗碱度,需投加额外的碱性物质以中和 pH。因此,这些工艺的运行成本在一定程度上有所提高。针对这些营养物去除工艺中的缺点,人们提出了分段进水生物除磷脱氮工艺。目前,分段进水生物脱氮除磷工艺作为一种高效的生物脱氮除磷工艺被广泛研究和应用。

4.3.2　实验材料与方法

4.3.2.1　实验装置

四段进水脱氮工艺实验装置及设备示意图见图 4-3。此系统由四段组成,每一段包括一个缺氧区和一个好氧区。回流污泥回流至系统首端。第一段的缺氧区主要对回流污泥中的硝态氮进行反硝化,同时,进入该区的污水为反硝化提供碳源。然后,混合污水流入第一段的好氧区进行硝化反应,反应后的混合污水流入到第二段的缺氧区进行反硝化,同时,第二段缺氧区进入的污水为反硝化提供碳源,混合污水进入到第二段的好氧区进行硝化反应,以后各段以此类推。系统通常不设置内回流设施。因最后一段进入的污水只发生了硝化反应,没有反硝化的条件,出水必然含有一定的硝态氮,因此对出水总氮有严格要求的污水处理工程,可以考虑最后一段不投加污水,只投加碳源,并在最后的好氧区加大曝气量,以去除碳有机物。

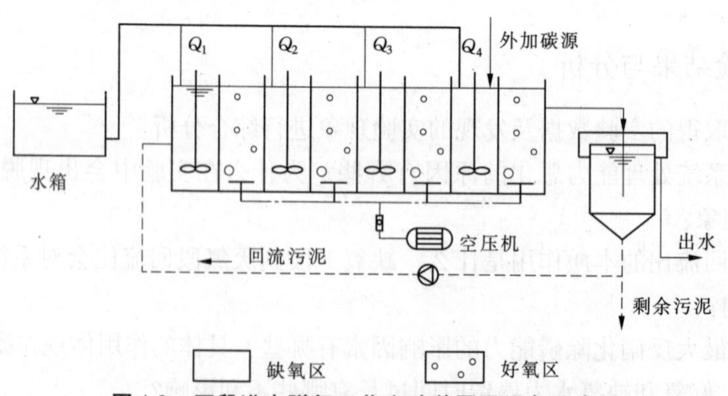

图 4-3　四段进水脱氮工艺实验装置及设备示意图

实验用反应器通常由有机玻璃制成,工作容积根据具体情况制定。每段的体积通常是固定不变的,但每段的缺氧区和好氧区的容积比可根据实验需要进行适当的调节,因此在反应器的设计中,应充分考虑到调节的灵活性。为使缺氧区混合较好,通常在缺氧区设置机械搅拌器;每个缺氧区和好氧区在距反应器底部一定高度的地方设置取样口;采用空气压缩机进行曝气,空气流量计来控制曝气量;如果要控制反应温度,需在反应器安装温控器;进水及污泥回流由蠕动泵来控制。

4.3.2.2 主要仪器和设备

实验所用仪器和设备见表4-2。

4.3.2.3 分析项目及检测方法

实验理化分析项目与检测方法见表4-3。

4.3.3 实验内容与方案

根据实验研究的方向和侧重点不同,可以选择如下的实验内容和方案。

4.3.3.1 系统控制参数的合理确定

1. 进水流量分配比的合理确定

进水流量分配是系统结构设置及脱氮效果的重要影响因素。不同的流量分配使得各段缺氧区和好氧区的设置及系统的处理效果不同。适当的进水流量分配比可形成最小的水利停留时间(HRT)。流量分配比的确定应根据具体的水质及环境条件。如第一段的缺氧区只需要对回流污泥中的硝态氮进行反硝化,因此可以适当减少第一段进水流量并缩小缺氧区的体积,第二段的缺氧区的进水量则决定第一段产生的硝态氮的去除效果,并决定第二段好氧区的体积设置。

针对不同的进水水质和出水要求,可以考察流量分配比的合理确定及其对TN去除效果的影响。

2. 每段缺氧区与好氧区容积比的合理确定

各段的$V_{缺}/V_{好}$主要由进水水质、出水水质及入流分配比来决定。通常情况下,$V_{缺}/V_{好}$是进水C/N的函数,即$V_{缺}/V_{好}=f(C/N)$。合理的$V_{缺}/V_{好}$将使各段缺氧区和好氧区的处理能力得到充分发挥。对于分段进水工艺的设计,总的缺氧区体积及好氧区体积,可以参考传统的脱氮系统进行设计,每段的$V_{缺}/V_{好}$则需要根据水质及入流分配比来确定。

3. 污泥回流比的合理确定

分段进水生物脱氮工艺中,回流污泥通常回流至系统首端。污泥回流比的大小对TN去除率及系统平均MLSS具有一定的影响。

一方面,第一段的缺氧区主要对回流污泥中的硝态氮进行反硝化。因此,不同的污泥回流比对系统TN的去除效果必然会有一定的影响。另一方面,原水分别在各缺氧区进入反应器,进水对回流污泥总的稀释作用相当于推迟了,因此回流污泥浓度对系统前两段污泥浓度的影响较大,从而对系统的平均MLSS影响较大,最终影响系统的SRT。对污泥回流比等参数进行适当控制,可以使分段进水脱氮系统的平均MLSS较普通的脱氮系统增加35%~70%。

4.3.3.2 影响因素的研究及控制参数的优化

1. DO对TN去除效率和同步硝化反硝化的影响

分段进水生物脱氮工艺中,由于工艺结构的特点,缺氧区和好氧区的交替较为频繁。因此由好氧区到缺氧区的溶解氧挟带问题是必须考虑的重要问题之一。在满足硝化反应完成和有机物碳去除的情况下,最大程度地降低曝气量,可使由好氧区到缺氧区DO的挟带量明显减少,从而为反硝化提供了良好的缺氧环境,并减少了缺氧区内易降解有机碳源的消耗。另外,控制较低的 DO 浓度有利于同步硝化反硝化等现象的发生,从而提高系统的脱氮效果。

2. 不同进水 C/N 和 TN 去除率的相关关系

原水 C/N 是影响分段进水生物脱氮工艺 TN 去除效率及外碳源投加量的重要因素。对于分段进水工艺,原水分别在缺氧区进入反应器,为缺氧区的反硝化提供碳源。对于高 C/N 比的污水而言,缺氧区进水为反硝化提供了充足碳源,条件合适的情况下,反硝化会彻底完成,而剩余的碳水化合物会在接下来的好氧区去除,系统的 TN 去除率完全取决于其他环境因素。但对于低 C/N 的污水而言,原水提供的碳源不足,使反硝化进行不完全,使得每一段都有剩余的硝态氮产生,并不断积累到后段。

3. 温度对硝化反硝化的影响

生物硝化可以在 4 ~45 ℃进行,最佳温度大约是 30 ℃。温度不但影响硝化细菌的比增长速率,而且影响硝化菌的活性。硝化细菌的最大比增长速率与温度的关系遵从 Arrhenius 公式,在 5 ~30 ℃,随着温度增高,硝化反应速率也加快,温度每增加 10 ℃,最大比增长速率增加 1 倍;温度超过 35 ℃,硝化反应速率降低;当温度低于 4 ℃时,硝化菌的活性基本停止。对于同时去除有机物和进行硝化反应的系统,温度低于 15 ℃时,硝化速率急剧下降。

温度对反硝化速率的影响也遵从 Arrhenius 公式,一般反硝化反应的适宜温度是 20 ~40 ℃。当硝酸盐负荷较低时,温度对反硝化反应速率的影响较小;当负荷较高时,温度的影响较大。

4.3.3.3　控制策略的形成

以实验为基础,可以研究开发分段进水生物脱氮工艺稳态模型、建立碳源投加控制策略、DO 的控制策略及污泥回流的控制策略等,以更好地增强分段进水生物脱氮工艺的实际可操作性。

4.3.4　实验结果与分析

(1)对所取得的实验数据及发现的实验现象进行综合分析。

(2)分段进水生物脱氮工艺怎样合理地控制固体停留时间(SRT)?

(3)如何合理地确定分段进水生物脱氮工艺的进水流量比?

(4)在三段式分段进水工艺中,当系统最后一段的 MLSS 确定为 3 000 mg/L 时,试计算不同的污泥回流比 R(R = 0.5、0.75、1)下,系统各段的 MLSS?

4.4　上向流曝气生物滤池再生水处理实验

4.4.1　概述

曝气生物滤池(Biological Aerated Filter,简称 BAF)是生物接触氧化法的一种特殊形式,即在生物反应器内装填高比表面积的颗粒填料,以提供微生物膜生长的载体,并根据污水流向不同分为下向流或上向流。污水由上向下或由下向上流过滤料层,在滤料层下部鼓风曝气,使空气与污水逆向或同向接触,使污水中的有机物与填料表面生物膜通过生化反应得到稳定,填料同时起到物理过滤作用。

4.4.2　实验材料与方法

4.4.2.1　实验装置

曝气生物滤池的反应器装置示意图如图4-4所示。两个实验滤柱内径为100 mm,高度为3 m,内部充填直径为2~4 mm的黏土烧制陶粒填料。填料的平均比表面积为9 000~10 000 cm^2/g,孔隙率为0.4。填料填充高度均为1.8 m。每个滤柱都设有12个取样口,从填料底部开始每隔15 cm设一个,每个取样口均可取水样及固体填料样品,并可在运行期间测量水头损失。两个滤柱均从底部进水,以蠕动泵作为进水泵。其中一个滤柱在底部曝气,以进一步去除二级出水中的有机物以及完全硝化的目标;另一个滤柱为缺氧滤柱,以前一个好氧柱的出水为源水,投加甲醇后进行反硝化脱氮;分别在两个柱前投加化学药剂比较除磷效率。由于要考察不同水力负荷下的处理效率,两个滤柱并不总是以相同水量同时运行的。

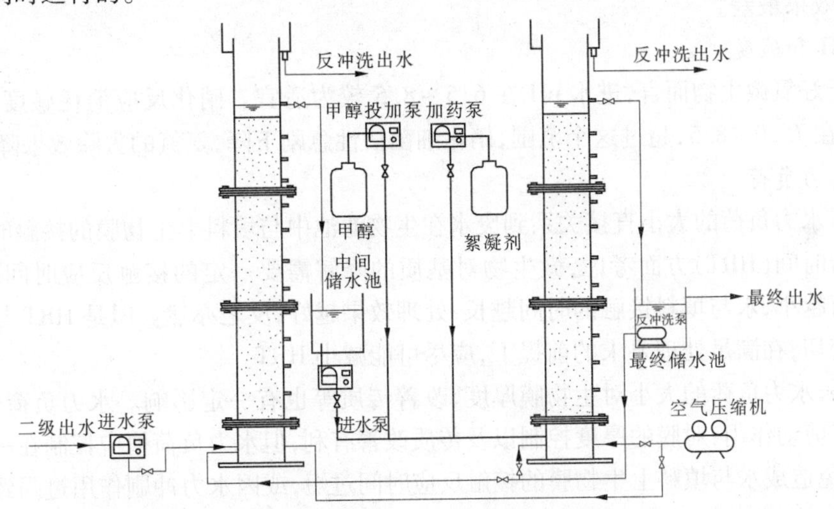

图4-4　曝气生物滤池反应器装置示意图

4.4.2.2　反应器运行方法

实验可取居民生活污水或二级生物处理后的排水作为实验用水。实验中可以灵活组合成为顺序式除碳、硝化、反硝化及除磷二级滤池,原水进入第一级滤柱进行有机物的降解和氨氮的硝化,然后进入第二级滤池,在第二级滤池中投加碳源进行反硝化以及投加化学絮凝剂以进行微絮凝除磷。此流程适合于对回用水中氮磷含量要求较严格的场合。该工艺还可以将反硝化滤池置于除碳滤池前,将硝化滤池的出水回流至反硝化滤池,利用生活污水中的有机物作为反硝化碳源。

滤柱反冲洗时间由柱内水头损失的大小来控制,一般在滤柱水头损失达到100 cm的时候进行反冲洗,反冲洗条件在运行过程中通过实验确定,大多数情况以如下方式进行:先以气流量50 m^3/h单独气洗2 min,然后以相同气流量与40 m^3/h的水流量联合反冲5

min,最后停止气洗,用最终出水以 40 m^3/h 的水流量冲洗滤柱 3 min。在正常进水前将反冲洗水排出。

4.4.2.3 分析项目及检测方法

分析项目及检测方法见表 4-3。

4.4.3 实验内容与方案

4.4.3.1 曝气生物滤池净化效果影响因素的实验研究

曝气生物滤池是依靠在载体上固定生长的大量微生物体对有机物的分解和对氨氮的硝化而去除水中污染物,所以能够影响微生物生长代谢活性的因素都会影响到曝气生物滤池的净化效果,如进水水质、水温、pH、溶解氧、水力负荷、水力停留时间以及曝气方式、填料类型、结构特点和填料比表面积等都对处理效果产生影响。

1. 水温

大多数微生物的新陈代谢活动会随着温度的升高而增强,随着温度的下降而减弱,水温降低,活性降低。夏季温度较高,生物处理效果最好;冬季水温低,生物膜的活性受到抑制,处理效果最差。

2. pH 和碱度

对于好氧微生物而言,进水 pH 在 6.5 ~ 8.5 较为适宜。硝化反应消耗碱度,其适宜 pH 范围在 7. . 0 ~ 8.5,超过这个范围,硝化细菌活性急剧下降,氨氮的去除效果降低。

3. 水力负荷

填料水力负荷的大小直接关系到废水在生物滤池中与填料上生物膜的接触时间。从水力停留时间(HRT)方面考虑,微生物对基质的降解需要一定的接触反应时间做保证。水力负荷越小,水与填料接触的时间越长,处理效果越好;反之亦然。但是 HRT 与工程造价关系密切,在满足处理要求的前提下,应尽可能减小 HRT。

此外,水力负荷的大小对生物膜厚度、改善传质等也有一定影响。水力负荷值提高,增强水流剪切作用,对膜的厚度控制以及传质改善有利,但水力负荷值应控制在一定范围之内,以免造成水与填料上生物膜的接触反应时间过短,或因水力冲刷作用过强致使生物膜的脱落,从而降低生物处理的净化效果。而且,水力负荷大,带入的有机物浓度加大,会使生长速率较高的异养菌迅速繁殖,抑制生长速率较低的硝化细菌,硝化速率下降,降低了氨氮的去除率。

4. 溶解氧

溶解氧是影响生物膜生长和出水效果的重要因素。当溶解氧低于 2 mg/L 时,好氧微生物生命活动受到限制,对有机物和氨氮的氧化分解不能正常进行。曝气生物滤池的曝气除了充氧、传质作用,还可以通过对水体的扰动达到强制脱膜、防止填料堵塞、保持生物活性的作用。因此,控制曝气量十分重要。

过大的曝气量会对生物膜的生长产生负面影响,特别是当待处理污水的污染物浓度低且生化可降解性不好时,在大曝气量的情况下,微生物极易在营养不足时自身消耗,难以在填料表面附着生长。

4.4.3.2　**实验方案**

(1)深入研究上流式曝气生物滤池对有机物、氨氮、SS 的去除机制、规律,并给出其动力学模型。

(2)对 UBAF 硝化反应器运行过程中的各影响参数进行系统研究,找到最佳控制条件。

(3)通过对 UBAF 缺氧反硝化反应器前置与后置反硝化脱氮的对比,反硝化碳源的最佳药剂选择、最佳投加量的确定,建立行之有效的脱氮方式,使出水总氮浓度低于 2 mg/L。

(4)争取实现曝气生物滤池的短程硝化反硝化,达到脱氮的高效性及经济性的目的。

(5)研究化学除磷所适用的最佳药剂、除磷点的选择,化学除磷对有机物去除、脱氮的影响以及微絮凝除磷最终的出水效果,使出水总磷浓度小于 0.3 mg/L。

4.4.4　实验结果与分析

(1)根据实验数据分析水温、pH、溶解氧、水力负荷、水力停留时间等因素对曝气生物滤池净化效果的影响,进而提出最佳控制条件。

(2)对比分析前置反硝化与后置反硝化对脱氮效果的影响。

(3)分析在曝气生物滤池中实现短程硝化反硝化的可能性及优化控制条件。

(4)如何通过化学除磷强化曝气生物滤池的除磷效果?

4.5　两级 UASB——好氧组合工艺处理垃圾渗滤液实验

4.5.1　概述

垃圾渗滤液是生活垃圾在填埋场内经过物理、化学和生物降解作用,使垃圾中原有的水分,垃圾降解过程产生的水分,连同渗入的雨水和地下水透过垃圾层渗沥出来的污水,属于高有机物、高氨氮有机废水,其重要特点有以下几点。

4.5.1.1　**污染物浓度高、毒性大**

垃圾渗滤液污染物浓度很高且变化范围大,COD 最高可达 80 000 mg/L, BOD_5 的浓度最高可达 35 000 mg/L;垃圾渗滤液中通常含有包括重金属在内的数十种金属离子,如渗滤液中铁的浓度可高达 2 050 mg/L、铅的浓度可达 12.3 mg/L、锌的浓度可达 130 mg/L、钙的浓度甚至高至 4 300 mg/L,对环境的危害极大。

4.5.1.2　**氨氮含量高,微生物营养比例失调**

垃圾渗滤液属高浓度 NH_3-N 废水, NH_3-N 的浓度可达 2 500 mg/L 以上。随着垃圾填埋场场龄的增加,垃圾渗滤液中氨氮所占的比例也相应增加。在生物处理系统中,高浓度 NH_3-N 会严重毒化微生物,使微生物活性受到抑制,甚至完全失活。

通常废水的可生化性取决于 BOD_5/COD 和营养素 C/N、C/P 的比值等。垃圾渗滤液是各种不同场龄渗滤液形成的混合污水,已经过了较长时间的微生物作用,废水中大部分易生物降解的有机物已被去除,从而使 BOD_5/COD 比值明显降低。在不同场龄的渗滤液中,C/N 比例差异较大,常常出现比例失调的情况,一般来说,对于生物处理渗滤液中的磷元素总是缺乏的,给生化处理带来了一定的难度。

4.5.1.3　水质变化复杂

垃圾渗滤液的水质和水量与填埋场的水文地质、气候、季节、填埋年限、垃圾密度等多种因素有关,因此垃圾渗滤液的成分和产量随季节、时间等情况变化较复杂,一般来说,垃圾在填埋场内的分解主要经历 5 个阶段:

(1)调整期:属填埋初期,尚有氧气存在,厌氧发酵及微生物作用缓慢,渗滤液产生较少。

(2)过渡期:本阶段水分达到饱和容量,垃圾及渗滤液中微生物逐渐由好氧性转为厌氧性和兼氧性,在厌氧和缺氧状态下,电子受体由 O_2 转变为 NO_3^-、SO_4^{2-}、PO_4^{3-} 等。

(3)酸形成期:此阶段由于兼性和专性厌氧微生物的水解酸化作用,垃圾中有机物被分解为脂肪酸、含 N、P 有机物转化为氨氮和磷酸盐,同时金属也会和有机酸发生络和作用,使渗滤液呈现深褐色,在此期间 BOD_5/COD 为 0.4 ~ 0.6,可生化性较好,为初期渗滤液。

(4)甲烷形成期:此间,有机物经甲烷菌分解转化为 CH_4、CO_2,同时由于产氢产乙酸菌的存在也会产生部分 H_2,由于有机酸的急剧分解,渗滤液中的 COD、BOD_5 浓度也急剧降低, BOD_5/COD 为 0.1 ~ 0.01,可生化性变差,属于后期渗滤液。

(5)成熟期:此阶段渗滤液中可利用的有机成分已大量减少,停止产生气体,而水中 ORP 增加,氯气及氯化物也随之增加,自然环境得到恢复。

4.5.2　实验材料与方法

4.5.2.1　实验模型

升流式缺氧反应器(Upflow Anoxic Sludge Blanket,简称 UASB) - 升流式厌氧反应器(Upflow Anaerobic Sludge Blanket,简称 UASB) - 多段好氧反应器(Multistage Aerobic Reactor)处理系统,利用缺氧—厌氧—好氧微生物的综合作用,进行有机物和氨氮的去除,具体流程如图 4-5 所示。

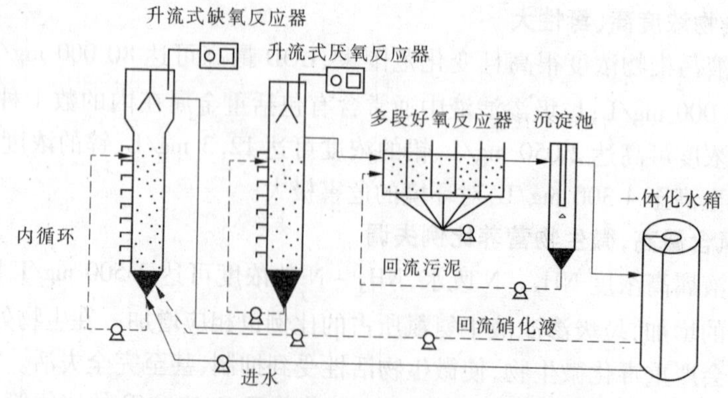

图 4-5　两级 UASB——好氧组合工艺流程图

UASB 反应器由 3 个功能区构成,即底部的布水区、中部的反应区、顶部的三相分离区（沉淀区），其中反应区为 UASB 反应器的工作主体。在水箱中经过加热的水首先由底部进入缺氧反应器，同时好氧池出水也由泵打入缺氧反应器中。在该反应器中，反硝化菌利用进水中丰富的碳源有机物将回流处理水中的 NO_3^- 还原成氮气，完成反硝化。如果反硝化比较彻底，有可能发生一定程度的厌氧反应。在缺氧反应器中同时具有高浓度的 NH_4^+ 与 NO_{3-}，如果对运行条件进行调整，可能发生厌氧氨氧化反应，如此会大大简化处理过程。此反应器中可能产生 N_2、CH_4、H_2S、CO_2等气体，由三相分离器分离，通过碱液吸收 H_2S、CO_2后，通过流量计计量气体体积。通过分析 H_2S、CO_2的产量，可知反硝化与厌氧发生的程度。

升流式缺氧反应器的出水进入下级升流式厌氧反应器中进行进一步的有机物降解，此时进入厌氧反应器中的污水已不含有 NO_3^-，这样反应器中可以保持适宜的氧化还原电位，有利于产甲烷菌的生长。在厌氧反应器中产酸菌与产甲烷菌将继续分解反硝化菌不能利用的有机物，从而进一步地降低了水中的 COD 与 BOD_5浓度。在此反应器中，难降解有机物得以去除，可生化性得到提高，有利于后续好氧反应的进行，同时厌氧环境可能存在硫酸盐还原菌（SRB），硫化物也在厌氧反应器中得到去除。

两反应器均设有内循环系统，目的是有利于液体更好地混合并能起到一定的稀释作用，同时根据资料，通过内循环可减少碱度的需求，因为在 UASB 反应器上部碱度要大于下部。

厌氧出水进入多段好氧反应器中进一步处理，好氧反应器被分为多个小格，可以缺氧、好氧交替运行，二沉池污泥回流到多段好氧反应器的首段，好氧池首先对剩余的 COD 与 BOD_5进一步降解，而后进行硝化反应。此反应器可根据需要调整好氧与缺氧的交替。好氧反应器主要承担着 1 000 ~ 2 000 mg/L NH_4^+ − N 的硝化作用。

好氧出水进入二沉池进行泥水分离，污泥回流到好氧池的首端或排放，处理水进入一体化水箱。

一体化水箱为同心圆柱，分为内柱和外柱。内柱可根据需要设置电热器加热。外柱分为两部分：一部分用于存放原水；另一部分用于存放二沉池出水，并由此回流到升流式缺氧反应器进行反硝化，多余出水由上部排水管排出。原水箱和清水箱设有活动盖板。一体化水箱采用不锈钢材料。

经过上述处理，不仅 COD、BOD_5、NH_4^+ − N 得到降解和去除，渗滤液中的多种金属离子也将得到很大程度的去除。

4.5.2.2　实验设备

（1）动力设备：进水用蠕动泵、内循环回流泵、硝化液回流泵、污泥回流泵、曝气用风机、搅拌器。

（2）保温设备：一体化水箱采用加热棒预热，由温控仪控制预热温度。UASB 采用电阻丝缠绕于外部加热，并由温控仪控制加热温度。

（3）测量设备：COD 快速分析仪、BOD_5测定仪、TOC 测定仪、pH 测定仪、溶解氧仪、气相色谱仪、超痕量分析仪、紫外分光光度计等。

4.5.2.3　实验用水及接种污泥

实验用水取自垃圾填埋场，其水质指标如表 4-6 所示。

表 4-6 垃圾滤液水质 （单位：mg/L）

指标	范围	指标	范围	指标	范围
COD	5 000 ~ 20 000	pH	7.2 ~ 7.9	As	—
BOD_5	2 500 ~ 10 000	$NO_2^- - N$	0.5 ~ 15	Cu	—
$NH_4^+ - N$	1 100 ~ 2 000	$NO_3^- - N$	0.5 ~ 8	Al	
SS	400 ~ 850	Alkalinity	8 000 ~ 11 000	0.11 ~ 4.68	
TP	9 ~ 15	Total Cr	0.18 ~ 0.99	Ni	—
TN	1 250 ~ 2 450	S^{2-}	8.8 ~ 50	Se	—

UASB 反应器接种颗粒污泥取自某啤酒厂 IC 反应器内颗粒污泥。好氧污泥取自垃圾填埋场好氧反应器。

4.5.3 实验内容与方案

4.5.3.1 实验内容

实验主要研究内容有以下几点：

(1)通过水质检测（pH、ORP、COD、BOD_5、$NH_4^+ - N$、TN、TC、碱度等)，研究该工艺对渗滤液中各种污染物（有机物、氨氮、重金属等)的去除效果与去除效率。

(2)各反应器的影响因素。微量金属在厌氧反应器中的作用和影响厌氧反应器运行的微量金属的种类；碱度对厌氧反应器的影响，合适的碱度范围等。

(3)厌氧、缺氧、好氧条件下系统中的微生物种群特点及种间关系。涉及到的微生物主要包括：产酸细菌、产甲烷细菌、硝化菌、反硝化菌、聚磷菌、反硝化聚磷菌等；升流式缺氧反应器中反硝化菌的浓度、沉淀性能、生长特性及与环境条件的相互关系；内循环厌氧反应器对缺氧出水中污染物的降解效果、对污水可生化性的影响和厌氧产酸菌与产甲烷菌的相互关系。

(4)各反应器的最佳运行参数。确定各反应器所能承受的最大容积负荷、水力负荷，确定各反应器最佳的水力停留时间，确定合适的回流比等参数，为实际的垃圾渗滤液工程建设与运行提供可靠的依据。

4.5.3.2 实验方案

研究内容分以下几步进行：

(1)启动。启动初期在原水中加入生活污水，然后逐渐提高渗滤液的比例，直到全部使用渗滤液。在这个过程中，维持各反应器适宜的环境条件(温度、pH、碱度、正常的营养比例、污泥负荷等)，尽快缩短启动时间。待厌氧反应器正常产甲烷，升流式缺氧反应器与好氧反应器的去除率达到 40% 左右，说明启动基本结束。

(2)正式运行后从以下 3 个方面进行研究：不同类型反应器的去除效果与相互关系，即升流式缺氧反应器、升流式厌氧反应器、多段好氧反应器各自的处理效率及其相互的影响；不同种群微生物的研究，即异养菌、硝化菌、反硝化菌、产酸菌与产甲烷菌等；不同底物类型研究，即有机物的降解、氨氮的硝化与反硝化、金属离子的去除、含磷化合物与含硫化合物的去除等。

(3)研究升流式缺氧反应器的运行参数及适宜的环境条件。研究在该条件下污泥的活性及沉淀性能,验证独立的反硝化污泥系统的性能特点。而独立的反硝化、厌氧、好氧污泥系统正是本实验的特点,有必要将独立的污泥系统中的污泥与混合污泥的性能加以比较分析。

(4)对以下一种或几种新工艺进行研究:厌氧氨氧化、短程硝化与反硝化、同步硝化与反硝化。

4.5.4 实验结果与分析

(1)对不同阶段的实验数据进行分析整理,绘制实验数据图,分析实验现象。

(2)总结反应器系统(包括缺氧、厌氧和好氧)快速启动的运行经验。

(3)分析系统对有机污染物、氨氮的去除效果及其影响因素。

(4)分析缺氧、厌氧、好氧条件下系统中的微生物种群特点,进而评价独立的污泥系统对处理效果的影响。

(5)总结该处理工艺整体优化运行的控制条件或运行参数。

(6)对工艺的可行性与经济性加以分析,确定理论与工程实践的意义。

4.6 臭氧-生物活性炭技术去除水中微污染物

4.6.1 概述

臭氧-生物活性炭联用工艺具有优异的去除有机污染物的性能。臭氧氧化主要对象是大分子的憎水性有机物,活性炭吸附针对中间分子量的有机物,微生物作用是去除小分子亲水性有机物。三种作用同时并存、相互协调,臭氧氧化促进了活性炭吸附和生物处理效率的提高。目前该工艺的运用已比较成熟。

生物活性炭技术来自于活性炭滤池工艺运行过程中的问题。长期运行的滤池粒状炭的表面往往吸附有大量有机物,这成为微生物繁殖的基质。随着时间的增加,滤池出水的细菌数增加,同时细菌在繁殖过程形成的代谢产物常常使滤池堵塞。为了解决这些问题,人们常常通过增加反冲洗次数、预投加臭氧的方法来控制微生物的繁殖。后来人们发现,臭氧与生物活性炭联用存在着许多优点。

一般来讲,水处理使用的活性炭能比较有效地去除小分子有机物,难以去除大分子有机物,而水中有机污染物以大分子居多,所以活性炭微孔的表面面积将得不到充分的利用,势必缩短使用周期。但在活性炭前投加臭氧后,一方面氧化了部分有机物,另一方面使水中部分大分子有机物转化为小分子有机物,改变其分子结构形态,提供了有机物进入较小孔隙的可能性,从而达到水质深度净化的目的。水中有机物与臭氧反应的生成物比原来的有机物更易于被微生物降解,活性炭长期在富氧条件下运行,表面有生物膜形成,当臭氧处理后的水通过粒状活性炭滤层时,有机物在其上进行生物降解。在臭氧和粒状活性炭组合的情况下,粒状活性炭变成生物活性炭,对有机物产生吸附和生物降解的双重作用,使活性炭对水中溶解性有机物的吸附大大超过根据吸附等温线所预期的吸附负荷。在颗粒活性炭滤床中进行的生物氧化法也可有效地去除某些无机物。

臭氧氧化在某种程度上改善了活性炭的吸附性能,而活性炭又可吸附未被臭氧氧化的有机物及一些中间产物,使臭氧和活性炭各自的作用得到更好的发挥。从臭氧－活性炭技术自 20 世纪 60 年代发明以来,该技术已经在欧洲、美国、日本等发达国家广泛采用。运行结果表明,此工艺对氨氮(NH_3-N)和总有机碳(TOC)的去除比单独采用臭氧或活性炭处理要高 70% ~80% 和 30% ~75% 。

4.6.2　实验材料与方法

4.6.2.1　实验用水

实验用水原水色度 28 度,根据饮用水水质标准,超标 13 度;浊度 17 度,超标 14 度;有明显的腥味和肉眼可见物;铁超标 6 倍多;锰超标 7.5 倍之多;高锰酸钾指数达到 3.25 mg/L。原水污染以有机污染物为主,主要去除对象为有机污染物、色度、浊度、铁、锰等。

4.6.2.2　处理工艺

工艺流程如图 4-6 所示。

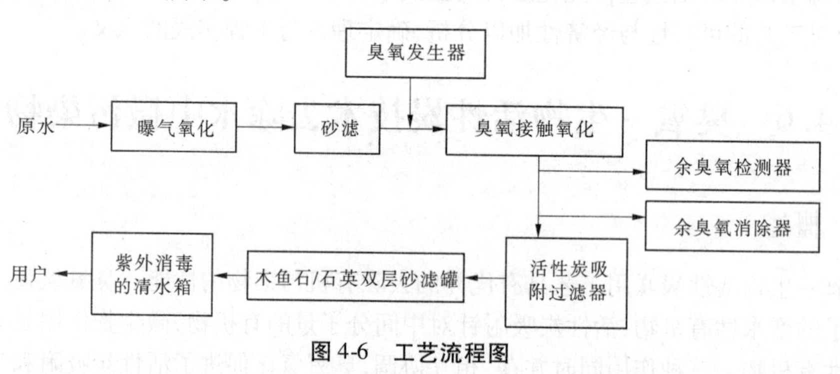

图 4-6　工艺流程图

(1)曝气单元。曝气器是经过适当改动的浮球阀,既可以调节水箱的水位,又可以在调节水箱进水的同时进行曝气。曝气可以增加水中的溶解氧,起曝气氧化作用,可将水中的低价铁、锰离子与空气中的氧反应生成高价的不溶性铁锰氧化物或水合氧化物。

(2)双层砂滤罐。上层为焦炭,粒径为 1.2 ~2.5 mm;下层为石英砂,粒径为 0.8 ~10 mm。双层滤料的作用为截留原水中的悬浮物及高价铁、锰的沉淀物等,以减轻下一级活性炭的负荷,延长活性炭的使用寿命。

(3)臭氧发生器。臭氧是由进入臭氧发生管内空气中的氧气在高压电的作用下合成的。通过调节电压和空气量来决定臭氧发生量。使用先进的余臭氧浓度监测仪,通过余臭氧浓度来控制臭氧的投加量。不同的水质对应不同的臭氧投加量。臭氧接触反应之后的剩余臭氧浓度设定为 0.2 mg/L。

(4)臭氧接触反应塔。臭氧接触反应塔接触时间为 10 min。内安装臭氧引射器。接触反应塔采用上向流式,顶部设有气水分离阀。分离后的气体进入剩余臭氧消除器,臭氧氧化的水进入活性炭滤罐。

(5)活性炭滤罐。水力停留时间为 20 min。由于水中含有臭氧,活性炭滤罐采用不锈钢材质。滤床采用下向流压力式,滤层中填有 10~28 目(0.65~2.0 mm)RC-40 型活性炭。

(6)矿化罐。反冲洗膨胀率为 50%,矿化罐内填 13~18 目(1~1.5 mm)木鱼石。

(7)余臭氧消除器。采用小型壁挂式活性炭吸附、催化剩余臭氧。

(8)紫外消毒。4 根波长为 253.7 nm 的紫外灯管均匀地悬挂在水箱顶棚上,采用紫外灯水面照射法杀菌。

4.6.3　实验内容与方案

4.6.3.1　臭氧-活性炭联用技术去除微污染有机物的研究

通过测定有机物的替代参数来衡量水中有机物总量的情况。这些替代参数主要有高锰酸钾指数、UV_{254}和 TOC 等。以 GC/MS、高锰酸钾指数、UV_{254}来分析臭氧-活性炭去除水中微污染有机物的效果。

(1)有机物去除的 GC/MS 分析,主要包括以下内容:

①砂滤出水的有机物 GC/MS 分析,考察砂滤对有机物的去除效果;

②臭氧出水的有机物 GC/MS 分析,考察臭氧氧化对水中有机物的转化;

③活性炭出水的有机物 GC/MS 分析,考察活性炭对水中有机物的吸附效果。

(2)臭氧-活性炭工艺的高锰酸钾指数、UV_{254}检测主要包括以下内容:

①检测臭氧对高锰酸钾指数、UV_{254}的去除效率;

②检测活性炭对高锰酸钾指数、UV_{254}的去除效率;

③检测臭氧和活性炭联用后对高锰酸钾指数、UV_{254}总的去除效率。

4.6.3.2　臭氧-活性炭联用技术对致突变物去除效果的研究

水样的富集:由于水中致突变物的含量相对较低,所以在进行实验前要对待测水样进行浓缩富集。

以致突变性作为安全性评价的生物活性指标,进行 Ames 实验。

(1)移码突变型致突变性。

分别考察原水、砂滤处理后臭氧出水、活性炭出水中移码型致突变物含量的变化,进而分析该工艺对移码型致突变物的去除效果。

(2)碱基置换型致突变性。

分别考察原水、砂滤处理后臭氧出水、活性炭出水中碱基置换型致突变物含量的变化,进而分析该工艺对碱基置换型致突变物的去除效果。

4.6.4　实验结果与分析

(1)根据实验检测结果,分析臭氧-活性炭联用技术对微污染有机物的去除效果及去除机制。

(2)根据 Ames 实验结果,分析臭氧-活性炭联用技术对致突变物的去除效果。

(3)讨论臭氧投加量对处理效果的影响,通过实验条件及水质情况确定最优的臭氧投加量。

(4)根据 GC/MS 检测结果,讨论在该工艺各个环节有机物种类的变化。

参 考 文 献

[1] 李圭白，张杰. 水质工程学[M]. 2 版. 北京：中国建筑工业出版社，2013.
[2] 严煦世，范瑾初. 给水工程[M]. 4 版. 北京：中国建筑工业出版社，2011.
[3] 张自杰. 排水工程[M]. 5 版. 北京：中国建筑工业出版社，2015.
[4] 国家环境保护总局，《水和废水监测分析方法》编委会. 水和废水监测分析方法[M]. 4 版（增补版）. 北京：中国环境科学出版社，2009.
[5] 吴俊奇，李燕城，马龙友. 水处理实验设计与技术[M]. 4 版. 北京：中国建筑工业出版社，2015.
[6] 王淑莹，曾薇. 水质工程实验技术与应用[M]. 北京：中国建筑工业出版社，2009.
[7] 李云雁，胡传荣. 试验设计与数据处理[M]. 3 版. 北京：化学工业出版社，2017.
[8] 许保玖，龙腾锐. 当代给水与废水处理原理[M]. 2 版. 北京：高等教育出版社，2000.
[9] 张自杰. 废水处理理论与设计[M]. 北京：中国建筑工业出版社，2003.
[10] 孙丽欣，张振宇. 水处理工程应用实验[M]. 修订版. 哈尔滨：哈尔滨工业大学出版社，2005.
[11] 陈魁. 试验设计与分析[M]. 北京：清华大学出版社，2005.

附录　实验用数据表

附表1　常用正交实验表

(1) $L_4(2^3)$

实验号	列号		
	1	2	3
1	1	1	1
2	1	2	2
3	2	1	2
4	2	2	1

(2) $L_8(2^7)$

实验号	列号						
	1	2	3	4	5	6	7
1	1	1	1	1	1	1	1
2	1	1	1	2	2	2	2
3	1	2	2	1	1	2	2
4	1	2	2	2	2	1	1
5	2	1	2	1	2	1	2
6	2	1	2	2	1	2	1
7	2	2	1	1	2	2	1
8	2	2	1	2	1	1	2

(3) $L_{16}(2^{15})$

实验号	列号														
	1	2	3	4	5	6	7	8	9	10	11	12	13	14	15
1	1	1	1	1	1	1	1	1	1	1	1	1	1	1	1
2	1	1	1	1	1	1	1	2	2	2	2	2	2	2	2
3	1	1	1	2	2	2	2	1	1	1	1	2	2	2	2
4	1	1	1	2	2	2	2	2	2	2	2	1	1	1	1
5	1	2	2	1	1	2	2	1	1	2	2	1	1	2	2
6	1	2	2	1	1	2	2	2	2	1	1	2	2	1	1
7	1	2	2	2	2	1	1	1	1	2	2	2	2	1	1
8	1	2	2	2	2	1	1	2	2	1	1	1	1	2	2
9	2	1	2	1	2	1	2	1	2	1	2	1	2	1	2
10	2	1	2	1	2	1	2	2	1	2	1	2	1	2	1
11	2	1	2	2	1	2	1	1	2	1	2	2	1	2	1
12	2	1	2	2	1	2	1	2	1	2	1	1	2	1	2
13	2	2	1	1	2	2	1	1	2	2	1	1	2	2	1
14	2	2	1	1	2	2	1	2	1	1	2	2	1	1	2
15	2	2	1	2	1	1	2	1	2	2	1	2	1	1	2
16	2	2	1	2	1	1	2	2	1	1	2	1	2	2	1

(4) $L_{12}(2^{11})$

实验号	列号										
	1	2	3	4	5	6	7	8	9	10	11
1	1	1	1	2	2	1	2	1	2	2	1
2	2	1	2	1	2	1	1	2	2	2	2
3	1	2	2	2	2	2	1	2	2	1	1
4	2	2	1	1	2	2	2	2	1	2	1
5	1	1	2	2	1	2	2	2	1	2	2
6	2	1	2	1	1	2	2	1	2	1	1
7	1	2	1	1	1	1	2	2	2	1	2
8	2	2	1	2	1	2	1	1	2	2	2
9	1	1	1	1	2	2	1	1	1	1	2
10	2	1	1	2	1	1	1	2	1	1	1
11	1	2	2	1	1	1	1	1	1	2	1
12	2	2	2	2	2	1	2	1	1	1	2

(5) $L_9(3^4)$

实验号	列号			
	1	2	3	4
1	1	1	1	1
2	1	2	2	2
3	1	3	3	3
4	2	1	2	3
5	2	2	3	1
6	2	3	1	2
7	3	1	3	2
8	3	2	1	3
9	3	3	2	1

(6) $L_{27}(3^{13})$

实验号	列号												
	1	2	3	4	5	6	7	8	9	10	11	12	13
1	1	1	1	1	1	1	1	1	1	1	1	1	1
2	1	1	1	1	2	2	2	2	2	2	2	2	2
3	1	1	1	1	3	3	3	3	3	3	3	3	3
4	1	2	2	2	1	1	1	2	2	2	3	3	3
5	1	2	2	2	2	2	2	3	3	3	1	1	1
6	1	2	2	2	3	3	3	1	1	1	2	2	2
7	1	3	3	3	1	1	1	3	3	3	2	2	2
8	1	3	3	3	2	2	2	1	1	1	3	3	3
9	1	3	3	3	3	3	3	2	2	2	1	1	1
10	2	1	2	3	1	2	3	1	2	3	1	2	3
11	2	1	2	3	2	3	1	2	3	1	2	3	1
12	2	1	2	3	3	1	2	3	1	2	3	1	2
13	2	2	3	1	1	2	3	2	3	1	3	1	2
14	2	2	3	1	2	3	1	3	1	2	1	2	3
15	2	2	3	1	3	1	2	1	2	3	2	3	1
16	2	3	1	2	1	2	3	3	1	2	2	3	1
17	2	3	1	2	2	3	1	1	2	3	3	1	2
18	2	3	1	2	3	1	2	2	3	1	1	2	3
19	3	1	3	2	1	3	2	1	3	2	1	3	2
20	3	1	3	2	2	1	3	2	1	3	2	1	3
21	3	1	3	2	3	2	1	3	2	1	3	2	1
22	3	2	1	3	1	3	2	2	1	3	3	2	1
23	3	2	1	3	2	1	3	3	2	1	1	3	2
24	3	2	1	3	3	2	1	1	3	2	2	1	3
25	3	3	2	1	1	3	2	3	2	1	2	1	3
26	3	3	2	1	2	1	3	1	3	2	3	2	1
27	3	3	2	1	3	2	1	2	1	3	1	3	2

(7) $L_{18}(6\times3^6)$

实验号	列号						
	1	2	3	4	5	6	7
1	1	1	1	1	1	1	1
2	1	2	2	2	2	2	2
3	1	3	3	3	3	3	3
4	2	1	1	2	2	3	3
5	2	2	2	3	3	1	1
6	2	3	3	1	1	2	2
7	3	1	2	1	3	2	3
8	3	2	3	2	1	3	1
9	3	3	1	3	2	1	2
10	4	1	3	3	2	2	1
11	4	2	1	1	3	3	2
12	4	3	2	2	1	1	3
13	5	1	2	3	1	3	2
14	5	2	3	1	2	1	3
15	5	3	1	2	3	2	1
16	6	1	3	2	3	1	2
17	6	2	1	3	1	2	3
18	6	3	2	1	2	3	1

(8) $L_{18}(2\times3^7)$

实验号	列号							
	1	2	3	4	5	6	7	8
1	1	1	1	1	1	1	1	1
2	1	1	2	2	2	2	2	2
3	1	1	3	3	3	3	3	3
4	1	2	1	1	2	2	3	3
5	1	2	2	2	3	3	1	1
6	1	2	3	3	1	1	2	2
7	1	3	1	2	1	3	2	3
8	1	3	2	3	2	1	3	1
9	1	3	3	1	3	2	1	2
10	2	1	1	3	3	2	2	1
11	2	1	2	1	1	3	3	2
12	2	1	3	2	2	1	1	3
13	2	2	1	2	3	1	3	2
14	2	2	2	3	1	2	1	3
15	2	2	3	1	2	3	2	1
16	2	3	1	3	2	3	1	2
17	2	3	2	1	3	1	2	3
18	2	3	3	2	1	2	3	1

(9) $L_8(4\times2^4)$

实验号	列号				
	1	2	3	4	5
1	1	1	1	1	1
2	1	2	2	2	2
3	2	1	1	2	2
4	2	2	2	1	1
5	3	1	2	1	2
6	3	2	1	2	1
7	4	1	2	2	1
8	4	2	1	1	2

(10) $L_{16}(4^5)$

实验号	列号				
	1	2	3	4	5
1	1	1	1	1	1
2	1	2	2	2	2
3	1	3	3	3	3
4	1	4	4	4	4
5	2	1	2	3	4
6	2	2	1	4	3
7	2	3	4	1	2
8	2	4	3	2	1
9	3	1	3	4	2
10	3	2	4	3	1
11	3	3	1	2	4
12	3	4	2	1	3
13	4	1	4	2	3
14	4	2	3	1	4
15	4	3	2	4	1
16	4	4	1	3	2

(11) $L_{16}(4^3 \times 2^6)$

实验号	列号								
	1	2	3	4	5	6	7	8	9
1	1	1	1	1	1	1	1	1	1
2	1	2	2	1	1	2	2	2	2
3	1	3	3	2	2	1	1	2	2
4	1	4	4	2	2	2	2	1	1
5	2	1	2	2	2	1	2	1	2
6	2	2	1	2	2	2	1	2	1
7	2	3	4	1	1	1	2	2	1
8	2	4	3	1	1	2	1	1	2
9	3	1	3	1	2	2	2	2	1
10	3	2	4	1	2	1	1	1	2
11	3	3	1	2	1	2	2	1	2
12	3	4	2	2	1	1	1	2	1
13	4	1	4	2	1	2	1	2	2
14	4	2	3	2	1	1	2	1	1
15	4	3	2	1	2	2	1	1	1
16	4	4	1	1	2	1	2	2	2

(12) $L_{16}(4^4 \times 2^3)$

实验号	列号						
	1	2	3	4	5	6	7
1	1	1	1	1	1	1	1
2	1	2	2	2	1	2	2
3	1	3	3	3	2	1	2
4	1	4	4	4	2	2	1
5	2	1	2	3	2	2	1
6	2	2	1	4	2	1	2
7	2	3	4	1	1	2	2
8	2	4	3	2	1	1	1
9	3	1	3	4	1	2	2
10	3	2	4	3	1	1	1
11	3	3	1	2	2	2	1
12	3	4	2	1	2	1	2
13	4	1	4	2	2	1	2
14	4	2	3	1	2	2	1
15	4	3	2	4	1	1	1
16	4	4	1	3	1	2	2

(13) $L_{16}(4^2 \times 2^9)$

实验号	列号										
	1	2	3	4	5	6	7	8	9	10	11
1	1	1	1	1	1	1	1	1	1	1	1
2	1	2	1	1	1	2	2	2	2	2	2
3	1	3	2	2	2	1	1	1	2	2	2
4	1	4	2	2	2	2	2	2	1	1	1
5	2	1	1	2	2	1	2	2	1	2	2
6	2	2	1	2	2	2	1	1	2	1	1
7	2	3	2	1	1	1	2	2	2	1	1
8	2	4	2	1	1	2	1	1	1	2	2
9	3	1	2	1	2	2	1	2	2	1	2
10	3	2	2	1	2	1	2	1	1	2	1
11	3	3	1	2	1	2	1	2	1	2	1
12	3	4	1	2	1	1	2	1	2	1	2
13	4	1	2	2	1	2	2	1	2	2	1
14	4	2	2	2	1	1	1	2	1	1	2
15	4	3	1	1	2	2	2	1	1	1	2
16	4	4	1	1	2	1	1	2	2	2	1

(14) $L_{16}(4 \times 2^{12})$

实验号	列号												
	1	2	3	4	5	6	7	8	9	10	11	12	13
1	1	1	1	1	1	1	1	1	1	1	1	1	1
2	1	1	1	1	1	2	2	2	2	2	2	2	2
3	1	2	2	2	2	1	1	1	1	2	2	2	2
4	1	2	2	2	2	2	2	2	2	1	1	1	1
5	2	1	1	2	2	1	1	2	2	1	1	2	2
6	2	1	1	2	2	2	2	1	1	2	2	1	1
7	2	2	2	1	1	1	1	2	2	2	2	1	1
8	2	2	2	1	1	2	2	1	1	1	1	2	2
9	3	1	2	1	2	1	2	1	2	1	2	1	2
10	3	1	2	1	2	2	1	2	1	2	1	2	1
11	3	2	1	2	1	1	2	1	2	2	1	2	1
12	3	2	1	2	1	2	1	2	1	1	2	1	2
13	4	1	2	2	1	1	2	2	1	1	2	2	1
14	4	1	2	2	1	2	1	1	2	2	1	1	2
15	4	2	1	1	2	1	2	2	1	2	1	1	2
16	4	2	1	1	2	2	1	1	2	1	2	2	1

(15) $L_{25}(5^6)$

实验号	列号					
	1	2	3	4	5	6
1	1	1	1	1	1	1
2	1	2	2	2	2	2
3	1	3	3	3	3	3
4	1	4	4	4	4	4
5	1	5	5	5	5	5
6	2	1	2	3	4	5
7	2	2	3	4	5	1
8	2	3	4	5	1	2
9	2	4	5	1	2	3
10	2	5	1	2	3	4
11	3	1	3	5	2	4
12	3	2	4	1	3	5
13	3	3	5	2	4	1
14	3	4	1	3	5	2
15	3	5	2	4	1	3
16	4	1	4	2	5	3
17	4	2	5	3	1	4
18	4	3	1	4	2	5
19	4	4	2	5	3	1
20	4	5	3	1	4	2
21	5	1	5	4	3	2
22	5	2	1	5	4	3
23	5	3	2	1	5	4
24	5	4	3	2	1	5
25	5	5	4	3	2	1

(16) $L_{12}(3\times2^4)$

实验号	列号				
	1	2	3	4	5
1	2	1	1	1	2
2	2	2	1	2	1
3	2	1	2	2	2
4	2	2	2	1	1
5	1	1	1	2	2
6	1	2	1	2	1
7	1	1	2	1	1
8	1	2	2	1	2
9	3	1	1	1	1
10	3	2	1	1	2
11	3	1	2	2	1
12	3	2	2	2	2

(17) $L_{12}(6\times2^2)$

实验号	列号		
	1	2	3
1	1	1	1
2	2	1	2
3	1	2	2
4	2	2	1
5	3	1	2
6	4	1	1
7	3	2	1
8	4	2	2
9	5	1	1
10	6	1	2
11	5	2	2
12	6	2	1

附表2 离群数据分析判断表

(1)格拉布斯(Grubbs)检验临界值 T_α 表

m	显著性水平 α				m	显著性水平 α			
	0.05	0.025	0.01	0.005		0.05	0.025	0.01	0.005
3	1.153	1.155	1.155	1.155	30	2.745	2.908	3.103	3.236
4	1.463	1.481	1.492	1.496	31	2.759	2.924	3.119	3.253
5	1.672	1.715	1.749	1.764	32	2.773	2.938	3.135	3.270
6	1.822	1.887	1.944	1.973	33	2.786	2.952	3.150	3.286
7	1.938	2.020	2.097	2.139	34	2.799	2.965	3.164	3.301
8	2.032	2.126	2.221	2.274	35	2.811	2.979	3.178	3.316
9	2.110	2.215	2.323	2.387	36	2.823	2.991	3.191	3.330
10	2.176	2.290	2.410	2.482	37	2.835	3.003	3.204	3.343
11	2.234	2.355	2.485	2.564	38	2.846	3.014	3.216	3.356
12	2.285	2.412	2.550	2.636	39	2.857	3.025	3.288	3.369
13	2.331	2.462	2.607	2.699	40	2.866	3.036	3.240	3.381
14	2.371	2.507	2.659	2.755	41	2.877	3.046	3.251	3.393
15	2.409	2.549	2.705	2.806	42	2.887	3.057	3.261	3.404
16	2.443	2.585	2.747	2.852	43	2.896	3.067	3.271	3.415
17	2.475	2.620	2.785	2.894	44	2.905	3.075	3.282	3.425
18	2.504	2.650	2.821	2.932	45	2.914	3.085	3.292	3.435
19	2.532	2.681	2.854	2.968	46	2.923	3.094	3.302	3.445
20	2.557	2.709	2.884	3.001	47	2.931	3.103	3.310	3.455
21	2.580	2.733	2.912	3.031	48	2.940	3.111	3.319	3.464
22	2.603	2.758	2.939	3.060	49	2.948	3.120	3.329	3.474
23	2.624	2.781	2.963	3.087	50	2.956	3.128	3.336	3.483
24	2.644	2.802	2.987	3.112	60	3.025	3.199	3.411	3.560
25	2.663	2.822	3.009	3.135	70	3.082	3.257	3.471	3.622
26	2.681	2.841	3.029	3.157	80	3.130	3.305	3.521	3.673
27	2.698	2.859	3.049	3.178	90	3.171	3.347	3.563	3.716
28	2.714	2.876	3.068	3.199	100	3.207	3.383	3.600	3.754
29	2.730	2.893	3.085	3.218					

(2) Cochran 最大方差检验临界值 C_α 表

m	$n=2$		$n=3$		$n=4$		$n=5$		$n=6$	
	$\alpha=0.01$	$\alpha=0.05$	$\alpha=0.01$	$\alpha=0.05$	$\alpha=0.01$	$\alpha=0.05$	$\alpha=0.01$	$\alpha=0.05$	$\alpha=0.01$	$\alpha=0.05$
2	—	—	0.995	0.975	0.979	0.939	0.959	0.906	0.937	0.877
3	0.993	0.967	0.942	0.871	0.883	0.798	0.834	0.745	0.793	0.707
4	0.968	0.906	0.864	0.768	0.781	0.684	0.721	0.629	0.676	0.590
5	0.928	0.841	0.788	0.684	0.696	0.598	0.633	0.544	0.588	0.506
6	0.883	0.781	0.722	0.616	0.626	0.532	0.564	0.480	0.520	0.445
7	0.838	0.727	0.664	0.561	0.568	0.480	0.508	0.431	0.466	0.397
8	0.794	0.680	0.615	0.516	0.521	0.438	0.463	0.391	0.423	0.360
9	0.754	0.638	0.573	0.478	0.481	0.403	0.425	0.358	0.387	0.329
10	0.718	0.602	0.536	0.445	0.447	0.373	0.393	0.331	0.357	0.303
11	0.684	0.570	0.504	0.417	0.418	0.348	0.366	0.308	0.332	0.281
12	0.653	0.541	0.475	0.392	0.392	0.326	0.343	0.288	0.310	0.262
13	0.624	0.515	0.450	0.371	0.369	0.307	0.322	0.271	0.291	0.246
14	0.599	0.492	0.427	0.352	0.349	0.291	0.304	0.255	0.274	0.232
15	0.575	0.471	0.407	0.335	0.332	0.276	0.288	0.242	0.259	0.220
16	0.553	0.452	0.388	0.319	0.316	0.262	0.274	0.230	0.246	0.208
17	0.532	0.434	0.372	0.305	0.301	0.250	0.261	0.219	0.234	0.198
18	0.514	0.418	0.356	0.293	0.288	0.240	0.249	0.209	0.223	0.189
19	0.496	0.403	0.343	0.281	0.276	0.230	0.238	0.200	0.214	0.181
20	0.480	0.389	0.330	0.270	0.265	0.220	0.229	0.192	0.205	0.174
21	0.465	0.377	0.318	0.261	0.255	0.212	0.220	0.185	0.197	0.167
22	0.450	0.365	0.307	0.252	0.246	0.204	0.212	0.178	0.189	0.160
23	0.437	0.354	0.297	0.243	0.238	0.197	0.204	0.172	0.182	0.155
24	0.425	0.343	0.287	0.235	0.230	0.191	0.197	0.166	0.176	0.149
25	0.413	0.334	0.278	0.228	0.222	0.185	0.190	0.160	0.170	0.144
26	0.402	0.325	0.270	0.221	0.215	0.179	0.184	0.155	0.164	0.140
27	0.391	0.316	0.262	0.215	0.209	0.173	0.179	0.150	0.159	0.135
28	0.382	0.308	0.255	0.209	0.202	0.168	0.173	0.146	0.154	0.131
29	0.372	0.300	0.248	0.203	0.196	0.164	0.168	0.142	0.150	0.127
30	0.363	0.293	0.241	0.198	0.191	0.159	0.164	0.138	0.145	0.124
31	0.355	0.286	0.235	0.193	0.186	0.155	0.159	0.134	0.141	0.120
32	0.347	0.280	0.229	0.188	0.181	0.151	0.155	0.131	0.138	0.117
33	0.339	0.273	0.224	0.184	0.177	0.147	0.151	0.127	0.134	0.114
34	0.332	0.267	0.218	0.179	0.172	0.144	0.147	0.124	0.131	0.111
35	0.325	0.262	0.213	0.175	0.168	0.140	0.144	0.121	0.127	0.108
36	0.318	0.256	0.208	0.172	0.165	0.137	0.140	0.118	0.124	0.106
37	0.312	0.251	0.204	0.168	0.161	0.134	0.137	0.116	0.121	0.103
38	0.306	0.246	0.200	0.164	0.157	0.131	0.134	0.113	0.119	0.101
39	0.300	0.242	0.196	0.161	0.154	0.129	0.131	0.111	0.116	0.099
40	0.294	0.237	0.192	0.158	0.151	0.126	0.128	0.108	0.114	0.097

附表3 F分布表

(1) ($\alpha=0.05$)

n_2	n_1 1	2	3	4	5	6	7	8	9	10	12	15	20	60	∞
1	161.4	199.5	215.7	224.6	230.2	234.0	236.8	238.9	240.5	241.9	243.9	245.9	248.0	252.2	254.3
2	18.51	19.00	19.16	19.25	19.3	19.33	19.35	19.37	19.38	19.40	19.41	19.43	19.45	19.48	19.50
3	10.13	9.55	9.28	9.12	9.01	8.94	8.89	8.85	8.81	8.79	8.74	8.70	8.66	8.57	8.53
4	7.71	6.94	6.59	6.39	6.26	6.16	6.09	6.04	6.00	5.96	5.91	5.86	5.80	5.69	5.63
5	6.61	5.79	5.41	5.19	5.05	4.95	4.88	4.82	4.77	4.74	4.68	4.62	4.56	4.43	4.36
6	5.99	5.14	4.76	4.53	4.39	4.28	4.21	4.15	4.10	4.06	4.00	3.94	3.87	3.74	3.67
7	5.59	4.74	4.35	4.12	3.97	3.87	3.79	3.37	3.68	3.64	3.57	3.51	3.44	3.30	3.23
8	5.32	4.46	4.07	3.84	3.69	3.58	3.50	3.44	3.39	3.35	3.28	3.22	3.15	3.01	2.93
9	5.12	4.26	3.86	3.63	3.48	3.37	3.29	3.23	3.18	3.14	3.07	3.01	2.94	2.79	2.71
10	4.96	4.10	3.71	3.48	3.33	3.22	3.14	3.07	3.02	2.98	2.91	2.85	2.77	2.62	2.54
11	4.84	3.98	3.59	3.36	3.20	3.09	3.01	2.95	2.90	2.85	2.79	2.72	2.65	2.49	2.40
12	4.75	3.89	3.49	3.26	3.11	3.00	2.91	2.85	2.80	2.75	2.69	2.62	2.54	2.38	2.30
13	4.67	3.81	3.41	3.18	3.03	2.92	2.83	2.77	2.71	2.67	2.60	2.53	2.46	2.30	2.21
14	4.60	3.74	3.34	3.11	2.96	2.85	2.76	2.70	2.65	2.60	2.53	2.46	2.39	2.22	2.13
15	4.54	3.68	3.29	3.06	2.90	2.79	2.71	2.64	2.59	2.54	2.43	2.40	2.33	2.16	2.07
16	4.49	3.63	3.24	3.01	2.85	2.74	2.66	2.59	2.54	2.49	2.42	2.35	2.28	2.11	2.01
17	4.45	3.59	3.20	2.96	2.81	2.70	2.61	2.55	2.49	2.45	2.38	2.31	2.23	2.06	1.96
18	4.41	3.55	3.16	2.93	2.77	2.66	2.58	2.51	2.46	2.41	2.34	2.27	2.19	2.02	1.92
19	4.38	3.52	3.13	2.90	2.74	2.63	2.54	2.48	2.42	2.38	2.31	2.23	2.16	1.98	1.88
20	4.35	3.49	3.10	2.87	2.71	2.60	2.51	2.45	2.39	2.35	2.28	2.20	2.12	1.95	1.84
21	4.32	3.47	3.07	2.84	2.68	2.57	2.49	2.42	2.37	2.32	2.25	2.18	2.10	1.92	1.81
22	4.30	3.44	3.05	2.82	2.66	2.55	2.46	2.40	2.34	2.30	2.23	2.15	2.07	1.89	1.78
23	4.28	3.42	3.03	2.80	2.64	2.53	2.44	2.37	2.32	2.27	2.20	2.13	2.05	1.86	1.76
24	4.26	3.40	3.01	2.78	2.62	2.51	2.42	2.36	2.30	2.25	2.18	2.11	2.03	1.84	1.73
25	4.24	3.39	2.99	2.76	2.60	2.49	2.40	2.34	2.28	2.24	2.16	2.09	2.01	1.82	1.71
30	4.17	3.32	2.92	2.69	2.53	2.42	2.33	2.27	2.21	2.16	2.09	2.01	1.93	1.74	1.62
40	4.08	3.23	2.84	2.61	2.45	2.34	2.25	2.18	2.12	2.08	2.00	1.92	1.84	1.64	1.51
60	4.00	3.15	2.76	2.53	2.37	2.25	2.17	2.10	2.04	1.99	1.92	1.84	1.75	1.53	1.39
120	3.92	3.07	2.68	2.45	2.29	2.17	2.09	2.02	1.96	1.91	1.83	1.75	1.66	1.43	1.25
∞	3.84	3.00	2.60	2.37	2.21	2.10	2.01	1.94	1.88	1.83	1.75	1.67	1.57	1.32	1.00

(2)($\alpha=0.01$)

n_2	n_1														
	1	2	3	4	5	6	7	8	9	10	12	15	20	60	∞
1	4 052	4 999.5	5 403	5 625	5 764	5 859	5 928.	5 982	6 022	6 056	6 106	6 157	6 209	6 313	6 366
2	98.50	99.00	99.17	99.25	99.30	99.33	99.36	99.37	99.39	99.40	99.42	99.43	99.45	99.48	99.50
3	34.12	30.82	29.46	23.71	28.24	27.91	27.67	27.49	27.35	27.23	27.05	26.37	26.69	26.32	26.13
4	21.20	18.00	16.69	15.98	15.52	15.21	14.98	14.80	14.66	14.55	14.37	14.20	14.02	13.65	13.46
5	16.26	13.27	12.06	11.39	10.97	10.67	10.46	10.29	10.16	10.05	9.89	9.72	9.55	9.20	9.02
6	13.75	10.92	9.78	9.15	8.75	8.47	8.26	8.10	7.98	7.87	7.72	7.56	7.40	7.06	6.88
7	12.25	9.55	8.45	7.85	7.46	7.19	6.99	6.84	6.72	6.62	6.47	6.31	6.16	5.82	5.65
8	11.26	8.65	7.59	7.01	6.65	6.37	6.18	6.03	5.91	5.81	5.67	5.52	5.36	5.03	4.86
9	10.56	8.02	6.99	6.42	6.06	5.80	5.61	5.47	5.35	5.26	5.11	4.96	4.81	4.48	4.31
10	10.04	7.56	9.55	5.99	5.64	5.39	6.20	5.06	4.94	4.85	4.71	4.56	4.41	4.08	3.91
11	9.65	7.21	6.22	5.67	6.32	5.07	4.89	4.74	4.63	4.54	4.40	4.25	4.10	3.78	3.60
12	9.33	6.93	5.95	5.41	5.06	4.82	4.64	4.50	4.39	4.30	4.16	4.01	3.86	3.54	3.36
13	9.07	9.70	5.74	5.21	4.86	4.62	4.44	4.30	4.19	4.10	3.96	3.82	3.66	3.34	3.17
14	8.86	6.51	5.56	5.04	4.69	4.46	4.28	4.14	4.03	3.94	3.80	3.66	3.51	3.18	3.00
15	8.68	6.36	5.42	4.89	4.56	4.32	4.14	4.00	3.89	3.80	3.67	3.52	3.37	3.05	2.87
16	8.53	6.23	5.29	4.77	4.44	4.20	4.03	3.89	3.78	3.69	3.55	3.41	3.26	2.93	2.75
17	8.40	6.11	5.18	4.67	4.34	4.10	3.93	3.79	3.68	3.59	3.46	3.31	3.16	2.83	2.65
18	8.29	6.01	5.09	4.58	4.25	4.01	3.84	3.71	3.60	3.51	3.37	3.23	3.08	2.75	2.57
19	8.18	5.93	5.01	4.50	4.17	3.94	3.77	3.63	3.52	3.43	3.30	3.15	3.00	2.67	2.49
20	8.10	5.85	4.94	4.43	4.10	3.87	3.70	3.56	3.46	3.37	3.23	3.09	2.94	2.61	2.45
21	8.02	5.78	4.87	4.37	4.04	3.81	3.64	3.51	3.40	3.31	3.17	3.03	2.88	2.55	2.36
22	7.95	5.72	4.82	4.31	3.99	3.76	3.59	3.45	3.35	3.26	3.12	2.98	2.83	2.50	2.31
23	7.88	5.66	4.76	4.26	3.94	3.71	3.54	3.41	3.30	3.21	3.07	2.93	2.78	2.45	2.26
24	7.82	5.61	4.72	4.22	3.90	3.67	3.50	3.36	3.26	3.17	3.03	2.89	2.74	2.40	2.21
25	7.77	5.57	4.68	4.18	3.85	3.63	3.46	3.32	3.22	3.13	2.99	2.85	2.70	2.36	2.17
30	7.56	5.39	4.51	4.02	3.70	3.47	3.30	3.17	3.07	2.98	2.84	2.70	2.55	2.21	2.01
40	7.31	5.18	4.31	4.83	3.51	3.29	3.12	2.99	2.89	2.80	2.66	2.52	2.37	2.02	1.80
60	7.08	4.98	4.13	3.65	3.34	3.12	2.95	2.82	2.72	2.63	2.50	2.35	2.20	1.84	1.60
120	6.85	4.79	3.95	3.48	3.17	2.96	2.79	2.66	2.56	2.47	2.34	2.19	2.03	1.66	1.38
∞	6.63	4.61	3.78	3.32	3.02	2.80	2.64	2.51	2.41	2.32	2.18	2.04	1.88	1.47	1.00

附表 4　相关系数检验表

$n-2$	5%	1%	$n-2$	5%	1%	$n-2$	5%	1%
1	0.997	1.000	16	0.468	0.590	35	0.325	0.418
2	0.950	0.990	17	0.456	0.575	40	0.304	0.393
3	0.878	0.959	18	0.444	0.561	45	0.288	0.372
4	0.811	0.917	19	0.433	0.549	50	0.273	0.354
5	0.754	0.874	20	0.423	0.537	60	0.250	0.325
6	0.707	0.834	21	0.413	0.526	70	0.232	0.302
7	0.666	0.798	22	0.404	0.515	80	0.217	0.283
8	0.632	0.765	23	0.396	0.505	90	0.205	0.267
9	0.602	0.735	24	0.388	0.496	100	0.195	0.254
10	0.576	0.708	25	0.381	0.487	125	0.174	0.228
11	0.553	0.684	26	0.374	0.478	150	0.159	0.208
12	0.532	0.661	27	0.367	0.470	200	0.138	0.181
13	0.514	0.641	28	0.361	0.463	300	0.113	0.148
14	0.497	0.623	29	0.355	0.456	400	0.098	0.128
15	0.482	0.606	30	0.349	0.449	1 000	0.062	0.081